DORN • BADER

PHYSIK

GYMNASIUM GESAMTBAND

LÖSUNGEN

SEK II

Schroedel

DORN·BADER
PHYSIK SEK II
GYMNASIUM GESAMTBAND
LÖSUNGEN

Herausgegeben von
Prof. Dr. Franz Bader, Prof. Friedrich Dorn †

Bearbeitet von
Adelheid Pfaff;
Dirk Kähler;

Unter Mitwirkung der Verlagsredaktion

Illustrationen
expression GmbH
Dirk Kähler

Druck A^8 / Jahr 2015
Alle Drucke der Serie A sind im Unterricht parallel verwendbar.

Redaktion: Armin Kreuzburg
Herstellung: Udo Sauter
Grafiken: expression GmbH, Dirk Kähler
Umschlaggestaltung: creativ design, Hildesheim
Druck und Bindung: westermann druck GmbH, Braunschweig

ISBN 978-3-507-**10734**-2

Seite 9

A 1: Fünf Beispiele für eine Welt ohne Trägheit:

- Die Pendel und die Unruhen mechanischer Uhren würden nicht schwingen, sondern sofort in der Gleichgewichtslage anhalten.
- Beim Fahrradfahren müsste man dauernd treten, denn das Fahrrad würde auf ebener Strecke nicht rollen.
- Bälle würden nicht mehr durch die Luft fliegen, sondern wegen der Luftreibung sofort zu Boden fallen.
- Es wäre nur eine geringe Kraft notwendig, um zum Beispiel ein Auto zu beschleunigen, nur die Haft- und dann die Gleitreibungskraft.
- Es gäbe kein Fernsehbild mehr, da die Elektronen ohne Trägheit nicht auf dem Bildschirm ankämen.

Seite 12

A 1: Es ist $D = F / s = 5\ \text{N} / 0{,}05\ \text{m} = 100\ \text{N/m}$.

A 2: Es ist $G_J = m \cdot g_J = 0{,}1\ \text{kg} \cdot 26\text{N} / \text{kg} = 2{,}6\ \text{N}$. Damit ergibt sich die Federhärte $D = G_J / s_J = 20\ \text{N/m}$. Auf dem Mond ist $G_M = m \cdot g_M = 0{,}162\ \text{N}$, somit

$s_M = G_M / D = 0{,}162\ \text{N} / 20\ \text{N} \cdot \text{m}^{-1} = 0{,}8\ \text{cm}$.

A 3: Da $D = G / s = m \cdot g / s$, ist $g = D \cdot s / m$ $= 250\ \text{N} / \text{m} \cdot 0{,}0782\ \text{m} / 2\ \text{kg} = 9{,}775\ \text{N} / \text{kg}$, die Astronauten sind also auf der Erde am Äquator gelandet.

Seite 14

A 1: Die Kräfte F_1 und F_2 in der Sehne sind so groß, dass ihre Resultierende F den Betrag 100 N hat.
Da F mit F_1 und F_2 jeweils einen Winkel von 60° bildet, ist das Dreieck aus F, F_1 und F_2 gleichseitig, also ist $F = F_1 = F_2 = 100$ N.

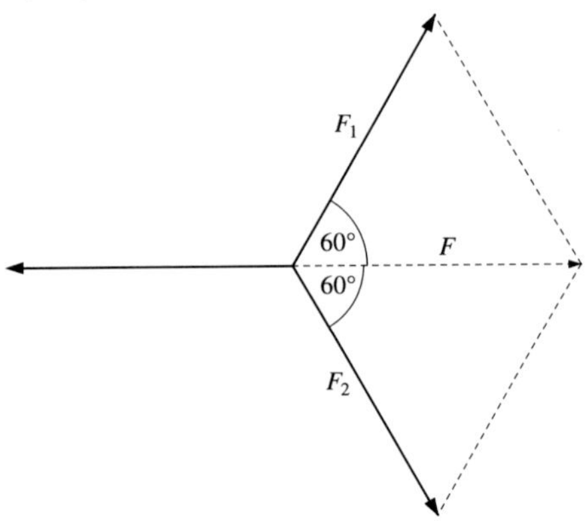

A 2: Es ist $G = m \cdot g = 30\ \text{kg} \cdot 9{,}81\ \text{N} / \text{kg} = 294{,}3\ \text{N}$, also
$F_H = G \cdot \sin 20° = 294{,}3\ \text{N} \cdot 0{,}342 = 100{,}66\ \text{N}$ und
$F_N = G \cdot \cos 20° = 276{,}55\ \text{N}$.
Es ist $F_H = G / 2$, wenn $\sin\varphi = 1/2$, also bei $\varphi = 30°$.
Verläuft die Ebene vertikal, also senkrecht nach oben, so ist $F_H = G$, ist sie nicht geneigt, also $\varphi = 0°$, dann ist $F_H = 0$.

A 3: Für den Winkel φ gilt: $\tan\varphi = h/15\text{m}$, also ist $\varphi_{0,5} = 1{,}9°$ und $\varphi_{0,1} = 0{,}38°$. Es ist $G = 196{,}2$ N.
Für die Kraft F, die in jeder Seilhälfte schräg nach unten wirkt, gilt: $G / 2 = F \cdot \sin\varphi$. Somit ist
$F_{0,5} = \sin\varphi_{0,5} \cdot G / 2 = 2945\ \text{N}$ und $F_{0,1} = 14715\ \text{N}$.

A 4: Mit Pythagoras ist $BC^2 = AC^2 - AB^2$, also BC=4 m, und $F_2^2 = G^2 + F_1^2$.
Da $\frac{F_1}{G} = \frac{AB}{BC}$, ist $F_1 = 30\ \text{kg} \cdot 9{,}81\ \text{N} \cdot \text{kg}^{-1} \cdot \frac{3\ \text{m}}{4\ \text{m}}$, also F_1 $= 220{,}7$ N und somit $F_2 = 367{,}9$ N.

Seite 16

A 1: b) Nach Anbringung von Ortsmarken an einer „Versuchsstrecke" wird diese so mit dem Fahrrad durchfahren, dass der Tacho auf der ganzen Strecke die selbe Geschwindigkeit anzeigt. Mithilfe der Zeitnehmer kann die wirklich gefahrene Geschwindigkeit berechnet und mit der vom Tacho angezeigten verglichen werden.

A 2:

$$\frac{36\ \text{km}}{1\ \text{h}} = \frac{36000\ \text{m}}{3600\ \text{s}} = 10\frac{\text{m}}{\text{s}} = \frac{10 \cdot 1000\ \text{mm}}{1000\ \text{ms}} = 10\frac{\text{mm}}{\text{ms}},$$

$$10\frac{\text{m}}{\text{s}} = \frac{10 \cdot 3600\ \text{m}}{3600\ \text{s}} = 36\frac{\text{km}}{\text{h}},$$

$$\frac{3 \cdot 10^{-6}\ \text{mm}}{1\ \text{s}} = \frac{3 \cdot 10^{-6} \cdot 365 \cdot 24 \cdot 3600\ \text{mm}}{365 \cdot 24 \cdot 3600\ \text{s}} = 94{,}6\frac{\text{mm}}{\text{a}}$$

A 3: Er sagt aus, mit welcher konstanten Geschwindigkeit v sich ein Körper bewegt, der in der Zeit t den Weg s zurücklegt.

Seite 21

A 1: Als Wege werden zurückgelegt :
in 30 s mit $v_1 = 72\,\text{km/h} = 20\,\text{m/s}$: $s_1 = 600$ m, und
in 48 s mit $v_2 = 36\,\text{km/h} = 10\,\text{m/s}$: $s_2 = 480$ m
Also wird auf der Rückfahrt ein Weg von 1080 m mit $v_3 = -54\,\text{km/h} = -15\,\text{m/s}$ zurückgelegt, dies dauert 72 s.

t-*v*-Diagramm

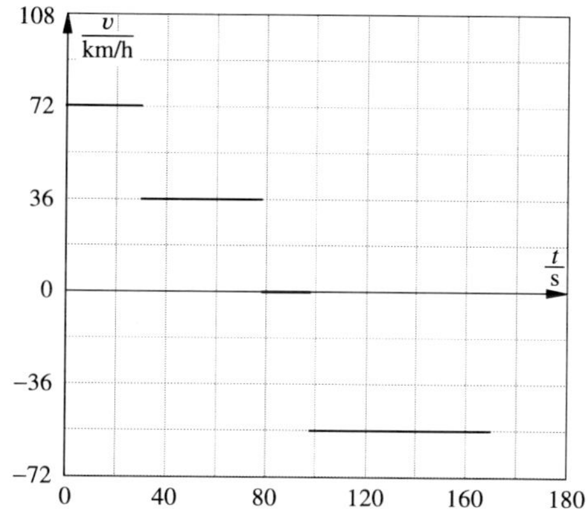

t-*s*-Diagramm

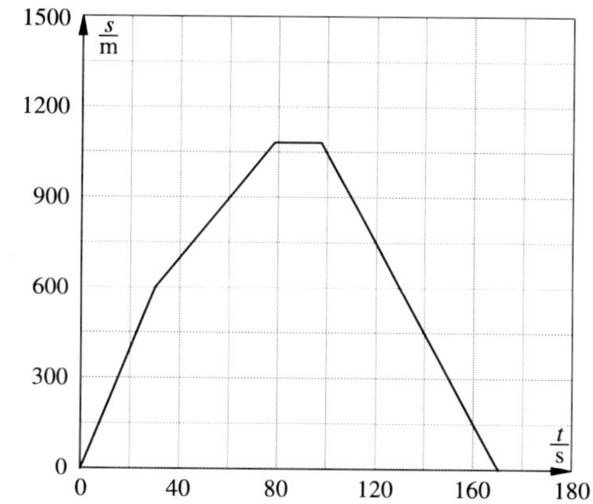

A 2:
t-*s*-Diagramm.

Die Geschwindigkeit beträgt $v = 4$ m/s.

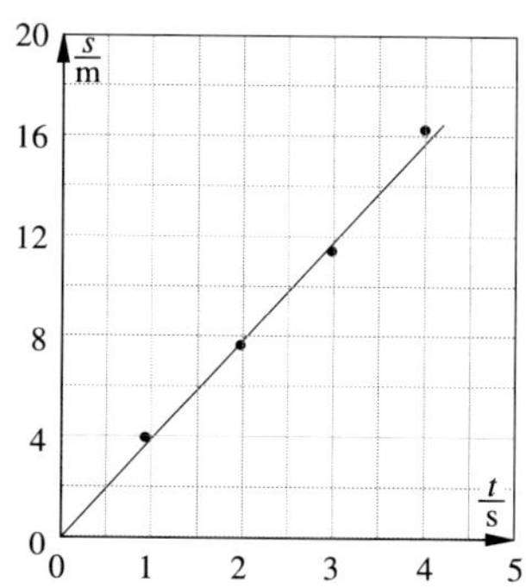

A 3: a) Auto 1 wird von Auto 2 überholt: Es ist $v_1 = \frac{\Delta s}{\Delta t} = \frac{250\text{m}}{10\text{s}} = 25\frac{\text{m}}{\text{s}}$, Auto 2 fährt 4 Sekunden später als Auto 1 an der Ortsmarke 0 vorbei mit der Geschwindigkeit $v_2 = \frac{\Delta s}{\Delta t} = \frac{300\text{ m}}{6\text{s}} = 50\frac{\text{m}}{\text{s}}$. Nach insgesamt 8 s hat es Auto 1 eingeholt an der Ortsmarke 200 m (Schnittpunkt A bei $t = 8$ s, $s = 200$ m).

b) Auto 3 fährt zum Zeitpunkt $t = 0$ von der Ortsmarke 300 m mit der Geschwindigkeit $v_3 = \frac{-150\text{m}}{6\text{ s}} = -25\frac{\text{m}}{\text{s}}$ den anderen Autos entgegen. Es trifft nach 6 s Auto 1 an der Ortsmarke 150 m und Auto 2 ungefähr nach weiteren 0,7 s etwa an der Ortsmarke 130 m.

c) *t*-*v*-Diagramm

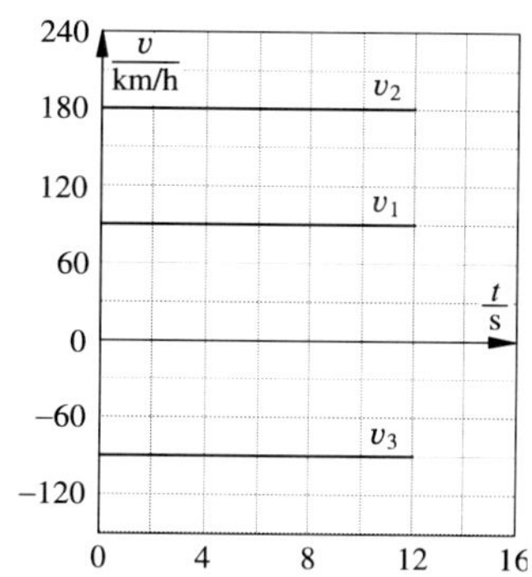

A 4: a) $\Delta s = v \cdot \Delta t$ sind die Flächen im *t*-*v* -Diagramm:

Zeit	Δt	Geschwindigkeit	Δs	Zielort
0 - 1 h	1 h	60 km/h	60 km	60 km
1 - 2,5 h	1,5 h	40 km/h	60 km	120 km
2,5 - 4 h	1,5 h	–30 km/h	– 45km	75 km
4 - 6 h	2 h	0 km/h	0 km	75 km

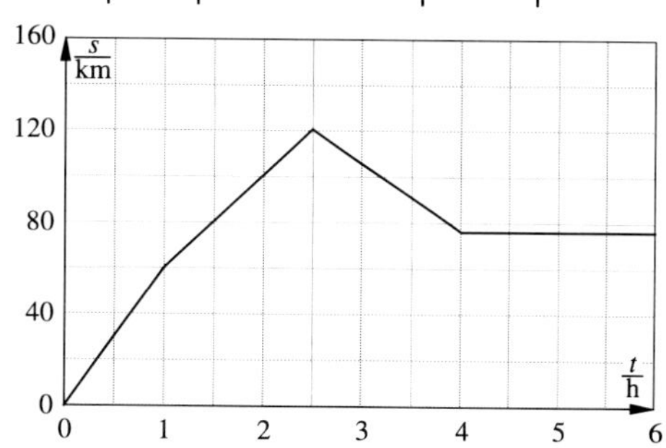

b) Da beide Fahrzeuge gleichzeitig am Zielort ankommen, fährt das andere Fahrzeug den Weg s=75 km in der Zeit t = 4h, somit mit der konstanten Geschwindigkeit $v = s / t = 18{,}75 \text{ km} / \text{h}$.

A 5: a) und **b)**

t in s	Δt	Richtung	mittlere Geschwindigkeit	Weg
0 - 3 s	3 s	links	– 0,33 m/s	– 0,99 m
3 - 7 s	4 s	rechts	0,25 m/s	1 m
7 - 11,5s	4,5 s	links	– 0,22 m/s	– 0,99 m
11,5 - 17,5	6 s	rechts	0,16 m/s	0,96

Der Schlitten wird in jedem Zeitintervall etwas langsamer.

c) Es wird jeweils derselbe Weg zurückgelegt, nur in entgegengesetzter Richtung, es handelt sich also um eine Schwingung.

Seite 23

A 1: Es wurden in 6 Stunden etwa 574 km zurückgelegt. Daraus ergibt sich die Durchschnittsgeschwindigkeit

$$v = \frac{\Delta s}{\Delta t} = \frac{574 \text{ km}}{6 \text{ h}} \approx 96 \frac{\text{km}}{\text{h}} .$$

Die größte Momentangeschwindigkeit ist aus dem Diagramm als 140 km/h ablesbar.

Seite 25

A 2: a) $v_1 = 60 \frac{\text{km}}{\text{h}} = 16 \frac{2}{3} \frac{\text{m}}{\text{s}}$ und $v_2 = 54 \frac{\text{km}}{\text{h}} = 15 \frac{\text{m}}{\text{s}}$.

Es gilt für den Überholweg $\Delta s_ü = v_1 \cdot \Delta t_ü$ und

$\Delta s_ü = 2 \cdot a + 2 \cdot l + v_2 \cdot \Delta t_ü$, also ergibt sich die

Überholzeit $\Delta t_ü = \frac{2a + 2l}{v_1 - v_2} = \frac{60 \text{ m}}{1\frac{2}{3} \text{ m/s}} = 36 \text{ s}$.

Für den Überholweg gilt $\Delta s_ü = v_1 \cdot \Delta t_ü = 600 \text{ m}$.

b) Während der Zeit $\Delta t_ü$ legt der Gegenverkehr den Weg

$$\Delta s_G = v_3 \cdot \Delta t_ü = \frac{-108000\text{m}}{3600\text{s}} \cdot 36 \text{ s} = -1080 \text{ m}$$ zurück auf

die Lkws zu. Damit er diese erst erreicht, wenn der Überholvorgang abgeschlossen ist, muss er zu Beginn dieses Weges 600 m – (–1080 m) = 1680 m vom hinteren Lkw entfernt sein, die Sichtweite muss also mindestens 1680 m betragen.

A 3: Die gezeichneten Kurven gelten für den vordersten Punkt der Autos. Der im Bild 3 abgelesene kürzeste Abstand von Auto 3 und 4 beträgt 8,3 m, dann ist aber die Spitze von Auto 4 nur 8,3 m – 4,5 m = 3,8 m vom Ende von Auto 3 entfernt.

Seite 27

A 1: a). Die Steigung der Geraden ist ein Maß für die Zunahme der Geschwindigkeit pro Zeit, also für die Beschleunigung der entsprechenden gleichmäßig beschleunigten Bewegung.

b) Bei der oberen Messkurve nimmt die Geschwindigkeit in 1 s um 0,4 m/s zu, also ist a = 0,4 m/s².

Seite 29

A 1: Die Momentangeschwindigkeit im Zeitpunkt t_m ist t

$$v(t_m) = \bar{v}_{1,2} = \frac{\Delta s}{\Delta t} = \frac{\Delta s}{t_2 - t_1} = \frac{0{,}03 \text{ m}}{4 / 50 \text{ s}} = 0{,}38 \frac{\text{m}}{\text{s}} .$$

Daraus ergibt sich die Beschleunigung

$$a = \frac{v}{t} = \frac{0{,}38 \text{ m/s}}{\frac{15}{50} \text{s}} = 1{,}3 \frac{\text{m}}{\text{s}^2} .$$

Befand sich der Wagen zur Zeit t = 0 s am Ort s = 0 m, so befand er sich zum Zeitpunkt t_m am Ort

$$s(t_m) = \tfrac{1}{2} a \cdot t_m^2 = 0{,}05625 \text{ m} = 5{,}6 \text{ cm} .$$

A 2: a) Es ist $v = a \cdot t = 2 \text{ m/s}^2 \cdot 3 \text{ s} = 6 \text{ m/s}$ und

$$s = \tfrac{1}{2} a \cdot t^2 = 0{,}5 \cdot 2 \text{ m/s}^2 \cdot (3\text{s})^2 = 9\text{m} .$$

b) Es bewegt sich in den nächsten 5 s gleichförmig um die Strecke $\Delta s = v \cdot \Delta t = 6 \text{ m/s} \cdot 5 \text{ s} = 30 \text{ m}$.

c) t-v -Diagramm

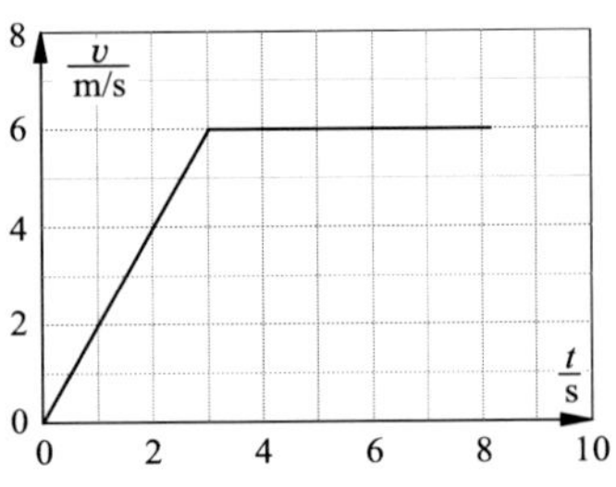

t-s-Diagramm

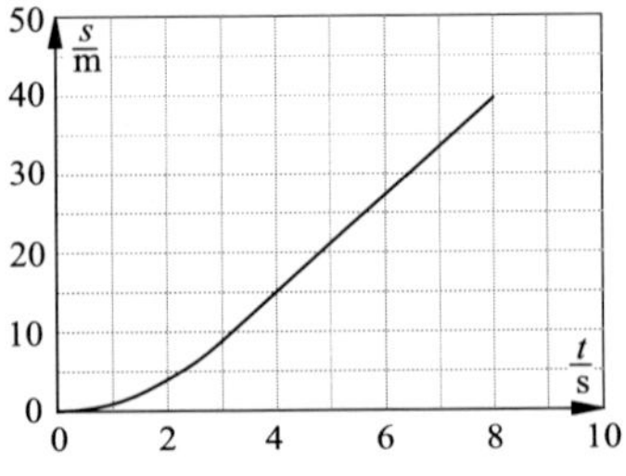

A 3: Die Beschleunigung des Zugs beträgt
$a = \frac{v}{t} = \frac{5\text{ m}}{10\text{ s}^2} = 0{,}5\ \frac{\text{m}}{\text{s}^2}$.
Er ist $s = \frac{1}{2} a \cdot t^2 = \frac{1}{2} \cdot 0{,}5 \cdot 100\text{ m} = 25\text{ m}$ weit gefahren.

A 4: Da $s = \frac{1}{2} a \cdot t^2$, ist $a = 2s/t^2 = 1{,}85\text{ m}/s^2$.
Es ergibt sich $v = a \cdot t = 22{,}2\text{ m/s}$.

A 5: Die Beschleunigung des oberen *t*-*v*-Graphen beträgt
$a = \Delta v / \Delta t = 0{,}4\text{m} \cdot \text{s}^{-1} / 1\text{s} = 0{,}4\text{m} / \text{s}^2$,
die des unteren $a = \Delta v / \Delta t = 0{,}2\text{m} \cdot \text{s}^{-1} / 1\text{s} = 0{,}2\text{m} / \text{s}^2$.
Die Wege können entweder aus dem *t*-*s*-Graph oder als Fläche unter dem *t*-*v*-Graph abgelesen werden:

zurückgelegter Weg	nach 1 s	nach 2 s
aus oberem *t*-*s*-Graph	0,2 m	0,8 m
aus oberem *t*-*v*-Graph	½ 0,4 m/s·1s = 0,2 m	½ 0,8 m/s·2 s = 0,8 m
aus unterem *t*-*s*-Graph	0,1 m	0,4 m
aus unterem *t*-*v*-Graph	½ 0,2m/s·1s = 0,1 m	½ 0,4 m/s·2 s = 0,4 m

A 6: a) Die Beschleunigung ist nicht konstant, da sich die Kraft, die die Sehne auf den Pfeil ausübt, ändert. Mit der mittleren, konstant angenommen Beschleunigung *a* gilt:
$s = \frac{1}{2} a \cdot t^2$ und $t = v / a$. Setzt man ein und formt um, so
ergibt sich $a = \frac{1}{2} \frac{v^2}{s} = 3000 \frac{\text{m}}{\text{s}^2}$.
b) Der Beschleunigungsvorgang benötigt $t = v/a = 0{,}02$ s.

Seite 35

A 1: Es ist $F = m \cdot a = 1\text{ kg} \cdot 1\text{ m} / \text{s}^2 = 1\text{ kg} \cdot \text{m} / \text{s}^2 = 1\text{ N}$

A 2: $F = m \cdot a = 700 \cdot 10^3\text{kg} \cdot 0{,}15\text{ m} / \text{s}^2 = 105000\text{ N}$, dies sind 105 kN (Kilo-Newton).
Es ist $G = m \cdot g = 700000\text{ kg} \cdot 9{,}81\text{ m} / \text{s}^2 = 6867\text{ kN}$,
also beträgt *F* etwa 1/65 von *G*.
Ein Mitfahrer der Masse $m = 90$ kg erfährt bei der Beschleunigung $a = 0{,}15$ m/s² die Kraft $F = 13{,}5$ N.

A 3: Es ist $a = \frac{F}{m} = \frac{50\text{ N}}{80\text{ kg}} = 0{,}625 \frac{\text{m}}{\text{s}^2}$ und somit
$v(4\text{s}) = 0{,}625\text{m} / \text{s}^2 \cdot 4\text{ s} = 2{,}5\text{ m} / \text{s}$ und
$s(4\text{s}) = 0{,}5 \cdot 0{,}625\text{m} / \text{s}^2 \cdot (4\text{s})^2 = 5\text{ m}$

A 4: a) Es ist im ersten Gang im oberen Diagramm
$a_{1\text{o}} = \frac{\Delta v}{\Delta t} = \frac{(60-0)\text{km} / \text{h}}{(4{,}3 - 0)\text{ s}} = \frac{60000\text{ m}}{4{,}3\text{s} \cdot 3600\text{s}} = 3{,}9 \frac{\text{m}}{\text{s}^2}$,
im unteren Diagramm $a_{1\text{u}} = \frac{60\text{km} / \text{h}}{6\text{ s}} = 2{,}8 \frac{\text{m}}{\text{s}^2}$.
Im zweiten Gang ergibt sich aus dem oberen Diagramm
$a_{2\text{o}} = \frac{(90-60)\text{km} / \text{h}}{(9{,}3 - 5{,}7)\text{ s}} = \frac{30000\text{ m}}{3{,}6\text{s} \cdot 3600\text{s}} = 2{,}3 \frac{\text{m}}{\text{s}^2}$ und aus
dem unteren $a_{2\text{u}} = \frac{(90-60)\text{km} / \text{h}}{(12{,}7 - 7{,}5)\text{s}} = 1{,}6 \frac{\text{m}}{\text{s}^2}$.
b) Da $F = m \cdot a$, errechnet sich im ersten Gang für das unbeladene Fahrzeug $F_1 = 1200\text{kg} \cdot 3{,}9\text{m} / \text{s}^2 = 4680\text{ N}$ und
für den Fahrer $F_{1\text{F}} = 80\text{kg} \cdot 3{,}9\text{m} / \text{s}^2 = 312\text{ N}$.
Im zweiten Gang ergibt sich entsprechend
$F_2 = 1200\text{ kg} \cdot 2{,}3\text{m} / \text{s}^2 = 2760\text{ N}$ und $F_{2\text{F}} = 184\text{ N}$.
c) Da die Kraft im beladenen und im unbeladenen Zustand jeweils dieselbe ist, errechnet sich die Masse, die beschleunigt wird, mit $m = F / a$ zu
$m_1 = \frac{F_1}{a_{1\text{u}}} = \frac{4680\text{ N}}{2{,}8\text{m} / \text{s}^2} = 1{,}671\text{ t}$ und mit den anderen
Werten zu $m_2 = \frac{F_2}{a_{2\text{u}}} = \frac{2760\text{ N}}{1{,}6\text{m} / \text{s}^2} = 1{,}725\text{ t}$. Die zusätzliche Masse der Zuladung beträgt also ungefähr
1,7 t – 1,2 t = 0,5 t.

A 5: a) Wird von einer konstanten Kraft ausgegangen, so errechnet sich zunächst die konstante Beschleunigung *a*
aus dem Zeit-Weg-Gesetz: $a = \frac{2s}{t^2} = \frac{2 \cdot 100\text{ m}}{100\text{ s}^2} = 2 \frac{\text{m}}{\text{s}^2}$,
und damit $F = m \cdot a = 1000\text{kg} \cdot 2\text{m} / \text{s}^2 = 2000\text{ N}$.
b) Soll in der selben Zeit nur die halbe Strecke zurückgelegt werden, so ist die Beschleunigung nur halb so groß (⇒ a), es reicht also auch die halbe Kraft 1000 N.

A 6: a) Die Gewichtskraft $G = m_2 g$ des angehängten Körpers beschleunigt ihn selbst und den Fahrbahnwagen, also gilt $m_2 g = (m_1 + m_2) \cdot a$ und es ergibt sich
$a = \frac{m_2 g}{m_1 + m_2} = \frac{0{,}1\text{ kg} \cdot 9{,}81\text{m} / \text{s}^2}{2{,}00\text{ kg} + 0{,}1\text{ kg}} = 0{,}47 \frac{\text{m}}{\text{s}^2}$. Nach 2 s ist
$s = \frac{1}{2} a \cdot t^2 = 0{,}93\text{ m}$ und $v = a \cdot t = 0{,}93\text{ m} / \text{s}$.
b) Nein, denn dieser Antriebskörper müsste ja auch mit-beschleunigt werden, die Beschleunigung wäre nur etwa 20-
mal so groß: $a = \frac{100\text{kg} \cdot 9{,}81\text{m} / \text{s}^2}{102\text{ kg}} = 9{,}62 \frac{\text{m}}{\text{s}^2}$.
c) Beschleunigend wirkt $F_{\text{Res}} = m_2 g - m_3 g = 0{,}196\text{ N}$,
beschleunigt wird $m = m_1 + m_2 + m_3 = 2{,}18\text{ kg}$, somit
ergibt sich $a = \frac{0{,}196\text{ N}}{2{,}18\text{ kg}} = 0{,}09 \frac{\text{m}}{\text{s}^2}$ und nach 2,00 s:
$s = \frac{1}{2} a \cdot t^2 = 0{,}18\text{ m}$ und $v = a \cdot t = 0{,}18\text{ m} / \text{s}$.

Seite 37

A 1: actio von Körper A auf Körper B = reactio von Körper B auf Körper A,
oder kurz: $\text{actio}_{\text{A auf B}} = \text{reactio}_{\text{B auf A}}$
A 2: Die Person übt eine Kraft nach hinten auf das Boot aus, es wird dadurch beschleunigt. Die Reaktionskraft des

Bootes auf die Person beschleunigt diese nach vorne aufs Ufer zu.
Beim Aufkommen auf dem Ufer übt dieses eine Bremskraft auf die Person aus und wird durch die Reaktionskraft Person auf Ufer verformt.

A 3: $F_{A\,auf\,Z}$ greift am Zweig an, ist nach unten gerichtet und gleich groß wie $F_{E\,auf\,A}$ und $F_{Z\,auf\,A}$.
Die Kraft, die ihr das Gleichgewicht hält, wird vom Baum durch Verformung aufgebracht.

A 4: Wechselwirkungskräfte (Beispiele):
(1) Die Erde übt eine Kraft auf mich nach unten aus (Gewichtskraft), ich ziehe mit einer entgegengesetzt gleich großen Kraft an der Erde nach oben.
(2) Ich ziehe mit einer Kraft an der Reckstange, die Reckstange zieht mit entgegengesetzt gleichgroßer Kraft an mir.
Gleichgewichtskräfte (Beispiele):
(1) Die Erde zieht an mir nach unten, die Reckstange zieht an mir genauso stark nach oben, die an mir angreifende resultierendeKraft ist null.
(2) Ich übe auf die Mitte der Reckstange eine Kraft nach unten aus, die Seitenteile der Reckstange üben durch die Verformung auf die Mitte der Reckstange eine gleichgroße Kraft nach oben aus, die Mitte befindet sich im Gleichgewicht..
Nach dem Loslassen:
(1) An mir greift nur noch die Gewichtskraft an, ich werde nach unten beschleunigt, ich falle.
(2) Auf die Mitte der Reckstange wirkt nur noch die Verformungskraft nach oben, sie schnellt beschleunigt zurück.

A 5: Lieber Esel, sei unbesorgt, außer dir zieht niemand an dem Karren, also wird er sich schon nach vorn in Bewegung setzen.

A 6: Während des Anfahrens übt der Aufzug auf mich eine Kraft F_1 aus, die größer ist als meine Gewichtskraft G, an mir herrscht kein Kräftegleichgewicht, ich werde nach oben beschleunigt. Die reactio auf F_1, meine Kraft auf den Aufzug nach unten, wird von der Waage als $F_1>G$, als größeres Gewicht angezeigt.
Während der Aufzug gleichförmig nach oben fährt, übt er auf mich gerade eine Kraft so groß wie meine Gewichtskraft nach oben aus, ich befinde mich im Kräftegleichgewicht. Meine reactio auf den Aufzug nach unten wird von der Waage angezeigt, sie zeigt G.
Während des Abbremsens übt der Aufzug auf mich eine Kraft $F_2 < G$ nach oben aus, mein Körper befindet sich nicht im Kräftegleichgewicht, er wird nach unten beschleunigt. Die Waage zeigt wieder meine reactio F_2 auf den Aufzug, ich scheine leichter zu sein.

Seite 39

A 1: Fall 1: Ein Quader liegt auf einer großen Fläche, es gibt viele Mikrokontaktflächen, die aber nicht sehr groß sind, da die Höckeroberflächen wenig verformt werden.
Fall 2: Derselbe Quader liegt auf einer kleinen Fläche, die Höckeroberflächen werden stärker verformt als in Fall 1 (das Verhältnis Kraft/Fläche ist größer), es gibt also größere Mikrokontaktflächen, aber nicht so viele wie in Fall 1.
Die wahre, mikroskopische Gesamtberührfläche bleibt etwa gleich groß. Versuche zeigen, dass in beiden Fällen die Gleitreibungskraft praktisch gleich ist.

A 2: Beidesmal gibt es Reibung; beim Türscharnier ist sie unerwünscht, deshalb ölt man, beim Geigenbogen ist sie notwendig, sonst würde die Saite nicht in Schwingungen versetzt und so zum Klingen gebracht werden.

A 3: Kolben in Motoren oder Maschinen werden geschmiert, damit sie reibungsarm gleiten.
Masseure benützen Massageöl, damit das Massieren nicht durch Reibung schmerzhaft wird.
Die Fahrradkette wird geölt, damit sie reibungsarm gleitet.
Werden die Bremsen beim Fahrrad durch Wasser „geschmiert“, z. B. bei Regen, so ist die Reibungskraft zwischen Bremsbacken und Felge gering, das Fahrrad kann nicht bremst werden.
Auf nassem oder feuchtem Boden rutscht man aus, da die Reibung geringer ist als sonst.

A 4: Man braucht um in Bewegung zu setzen mindestens
$F_{h,\,max} = f_h \cdot m \cdot g = 0{,}15 \cdot 1{,}5\ \mathrm{kg} \cdot 9{,}81\,\mathrm{m/s^2} = 2{,}2\ \mathrm{N}$ und
dann zum Ziehen $F_{gl} = f_{gl} \cdot m \cdot g = 0{,}74\ \mathrm{N}$.

A 5: Der Körper beginnt dann gerade zu gleiten, wenn die Beträge von Hangabtriebskraft und maximaler Haftkraft gleich groß sind: $F_H = F_{h,max}$, also
$m \cdot g \cdot \sin\varphi = f_h \cdot m \cdot g \cdot \cos\varphi$ Dann gilt für den
Neigungswinkel φ: $\tan\varphi = f_h$, also $\varphi = 31°$.
Es ist $F_{gl} = f_{gl} \cdot m \cdot g \cdot \cos\varphi$, und da $f_h > f_{gl}$, wird der Körper, nachdem er zu gleiten begann, weiter beschleunigt mit der Kraft $F = F_{h,max} - F_{gl}$.
Soll er nach einem Stoß nicht mehr schneller werden, so muss $F_H = F_{gl}$, also $\tan\varphi = f_{gl}$ sein, die Ebene muss um $\varphi = 24°$ geneigt sein.
Die Masse des Körpers spielt keine Rolle.

Seite 41

A 1: a) Die Gleitreibungskraft bewirkt die negative Beschleunigung, es ist $-f_{gl} \cdot m \cdot g = m \cdot a$ und somit
$a = -f_{gl} \cdot g$. Damit gilt für den Bremsweg

$s = \frac{1}{2} \cdot \frac{v^2}{-a} = \frac{v^2}{2 f_{gl} \cdot g}$ und für die Fahrgeschwindigkeit

$v = \sqrt{s \cdot 2 f_{gl} \cdot g} = \sqrt{62\text{m} \cdot 2 \cdot 0{,}5 \cdot 9{,}81\text{m/s}^2}$

$= 24{,}66 \frac{\text{m}}{\text{s}} = 88{,}78 \frac{\text{km}}{\text{h}} \approx 89 \frac{\text{km}}{\text{h}} > 70 \frac{\text{km}}{\text{h}}.$

b) Während der Reaktionszeit von 0,8 s fährt der Wagen $s_0 = 24{,}66 \text{ m/s} \cdot 0{,}8 \text{ s} = 19{,}7 \text{ m}$ weit, der Anhalteweg beträgt also 62 m + 19,7 m = 81,7 m.

A 2: $|F_{gl}| = 0{,}5 \cdot 800 \text{ kg} \cdot 9{,}81\text{m/s}^2 = 3924 \text{ N}$. Bei angenommener positiver Bewegungsrichtung $F_{gl} = -3924$ N, und da $F_{gl} = m \cdot a$ ist $a = -4{,}9$ m/s². $a = \frac{\Delta v}{\Delta t} = \frac{v_0 - 0}{0 - t}$,

also $t = \frac{v_0}{-a}$. $t_{30} = \frac{30000 \text{ m}}{3600 \text{ s} \cdot 4{,}9 \text{ ms}^{-2}} = 1{,}7$ s und

$t_{50} = 2{,}8$ s. Der Bremsweg ist $s = \frac{v^2}{-2a}$ und damit

$s_{30} = \frac{30^2 \cdot 10^6 \text{ m}^2}{3600^2 \text{s}^2\, 2 \cdot 4{,}9 \text{ m/s}^2} = 7{,}1$ m und $s_{50} = 19{,}7$ m.

A 3: Wird v in km/h gemessen, so errechnet sich der Bremsweg nach der Formel $s = \frac{1}{2}(v/3{,}6)^2 / -a$, nach der Fahrschulregel ist $s = (v/10)^2$. Setzt man dies gleich, so ergibt sich die Bremsbeschleunigung

$-a = \frac{100}{2 \cdot (3{,}6)^2} = 3{,}9$ in $\frac{\text{m}}{\text{s}^2}$;dies entspricht beim Bremsen durch Blockieren aller Räder, wenn also $-a = f_{gl} \cdot g$ ist, einem Faktor f_{gl}=0,4. In diesem Falle wird der Bremsweg also mit der Fahrschulregel genau errechnet, sonst ist es eine gute Näherung.

A 4: Bremst die Gleitreibungskraft das Auto ab, so ergibt sich aus $m \cdot |a| = f_{gl} \cdot m \cdot g$ die Bremsbeschleunigung $a = -4{,}9 \text{ m s}^{-2}$.

a) Da $a = \frac{\Delta v}{\Delta t} = \frac{v_1 - v_0}{t_1 - 0}$ und $v_0 = 90 \frac{\text{km}}{\text{h}} = 25 \frac{\text{m}}{\text{s}}$ hat das Auto zur Zeit $t_1 = 2$ s die Geschwindigkeit

$v_1 = a \cdot t_1 + v_0 = -4{,}9 \frac{\text{m}}{\text{s}^2} \cdot 2\text{s} + 25 \frac{\text{m}}{\text{s}} = 15 \frac{\text{m}}{\text{s}} = 54 \frac{\text{km}}{\text{h}}$ Der zurückgelegte Weg ergibt sich aus der Trapezfläche im t-v-Diagramm: $\Delta s = \frac{v_0 + v_1}{2} \cdot t_1 = \frac{(25+15)\text{m}}{2 \text{ s}} \cdot 2\text{s} = 40$ m

b) Aus $a = \frac{\Delta v}{\Delta t} = \frac{v_1 - v_0}{t_1 - 0}$ berechnet man

$t_1 = \frac{13{,}9\text{m/s} - 25\text{m/s}}{-4{,}9 \text{ m/s}^2} = 2{,}26$ s und

$\Delta s = \frac{v_0 + v_1}{2} \cdot t_1 = \frac{(13{,}9 + 25)\text{m}}{2 \text{ s}} \cdot 2{,}26\text{s} = 40$ m .

A 5: a) s-F-Diagramm

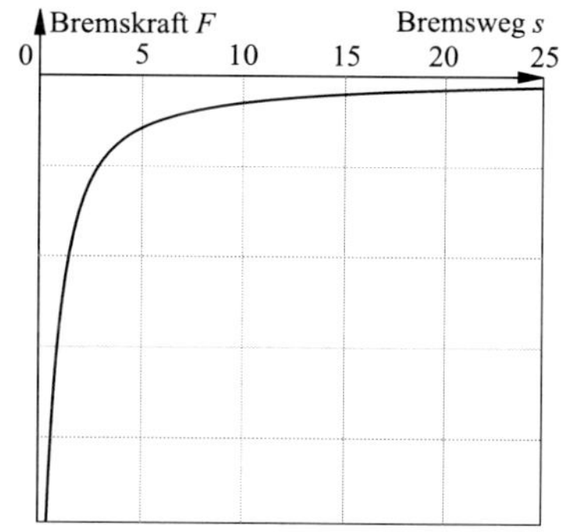

Aus $F = m \cdot a$ und $s = \frac{1}{2} \frac{v_0^2}{-a}$ folgt $F = -\frac{m \cdot v_0^2}{2} \cdot \frac{1}{s}$

b) v_0-s-Diagramm

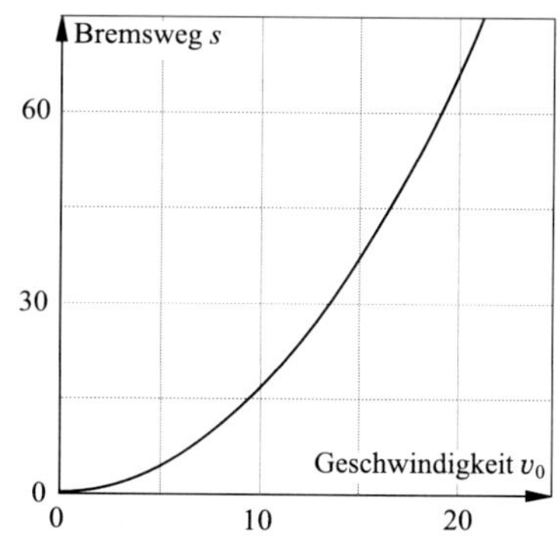

$s = -\frac{1}{2a} \cdot v_0^2 \; (a < 0)$

A 6: a) t-v-Diagramm

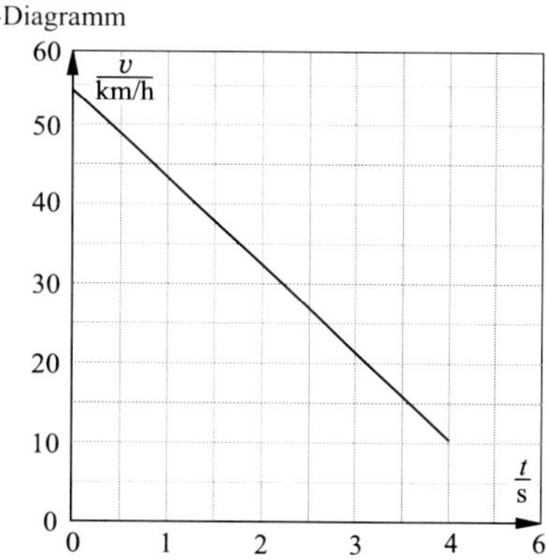

b) Der zurückgelegte Weg entspricht der Trapezfläche im t-v-Diagramm: $\Delta s = \frac{v_1 + v_0}{2} \cdot t_1$. Mit $v_0 = 54\frac{\text{km}}{\text{h}} =$ 15 m/s errechnet sich die Aufprallgeschwindigkeit v_1 zu $v_1 = 2\frac{\Delta s}{t_1} - v_0 = \frac{2 \cdot 36\ \text{m}}{4\ \text{s}} - 15\frac{\text{m}}{\text{s}} = 3\frac{\text{m}}{\text{s}} = 10{,}8\frac{\text{km}}{\text{h}}$.

c) Es ist $a = \frac{\Delta v}{\Delta t} = \frac{v_1 - v_0}{t_0 - 0} = \frac{(3-15)\text{m}}{4\text{s} \cdot \text{s}} = -3\frac{\text{m}}{\text{s}^2}$.

A 7: Als Bremskraft (Betrag) wirkt $F = f_{\text{gl}} \cdot F_{\text{N}} - F_{\text{H}}$, also gilt $m \cdot a = f_{\text{gl}} m \cdot g \cdot \cos\varphi - m \cdot g \cdot \sin\varphi$ und der Betrag der Bremsbeschleunigung ist

$|a| = 9{,}81\frac{\text{m}}{\text{s}^2}(0{,}4 \cdot 0{,}95 - 0{,}31)$, also $a = -0{,}7\frac{\text{m}}{\text{s}^2}$ Da für den Bremsweg gilt $s = \frac{1}{2} \cdot \frac{v^2}{-a}$, darf die Geschwindigkeit höchstens $v = \sqrt{2s \cdot a} = 2{,}9\frac{\text{m}}{\text{s}} = 10{,}4\frac{\text{km}}{\text{h}}$ sein.

Seite 46

A 1: $|F_1| = 20$ N, $|F_2| = 15$ N

a) $F_{\text{Res}} = F_1 + F_2 = 35$ N

b) $F_{\text{Res}} = F_1 + F_2 = 20\ \text{N} + (-15\ \text{N}) = 5\ \text{N}$

c) Nach dem Satz von Pythagoras gilt für die Beträge

$$F_{\text{Res}} = \sqrt{F_1^2 + F_2^2} = \sqrt{400 + 225}\ \text{N} = 25\ \text{N}.$$

A 2 Auf jede Mannschaft wirkt eine Kraft durch die andere Mannschaft über das Tau und eine Kraft vom Boden - die reactio ihrer eigenen Kraft auf den Boden. Zum Beispiel betrage die reactio des Bodens auf die Mannschaft A - 5000 N , auf die Mannschaft B 4000 N. Da im Tau Kräftegleichgewicht herrscht, übt also die Mannschaft A auf die Mannschaft B eine Kraft von ½ (5000N+4000N) = 4500 N aus, die Mannschaft B auf A von –4500 N. Die resultierende Kraft auf Mannschaft A ist –5000 N + 4500 N = –500 N, die auf Mannschaft B 4000 N + (–4500 N) = –500 N, Mannschaft B wird in Richtung von Mannschaft A gezogen, diese gewinnt.

A 3: a) In den ersten 2 s verläuft die Fahrt mit der konstanten Geschwindigkeit $v_{0\text{-}2}$, dann 1 s lang mit der größeren Geschwindigkeit $v_{2\text{-}3}$, anschließend ruht die Fahrt für 2 s, bevor sie in den nächsten 2 s in der entgegengesetzten Richtung mit der konstanten Geschwindigkeit $v_{5\text{-}7}$ fortgesetzt wird um schließlich, weiterhin in entgegengesetzter Richtung, mit der betragsmäßig größeren Geschwindigkeit $v_{7\text{-}10}$ während 3 s zu Ende zu gehen.

b)

$v_{0-2} = \frac{10\text{m} - 5\text{m}}{2\text{s}} = 2{,}5\frac{\text{m}}{\text{s}}$, $v_{2-3} = \frac{15\text{m} - 10\text{m}}{1\text{s}} = 5\frac{\text{m}}{\text{s}}$

$v_{3-5} = 0\text{m}/\text{s}$, $v_{5-7} = \frac{12\text{m} - 15\text{m}}{2\ \text{s}} = -1{,}5\frac{\text{m}}{\text{s}}$

$v_{7-10} = \frac{0\text{m} - 12\text{m}}{3\ \text{s}} = -4\frac{\text{m}}{\text{s}}$

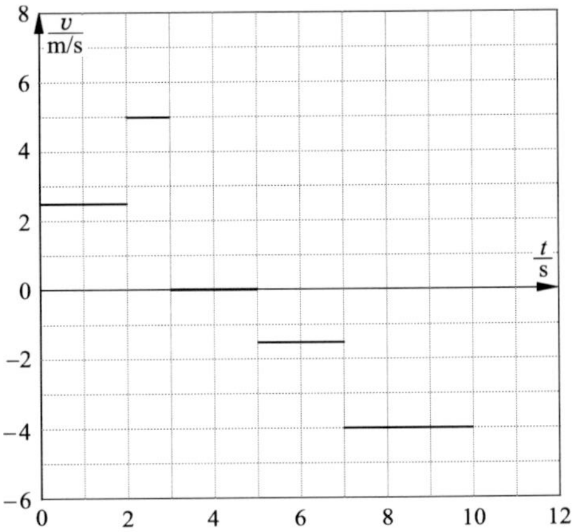

A 4: a) Zunächst erfolgt die Bewegung mit der konstanten Geschwindigkeit v_1=16 m/s, dann mit v_2 = 14 m/s. In den nächsten 15 s wirkt eine Kraft, die der ursprünglichen Bewegungsrichtung entgegengesetzt ist, sodass die Geschwindigkeit abnimmt, bis dann die Bewegung sogar in die entgegengesetzte Richtung verläuft mit v_3 = –6 m/s. Nachdem die Geschwindigkeit 10 s lang konstant war, wirkt 15 s lang wiederum eine Kraft, diesmal in Richtung der ursprünglichen Bewegung, die Geschwindigkeit steigt dadurch auf 0 m/s.

b)

Zeitraum	zurückgelegter Weg	erreichter Ort
0 s - 35 s	s = 16m/s·35s = 560 m	560 m
35 s - 50 s	s = 14 m/s·15 s = 210 m	770 m
50 s - 60 s	s = ½ 14m/s·10 s = 70 m	840 m
60 s - 65 s	s = ½ (–6)m/s·5 s = –15 m	825 m
65 s - 75 s	s = (–6)m/s·10 s = –60 m	765 m
75 s - 90 s	s = ½ (–6)m/s·15 s =–45m	720 m

c) t-s-Diagramm:

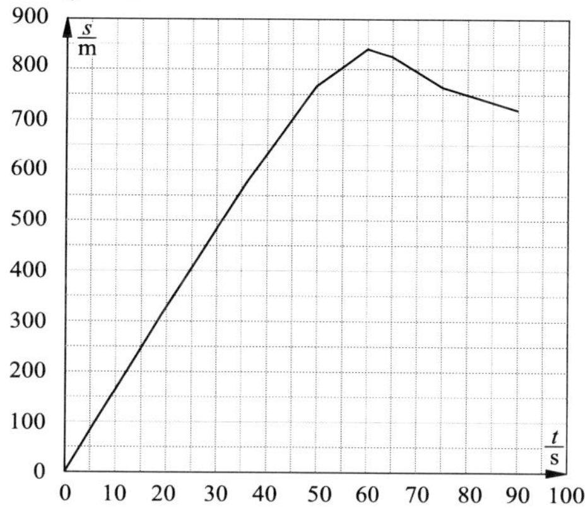

A 5: a) Hat der Körper eine Geschwindigkeit nach rechts, so bewegt er sich trotz einer nach links gerichteten Beschleunigung so lange weiter nach rechts, bis seine Geschwindigkeit 0 ist, erst wenn diese dann auch nach links gerichtet ist, bewegt sich auch der Körper nach links.
b) Ja, wenn die Beschleunigung der Geschwindigkeit entgegengesetzt ist.

A 6: Bremst der Zug, so sollte der Fahrgast ebenfalls gebremst werden. Dies geschieht durch Reibungskräfte (auch Festhalten), die man spürt. Die Muskelspannung vermittelt das Gefühl, man würde nach vorn gezogen. Im anfahrenden Zug muss der Fahrgast ebenfalls beschleunigt werden, die Verformungskraft des Rückenpolsters besorgt dies. Der in Fahrtrichtung sitzende Fahrgast hat das Gedühl, in die Polster gedrückt zu werden. .

A 7: a) und **b)**

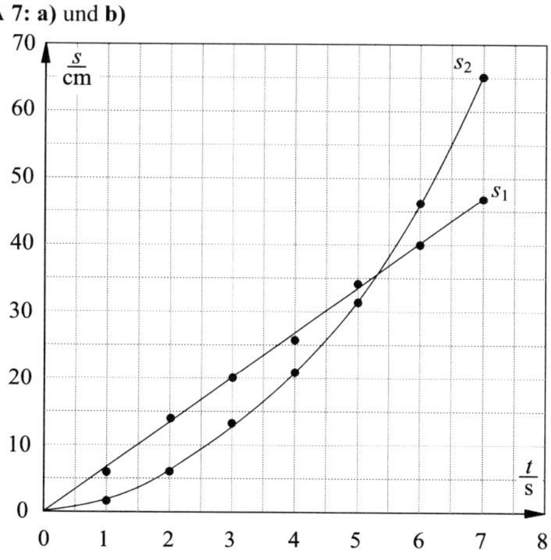

c) Bewegung 1 ist gleichförmig, Es ist $v = \Delta s/\Delta t$.

Als Mittelwert ergibt sich $v_1 = 6\frac{2}{3}\frac{\text{m}}{\text{s}}$.

d) Da $s = \frac{1}{2} a \cdot t^2$, ergibt sich für die Beschleunigung der Mittelwert $a = 2\frac{2}{3}\frac{\text{m}}{\text{s}^2}$.

e) Sie befinden sich auf gleicher Höhe, wenn $s_1 = s_2$, also

$v_1 \cdot t = \frac{1}{2} a \cdot t^2$ oder $t = \frac{2v_1}{a} = \frac{2 \cdot 20/3\ \text{m/s}}{8/3\ \text{m/s}^2} = 5\ \text{s}$.

Sie haben gleiche Geschwindigkeit $v_1 = v_2$, wenn

$v_1 = a_2 \cdot t$, also $t = \frac{v_1}{a_2} = 2{,}5$ s.

A 8: a) Man könnte eine Seite des Kraftmessers auch an einem Haken befestigen. Er zeigt $F = G_1 = m_1 \cdot g = 19{,}6$ N oder $F = G_2 = m_2 \cdot g = 19{,}6$ N.

b) Die zu beschleunigende Masse ist $m = m_1 + m_2$, der Betrag der Resultierenden ist $F_{\text{Res}} = m_2 \cdot g - m_1 \cdot g$:

$$a = \frac{F_{\text{Res}}}{m} = \frac{m_2 g - m_1 g}{m_2 + m_1} = \frac{(2-1{,}8)\text{kg} \cdot 9{,}81}{(2+1{,}8)\ \text{kg}}\frac{\text{m}}{\text{s}^2} = 0.5\frac{\text{m}}{\text{s}^2}$$

Über den Kraftmesser erhält Körper 1 seine Beschleunigung, er zeigt die dazu benötigte Kraft zusätzlich zur Gewichtskraft:

$$F_1 = m_1(g+a) = 1{,}8\text{kg} \cdot (9{,}81 + 0{,}5)\frac{\text{m}}{\text{s}^2} = 18{,}6\ \text{N}.$$

A 9: Da Beschleunigung a_1 und Bremsbeschleunigung a_2 betragsmäßig gleich groß sind, wirkt a_1 auf der Hälfte der Fahrstrecke und gleich lange wie a_2.

a) t-v -Diagramm:
b) Die Fläche um t-v-Diagramm entspricht der Fahrstrecke:

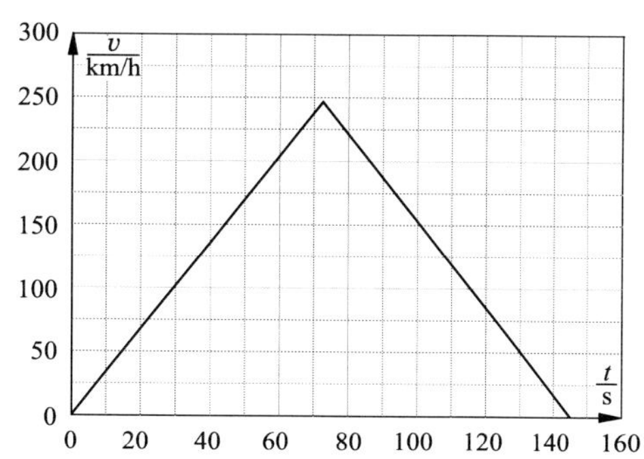

$\Delta s = (\frac{1}{2} v_1 \cdot t_1) \cdot 2 = v_1 \cdot t_1$, die Beschleunigung ist

$a_1 = \frac{\Delta v}{\Delta t} = \frac{v_1}{t_1}$. Es folgt $\Delta s = a_1 \cdot t_1^2$ und damit

$t_1 = \sqrt{\frac{\Delta s}{a_1}} = \sqrt{\frac{5000\text{m}}{0{,}95\text{m/s}^2}} = 72{,}5\text{s}$.

Die Fahrt dauert also 2·72,5 s = 145 s.

c) Es ist $v_1 = a_1 \cdot t_1 = 0{,}95\frac{\text{m}}{\text{s}^2} \cdot 72{,}5\ \text{s} = 68{,}9\frac{\text{m}}{\text{s}} = 248\frac{\text{km}}{\text{h}}$.

d) Da $F = m \cdot a_1$, ist $m = 100\ \text{kN} / 0{,}95\text{m} \cdot \text{s}^{-2} = 105{,}3\ \text{t}$.

A 10: a) Schwebt die Rakete, so ist die Schubkraft betragsmäßig gleich der Gewichtskraft $G = 28{,}4 \cdot 10^6\ \text{N}$.

b) Es muss $F = G + m \cdot a = 28{,}4 \cdot 10^6\ \text{N} + 2{,}9 \cdot 10^6 \cdot 12\ \text{N} =$ $63{,}2 \cdot 10^6\ \text{N} = 63{,}2$ MN (MN : Mega-Newton)

A 11: a) Beschleunigend wirkt der Hangabtrieb, also ist $m \cdot a = m \cdot g \cdot \sin\varphi$ und $\varphi = \sin^{-1}(0{,}5 / 9{,}81) = 2{,}9°$.

b) $a = g \cdot \sin 3\varphi = 9{,}81 \cdot 0{,}151\ \text{m}/\text{s}^2 = 1{,}48\ \text{m}/\text{s}^2$, die Beschleunigung ist also etwa das Dreifache der von a (für kleine Winkel ist $\sin 3\varphi \approx 3\sin\varphi$).

A 12: Ohne Reibung braucht man (Beträge) $F = F_H + m \cdot a$ $= 1000\text{kg} \cdot 9{,}81\text{m}/\text{s}^2 \cdot \sin 15° + 1000\text{kg} \cdot 1\text{m}/\text{s}^2 = 3{,}5\ \text{kN}$

A 13: (Rechnen mit Beträgen)

a) Da $s = \frac{1}{2} a \cdot t^2$, ist $a = \frac{2 \cdot 10\ \text{m}}{25\ \text{s}^2} = 0{,}8\frac{\text{m}}{\text{s}^2}$.

b) Beschleunigend auf m_1+m_2 wirkt $G_2 - F_H - F_{gl}$, also ist $(m_1 + m_2) \cdot a = m_2 g - m_1 g \sin\varphi - f \cdot m_1 g \cos\varphi$ und

$$m_2 = 20\text{kg}\frac{0{,}8 + 9{,}81 \cdot \sin 30° + 0{,}1 \cdot 9{,}81 \cdot \cos 30°}{9{,}81 - 0{,}8} = 14{,}5\text{kg}$$

müssen angehängt werden.

Seite 49

A 1: Da $t = \frac{v}{g}$, ist $s = \frac{1}{2} g \frac{v^2}{g^2} = \frac{v^2}{2g} = \frac{340^2\,\text{m}^2\text{s}^{-2}}{2 \cdot 9{,}81\text{ms}^{-2}}$;
er müsste aus 5892 m frei fallen.

A 2: Es ist $t = \frac{v}{g} = \frac{25\text{ ms}^{-1}}{10\text{ms}^{-2}} = 2{,}5\text{ s}$ und
$t = \sqrt{\frac{2s}{g}} = \sqrt{\frac{2 \cdot 10\text{m}}{10\text{ms}^{-2}}} = \sqrt{2}\text{ s} = 1{,}4\text{ s}$.
Nach der doppelten Zeit hat der Körper die doppelte Geschwindigkeit 50 m/s bzw. den vierfachen Fallweg 40 m erreicht, da $s = \frac{1}{2} g \cdot t^2$ und $v = g \cdot t$.
Auf dem Mond hat ein frei fallender Körper nach $t = \frac{25}{1{,}62}\text{s} = 15{,}43\text{ s}$ die Geschwindigkeit 25m/s und nach $t = \sqrt{\frac{2 \cdot 10}{1{,}62}}\text{s} = 3{,}51\text{ s}$ den Fallweg 10 m erreicht. Auch auf dem Mond hat der Körper nach der doppelten Zeit die doppelte Geschwindigkeit 50 m/s bzw. den vierfachen Fallweg 40 m erreicht.

A 3: Da $t = v/g$, ist $s = \frac{v^2}{2g} = \frac{(50/3{,}6)^2\text{m}^2 s^{-2}}{2 \cdot 9{,}81\text{ms}^{-2}}$, das Auto müsste aus 9,83 m frei fallen.

A 4: Mit $t = \sqrt{\frac{2s}{g}}$ errechnet sich die Reaktionszeit aus dem zurückgelegten Weg:

Fallweg in cm	5	10	15	20	25	30
Reaktionszeit in s	0,10	0,14	0,17	0,20	0,23	0,25

A 5: Der Stein braucht zum Fallen $t = \sqrt{\frac{2 \cdot 17\text{m}}{9{,}81\text{m} \cdot \text{s}^{-2}}} =$ 1,86 s, der Schall braucht $t = \frac{s}{v} = \frac{17\text{ m}}{340\text{ms}^{-1}} = 0{,}05\text{ s}$, also hört man den Aufschlag nach 1,91 s.
Die Zeit t errechnet sich aus der Tiefe s und der Schallgeschwindigkeit v: $t = \sqrt{\frac{2s}{g}} + \frac{s}{v}$. Für eine vorgegebene Zeit ergibt sich daraus eine quadratische Gleichung für s: $g \cdot s^2 - (2g \cdot t \cdot v + 2v^2)s + gv^2t^2 = 0$, also ist der Brunnen 18,56 m. tief.

Seite 54

A 1: Sie fährt gleichförmig, wenn ihre Geschwindigkeit konstant ist, das heißt wenn ihre beschleunigende Motorkraft und die Wasserwiderstandskraft gegengleich sind. Sie braucht für 12 km 20 Minuten.

A 2: Braucht man 6 Minuten für 1 km, dann werden in 1 Stunde 10 km zurückgelegt, das heißt, die Geschwindigkeit beträgt $10\frac{\text{km}}{\text{h}} = \frac{10000\text{ m}}{3600\text{ s}} = 2{,}78\frac{\text{m}}{\text{s}}$.

A 3: Die beiden äußeren Kräfte ergeben die resultierende Kraft $F_{\text{Res}} = 0$, sie sind gleich groß, aber entgegengesetzt gerichtet.

A 4: Der Umfang der Orange entspricht dem Umfang der Erde $U = 2\pi r = 2\pi \cdot 6380\text{ km} \approx 40000\text{ km}$ (r siehe Anhang). Die Funksignale müssen also etwa eine Entfernung von 16000 km zurücklegen und brauchen dazu $t = \frac{s}{v} = \frac{16 \cdot 10^6\text{m}}{3 \cdot 10^8\text{ms}^{-1}} = 0{,}05\text{ s}$.

A 5: Da $s = \frac{1}{2} g\, t^2$, fällt der Stein mit $g = 10\text{ ms}^{-2}$ in 0,1s 0,05 m, in 0,2 s 0,2 m und in 0,3 s 0,45 m.
Nach den Fallgesetzen für den freien Fall hat der Stein nach 0,75 m Fallweg die Geschwindigkeit
$v = g\sqrt{\frac{2s}{g}} = \sqrt{2sg} = \sqrt{2 \cdot 0{,}75\text{ m} \cdot 10\text{ms}^{-2}} = 3{,}87\frac{\text{m}}{\text{s}}$.

A 6: Nach den Fallgesetzen für den freien Fall hängt die Geschwindigkeit mit dem Fallweg über $v = \sqrt{2sg}$ zusammen. Sollen die Geschwindigkeiten auf dem Mond und auf der Erde gleich groß sein, so muss $s_E \cdot g_E = s_M \cdot g_M$ sein. Mit g_M=1,62 m/s² ist $s_M = 1\text{ m} \cdot 9{,}81 / 1{,}62 = 6{,}06\text{ m}$.

A 7: Es ist $G = m \cdot g$, also $G_{3\text{kg}} = 15$ N und $G_{3\text{g}} = 15$ mN. Die Fallwege sind nicht von der Gewichtskraft abhängig, nur von der Fallzeit: $s = \frac{1}{2} g\, t^2$. Also ist der Fallweg nach 1 s 2,5 m, nach 2 s 5 m und nach 3 s 22,5 m.

A 8: Für die Geschwindigkeit v beim Durchqueren der Lichtschranke gilt: $\frac{d}{\Delta t} = v = \sqrt{2sg}$, also gilt für die Dunkelzeit $\Delta t = \frac{2 \cdot 10^{-2}\text{ m}}{\sqrt{2 \cdot 9{,}81\text{s}^{-2}}} = 4{,}5 \cdot 10^{-3}\text{ s}$

A 9: Zum Zeitpunkt $t = 4$ s gilt jeweils für die Steine

Startzeitpunkt	0 s	1 s	2 s	3 s	4 s
Fallzeit in s	4	3	2	1	0
Fallweg in m	80	45	20	5	0

Sie haben die Abstände 5m, 3·5m, 5·5m, 7·5m.

Zum Zeitpunkt $t = 5$ s gilt jeweils für die Steine

Nr.	t in s	s in m
0	5	125
1	4	80
2	3	45
3	2	20
4	1	5

A 11: Ja, denn die Abstände betragen weiterhin das 3-, 5-, 7-, 9-fache des kleinsten Abstandes. Auch auf dem Mond sind durch die Abstände der Fallschnur gleichbleibende Zeitabstände des Auftreffens festgelegt, die Fallschnur bleibt also Fallschnur.

A 12: Körper sollen in den Zeitabständen t_0 auf dem Boden aufkommen. Es sei $s_0 = \frac{1}{2} g\, t_0^2$.
Für eine Flugdauer $n \cdot t_0$ ist der zurückgelegte Weg

$s_n = \frac{1}{2} g\,(n \cdot t_0)^2 = n^2 \cdot s_0$.

Körpernummer	1	2	3	4	5
ankommen nach	t_0	$2\,t_0$	$3\,t_0$	$4\,t_0$	$5\,t_0$
zurückgelegter Weg	s_0	$4\,s_0$	$9\,s_0$	$16\,s_0$	$25\,s_0$
Abstand vom Körper davor in s_0	1	3	5	7	9
Summe der Abstände in s_0	1	4	9	16	25

A 13: Die Kugel hat an der Lichtschranke die Geschwindigkeit $v = \frac{d}{\Delta t} = \frac{0{,}015\text{ m}}{0{,}003\text{ s}} = 5\frac{\text{m}}{\text{s}}$. Da für den freien Fall $v = g \cdot t$, war die Kugel $t = v/g = 0{,}5$ s unterwegs und hat den Weg $s = \frac{1}{2} g\, t^2 = 1{,}25$ m zurückgelegt.

Seite 55

A 14: a) Die Äpfel haben zu jedem Zeitpunkt dieselbe Geschwindigkeit, ihr Abstand bleibt also gleich.
b) Fällt der obere Apfel am unteren vorbei, so ist er schon $t = \sqrt{2s/g} = \sqrt{2 \cdot 1{,}25 / 10}\text{ s} = 0{,}5\text{ s}$ lang geflogen und hat die Geschwindigkeit $v = 5$m/s. Da beide Äpfel dieselbe Beschleunigung erfahren, wird der obere immer schneller sein, der Abstand wird sich immer weiter vergrößern.
In der 1 s fliegt der untere Apfel $s_u = 5$ m, der obere $s_o = \frac{1}{2} g((1{,}5\text{ s})^2 - (0{,}5\text{ s})^2) = 10$ m, ihr Abstand beträgt also 5 m.
c) Bild zu a):

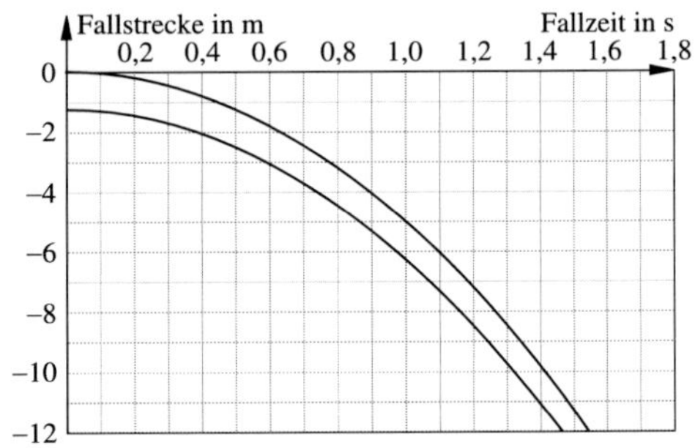

Bild zu b):

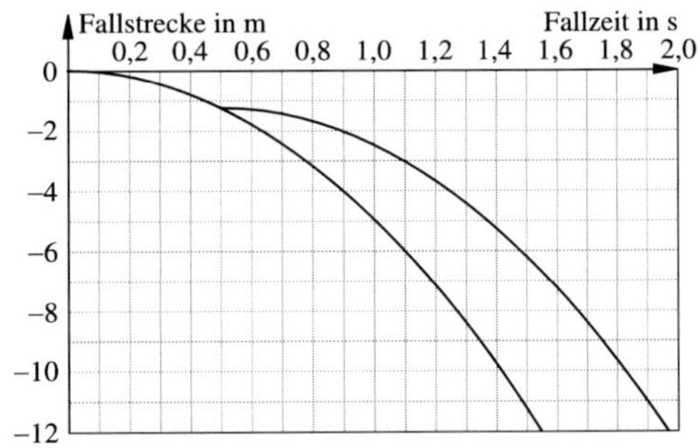

A 15: Aus $s = \frac{1}{2} g \cdot t^2$ folgt $t = \sqrt{\frac{2s}{g}}$ und somit $v = g \cdot t = g\sqrt{\frac{2s}{g}} = \sqrt{2sg}$. Nach der dopelten Strecke ist der Körper nur 1,4-mal so schnell, erst nach der 4fachen Strecke ist er doppelt so schnell.

A 16: Auf der Mondoberfläche wird der Staub beim Fallen nicht von einer Luftwiderstandskraft gebremst.

A 17: $F_L = \frac{1}{2} \cdot 1{,}35 \cdot 1{,}25 \frac{\text{kg}}{\text{m}^3} \cdot \pi \cdot 4\text{m}^2 \cdot (6{,}8 \frac{\text{m}}{\text{s}})^2 = 490$ N.
Es ist $G = mg = 50\text{kg} \cdot 9{,}81 \frac{\text{m}}{\text{s}^2} = 490$ N, also $F_L = G$.

A 18: $F_L = \frac{1}{2} c_w \rho A v^2 = \frac{1}{2} \cdot 0{,}35 \cdot 1{,}25 \frac{\text{kg}}{\text{m}^3} \cdot 2\text{m}^2 (30 \frac{\text{m}}{\text{s}})^2 =$ 393,75 N. Bei Gegenwind ist $F_L = 700$ N.

A 19: Bei jeder Windrichtung schauen dem Wind in etwa eine offene Halbkugelschale, eine Rückseite und zwei Halbkugelschalen von der Seite entgegen. Die Luftwiderstandskraft, die die offene Halbkugelschale erfährt, ist um ein Vielfaches größer als diejenige, die die drei anderen Halbkugelschalen erfahren. Die Kraft des Windes bewirkt also eine Drehung des Gerät um seine vertikale Achse, und zwar um so schneller, je größer die Windgeschwindigkeit ist. Die Drehgeschwindigkeit ist also ein Maß für die Windgeschwindigkeit.

Seite 60

A 1: Er beobachtet bei der Kugel A einen freien Fall, Kugel B wirkt wie nach links geworfen mit der Geschwindigkeit v_0, es gilt $x = -v_0\,t$ und $v_x = -v_0$ und $y = \frac{1}{2} g\,t^2$ und $v_y = g\,t$.

Seite 65

A 1:

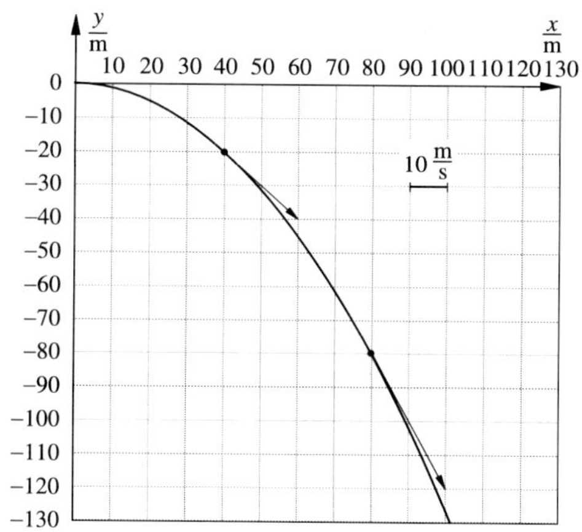

A 2: Es ist $s = \frac{1}{2} g\,t^2$, also ist der Sack $t = \sqrt{\frac{2s}{g}} = 10s$ lang unterwegs und kommt mit der Fallgeschwindigkeit $v_y = g\,t = 100\frac{\text{m}}{\text{s}}$ am Boden an. Die Geschwindigkeit v_0 des Flugzeugs ist die konstante Horizontalgeschwindigkeit und ergibt sich aus $s = v\,t$ zu $v_0 = \frac{s}{t} = \frac{1000\text{ m}}{10\text{ s}} = 100\frac{\text{m}}{\text{s}}$. Der Sack erreicht mit der Geschwindigkeit $v = \sqrt{v_0^2 + v_y^2} = 141\frac{\text{m}}{\text{s}}$ den Boden.

A 3: Die Sprungdauer beträgt $T = 5 \cdot 0{,}12\text{ s} = 0{,}6\text{ s}$.

Es ist $v_x = \frac{5\text{ m}}{0{,}6\text{ s}} = 8{,}3\frac{\text{m}}{\text{s}}$ und aus $y = v_y t - \frac{1}{2} g\,t^2$ und $y(T) = 0$ folgt $v_y = \frac{1}{2} g\,T = \frac{1}{2} 10\frac{\text{m}}{\text{s}^2} 0{,}6\text{ s} = 3\frac{\text{m}}{\text{s}}$. Also hat der Weitspringer beim Absprung die Geschwindigkeit $v_0 = \sqrt{v_x^2 + v_y^2} = 8{,}9\frac{\text{m}}{\text{s}}$.

Oder: Aus $x(T) = v_0 \cos\alpha \cdot T = 5\text{ m}$ und aus $y(T) = v_0 \sin\alpha - \frac{1}{2} g\,T = 0\text{ m}$ folgt

$$v_0^2 \cos^2\alpha + v_0^2 \sin^2\alpha = \frac{25\text{m}^2}{0{,}36\text{ s}^2} + \left(\tfrac{1}{2} \cdot 10\frac{\text{m}}{\text{s}^2} \cdot 0{,}6\text{ s}\right)^2, \text{ also}$$

$$v_0^2 = 78{,}4\frac{\text{m}^2}{s^2} \text{ und } v_0 = 8{,}9\frac{\text{m}}{\text{s}}.$$

A 4: Da $v = 120\frac{\text{km}}{\text{h}} = 33\frac{1}{3}\frac{\text{m}}{\text{s}}$, gilt für die Antriebskraft, die entgegengesetzt gleich der Luftwiderstandkraft ist, $F = 0{,}875\frac{\text{kg}}{\text{m}} \cdot (33\frac{1}{3}\frac{\text{m}}{\text{s}})^2 = 972\text{ N}$.

Seite 66

A 1: $F_L \sim v^2$ bedeutet doppelte Endgeschwindigkeit bei 4facher Luftwiderstandskraft, also muss auch die Antriebskraft vervierfacht werden.

A 2: Im höchsten Punkt ist $v = v_0 - g\,t = 0\,\text{m/s}$, das heißt $T = \frac{v_0}{g}$. Man kann also das Wasser

$$h = v_0 T - \tfrac{1}{2} g\,T^2 = \frac{v_0^2}{g} - \frac{1}{2}\frac{v_0^2}{g} = \frac{(15\,\frac{\text{m}}{\text{s}})^2}{2 \cdot 10\,\frac{\text{m}}{\text{s}^2}} =$$

11 m hoch spritzen.

A 3: Ein Beobachter, der mit der Anfangsgeschwindigkeit v_0 der Kugel nach oben fliegt, sieht:
Die Kugel fällt gleichmäßig beschleunigt in dieselbe Richtung, in die sich der Startpunkt mit der konstanten Geschwindigkeit v_0 vom Beobachter weg bewegt. Der Startpunkt wird deshalb von der Kugel eingeholt.
Für einen nebenstehenden Beobachter bewegt sich also die Kugel gleichzeitig mit konstanter Geschwindigkeit v_0 nach oben und im freien Fall nach unten. Hat sie in diesen beiden Bewegungsabläufen die gleiche Weglänge (aber entgegengesetz gerichtet) zurückgelegt, so ist sie wieder am Startpunkt.

Seite 69

A 1: Zunächst werde von der Reibung abgesehen:
Versuch 1: System: Pendelkörper - Faden - Aufhängevorrichtung - Erde; Nullniveau: A. W_H (B) → W_B (A) → W_H (C oder E) → W_B (A) → W_H (B) ...
Versuch 2: System: Feder mit Aufhängung - Wägestück - Erde; Nullniveau: B. W_{Sp} (B) → W_{Sp}, W_H und W_B (zwischen B und C) → W_{Sp}, W_H (C) → W_H, W_{Sp} und W_B (C bis B) ...
Versuch 3: System: Schlitten - Federn an Schlitten und am Ende der Bahn mit Halterungen.
$W_B \rightarrow W_{Sp} \rightarrow W_B$...
Wird die Reibung mit berücksichtigt, so gehört jeweils die umgebende Luft mit zum System, bei Versuch 3 auch die Bahn, und es wird dauernd mechanische Energie in innere Energie umgewandelt.

A 2: System: Auto - speziell Benzin - Straße - Luft - Erde. Die Energie im Benzin wandelt sich um in Bewegungsenergie, Höhenenergie und innere Energie.

A 4: Es ist $W_1 = 0$ J, bei 36 km/h = 10 m/s ist
$W_2 = \frac{1}{2} m \cdot v^2 = 50000$ J, bei 72 km/h=20 m/s ist
$W_1 = 200000$ J. Es wird zunächst $W_2 - W_1 = 50000$ J, dann $W_3 - W_2 = 150000$ J (also das 3-fache) aus Benzin in Bewegungsenergie umgesetzt.

A 5: a) System: Wanderer - Scheibe Brot [Tafel Schokolade] - Erde; Nullniveau: Ausgangspunkt.
Es ist $W_H = m \cdot g \cdot h$, also

$$h = \frac{400 \text{ kJ}}{70 \text{ kg} \cdot 9{,}81 \text{m}/\text{s}^2} = 582 \text{ m} \quad [h = 3495 \text{ m}].$$

b) System: LKW - speziell Bremse - Straße. Geht man davon aus, dass die gesamte Bewegungsenergie in innere Energie der Bremse umgewandelt wird, so gilt
$\frac{1}{2} m_{LKW} \cdot v^2 = c \cdot m_{Bremse} \cdot \Delta\delta$, also

$$\Delta\delta = \frac{5000 \text{ kg} \cdot (100/3{,}6)^2 \text{ m}^2\text{s}^{-2}}{2 \cdot 450 \text{ J} \cdot \text{kg}^{-1} \cdot \text{K}^{-1} \cdot 10 \text{ kg}} = 429 \text{ K},$$

die Bremse würde um 429 Grad erwärmt.

Seite 73

A 1: Gefragt ist nach der Höhe *h*, in der die Höhenenergie des Autos so groß ist wie seine Bewegungsenergie bei der Geschwindigkeit
$v = 108 \text{ km} \cdot \text{h}^{-1} = 30 \text{ m} \cdot \text{s}^{-1}$
Also $m \cdot g \cdot h = \frac{1}{2} m \cdot v^2$, $h = \frac{v^2}{2 \cdot g} = 46$ m

A 2: System: Radfahrer - Abhang - Mauer - Erde; Nullniveau bei der Mauer. Es ist oben am Abhang:
$W_1 = W_B + W_H = \frac{1}{2} m \cdot v_1^2 + m \cdot g \cdot h$. An der Mauer ist
$W_2 = W_B = \frac{1}{2} m \cdot v_2^2$. Da $W_1 = W_2$ (ohne Reibung), ist
$\frac{1}{2} m \cdot v_1^2 + m \cdot g \cdot h = \frac{1}{2} m \cdot v_2^2$,
$v_2 = \sqrt{2g \cdot h + v_1^2} = 14$ m/s.

A 3: System: Auto - Straße - Erde;
Zustand 1: Es wird ausgekuppelt. An diese Stelle legen wir auch das Nullniveau. Zustand 2: Der Wagen kommt zum Stehen.
Es ist $W_1 = \frac{1}{2} m \cdot v^2$, $W_2 = m \cdot g \cdot h$.

Da $W_1 = W_2$, ist $h = \frac{v^2}{2g} = \frac{(20 \text{ m}/\text{s})^2}{2 \cdot 9{,}81 \text{ m}/\text{s}^2} = 20{,}4$ m.

Mit $\frac{h}{s} = \sin\alpha$ ergibt sich $s = \frac{h}{\sin\alpha} = 234$ m.

Seite 75

A 1: Bild 1: System: oberes Speicherbecken - Druckrohrleitung - Generator - Turbine - unteres Speicherbecken - Erde; Nullniveau bei Turbine.
Höhenenergie des Wassers → Höhen- und Bewegungsenergie des Wassers → Bewegungsenergie des Wassers → Bewegungsenergie der Turbine → elektrische Energie.
Bild 2: System: Oberwasser - Turbine - Generator - Unterwasser - Erde.
Höhenenergie des Wassers → Bewegungsenergie des Wassers → Bewegungsenergie von Turbine und Generator → Elektrische Energie.

A 2: a) Nullniveau in Höhe der Hand. Es ist
$W_0 = \frac{1}{2} m \cdot v_0^2$, im höchsten Punkt ist
$W_1 = m \cdot g \cdot h_1$, da $W_0 = W_1$, ist
$v_0 = \sqrt{2 \cdot g \cdot h_1} = 19{,}8 \text{ m} \cdot \text{s}^{-1}$.

b) In der gesuchten Höhe h_2 ist
$W_2 = m \cdot g \cdot h_2 + \frac{1}{2} m \cdot (\frac{v_0}{2})^2$. Da $W_0 = W_2$, folgt

$$h_2 = \frac{1}{g} \cdot \left(\frac{1}{2} v_0^2 - \frac{1}{2} \cdot \frac{1}{4} \cdot v_0^2\right) = \frac{3}{8g} 2g \cdot h_1 = \frac{3}{4} h_1 = 15 \text{ m}.$$

A 3: Das Nullniveau sei am Ende der 150 m langen Strecke s mit 3% Gefälle, für deren Anfangshöhe h gilt: $h = s \sin\alpha$, wobei $\tan\alpha = 0{,}03$, also $\alpha = 1{,}72°$. Es gilt:

$$\frac{1}{2}m\cdot v_1^2 = \frac{90}{100}\cdot\frac{1}{2}m\cdot v_0^2 + m\cdot g\cdot s\cdot\sin\alpha\,,$$

$$v_1 = \sqrt{0{,}9v_0^2 + 2g\cdot s\cdot\sin\alpha} =$$

$$\sqrt{0{,}9\cdot\left(\frac{20}{3{,}6}\right)^2\frac{\mathrm{m}^2}{\mathrm{s}^2} + 2\cdot 9{,}81\frac{\mathrm{m}}{\mathrm{s}^2}\cdot 150\mathrm{m}\cdot 0{,}03}$$

Also $v_1 = 10{,}8$ m/s = 38,8 km/h.

A 4: Das Nullniveau sei am Fuße der Bremsstrecke der Höhe h. Für h und den Weg s, den der LKW hinauffährt, gilt: $h = s\cdot\sin 14°$. Es gilt

$$m\cdot g\cdot s\cdot\sin 14° = \frac{80}{100}\cdot\frac{1}{2}m\cdot v_0^2\,,\ \text{also}$$

$$s = \frac{0{,}8\cdot(90/3{,}6)^2\ \mathrm{m}^2\cdot\mathrm{s}^{-2}}{2\cdot 9{,}81\ \mathrm{m}\cdot\mathrm{s}^{-2}\cdot 0{,}24} = 105{,}3\ \mathrm{m}\,.$$

A 5: Das Nullniveau sei in Höhe des Sprungtuches. Nimmt man an, dass die Hanteln so „weggeworfen" werden, dass sie anschließend weder Lage- noch Bewegungsenergie besitzen, so gilt $(m_1 + 2\cdot m_2)\cdot g\cdot h_0 = m_1\cdot g\cdot h$, also

$$h = \frac{(m_1 + 2\cdot m_2)h_0}{m_1} = \frac{60\ \mathrm{kg}\cdot 2\ \mathrm{m}}{50\ \mathrm{kg}} = 2{,}4\ \mathrm{m}\,.$$

A 6: Zustand 1 sei dort, wo die „Feder" um $s_0 = 0{,}25$ m zusammengedrückt ist, Zustand 2 bei der größten Auslenkung $s = 0{,}65$ m, Zustand 3 in der Höhe des entspannten Trampolintuchs, Zustand 4 in der Höhe h, die der Junge erreicht. Es ist $W_1 = W_2 = W_3 = W_4$.

a) Für die Gewichtskraft G des Jungen und für die Federkonstante D gilt $G = D\cdot s_0$, also $m\cdot g = D\cdot s_0$ und $D = m\cdot g / s_0 = 2354\ \mathrm{N}\cdot\mathrm{m}^{-1}$.

b) Die Geschwindigkeit ist dort am größten, wo die Kraft des Trampolins so groß ist wie die Gewichtskraft, dies ist bei Zustand 1. Es ist

$$W_1 = m\cdot g\cdot(s - s_0) + \tfrac{1}{2}m\cdot v_1^2 + \tfrac{1}{2}D\cdot s_0^2\,.$$

$W_2 = \tfrac{1}{2}D\cdot s^2$, also gilt mit $D = m\cdot g / s_0$

$$\tfrac{1}{2}mg\cdot s^2 / s_0 = mg\cdot(s - s_0) + \tfrac{1}{2}m\cdot v_1^2 + \tfrac{1}{2}mg\cdot s_0,$$

also $v_1 = \sqrt{g\cdot(s^2 / s_0 - 2(s - s_0) - s_0)} = 2{,}5\ \mathrm{m}\cdot\mathrm{s}^{-1}$

c) $W_3 = mg\cdot s + \tfrac{1}{2}m\cdot v_3^2$, also

$$\tfrac{1}{2}mg\cdot s^2 / s_0 = mg\cdot s + \tfrac{1}{2}m\cdot v_3^2$$

$$v_3 = \sqrt{g(s^2 / s_0 - 2s)} = 1{,}96\ \mathrm{m}\cdot\mathrm{s}^{-1}$$

d) Es ist $W_4 = mg\cdot(h + s)$ also ist

$$m\cdot g\cdot(h + s) = \tfrac{1}{2}m\cdot g\cdot s^2 / s_0,\quad h = 0{,}195\mathrm{m}$$

A 7: Es ist $W_B = W_{Sp}$, somit

$$\tfrac{1}{2}m\cdot v^2 = 2\cdot\tfrac{1}{2}D\cdot s^2 \text{ und } D = \frac{m\cdot v^2}{2s^2} = 500000\frac{\mathrm{N}}{\mathrm{m}}.$$

A 8: Zustand 1: entspannte Feder;
Zustand 2: wo das Wägestück momentan zur Ruhe kommt, Feder sei um s_2 gedehnt, dort sei das Nullniveau;
Zustand 3: maximale Geschwindigkeit des Wägestücks, Feder ist um s_3 gedehnt.

Aus $W_1 = W_2$ folgt $m\cdot g\cdot s_2 = \tfrac{1}{2}D\cdot s_2^2$, also $s_2 = 39{,}2$ cm.

Die Geschwindigkeit $v = v_3$ ist dort am größten, wo die Kraft der Feder so groß ist wie die Gewichtskraft: $D\cdot s_3 = m\cdot g$ und $s_3 = 19{,}6$ cm. Hier im Zustand 3 gilt

$W_3 = m\cdot g\cdot(s_2 - s_3) + \tfrac{1}{2}m\cdot v_3^2 + \tfrac{1}{2}D\cdot s_3^2$. Da $W_1 = W_3$,

und $s_3 = \dfrac{m\cdot g}{D}$, ist $v_3 = g\sqrt{m/D} = 1{,}39\ \dfrac{\mathrm{m}}{\mathrm{s}}$.

A 9: Zustand 1: Feder ist um $s = 0{,}5$ m verlängert.
Zustand 2: Federverlängerung $s_2 = 0{,}5 - 0{,}1$ m,
Zustand 3: vorübergehende Ruhe über Zustand 1
Zustände 4: $v_4 = 0{,}8$ m/s und
Zustand 5: maximale Geschwindigkeit.
Das Nullniveau sei bei Zustand 1.

a): Es ist $W_2 = m\cdot g\cdot(s - s_2) + \tfrac{1}{2}m\cdot v_2^2 + \tfrac{1}{2}D\cdot s_2^2$ und da

$W_1 = \tfrac{1}{2}D\cdot s^2$ und $W_1 = W_2$ ergibt sich

$$v_2^2 = \frac{D}{m}(s^2 - s_2^2) - 2g\cdot(s - s_2) \text{ und } v_2 = 1{,}02\ \mathrm{m/s}.$$

b): Da $W_3 = m\cdot g\cdot h_b + \tfrac{1}{2}D\cdot(s - h_b)^2$ und $W_1 = W_3$,

ist $\tfrac{1}{2}D\cdot s^2 = mg\cdot h_b + \tfrac{1}{2}D\cdot s^2 - D\cdot s\cdot h_b + \tfrac{1}{2}D\cdot h_b^2$

Es ergibt sich (für $h_b \neq 0$) $h_b = 2s - 2\dfrac{m\cdot g}{D} = 0{,}41$ m.

c): $W_4 = m\cdot g\cdot h_c + \tfrac{1}{2}m\cdot v_4^2 + \tfrac{1}{2}D\cdot(s - h_c)^2 = W_1$, also

$$D\cdot h_c^2 + (2m\cdot g - 2D\cdot s)h_c + m\cdot v_4^2 = 0 \text{ und}$$

$$h_c = s - \frac{m\cdot g}{D} \pm \frac{\sqrt{(2m\cdot g - 2D\cdot s)^2 - 4D\cdot m\cdot v_4^2}}{2D}.$$

In einer Höhe von 5,4 cm über Zustand 1 hat das Wägestück die Geschwindigkeit 0,80 m/s nach oben, in der Höhe 36 cm dieselbe Geschwindigkeit nach unten.

d): Das Wägestück hat die größte Geschwindigkeit, wenn die Kraft der Feder gleich der Gewichtskraft ist: also $m\cdot g = D\cdot s_5$, somit $s_5 = 29$ cm, d. h. 21 cm über dem Zustand 1.

Seite 78

A 1: Lotrechtes Anheben: .
Die Laderampe der Länge s ist um den Winkel φ geneigt mit sin $\varphi = h/s$. Für das Schieben auf ihr wird in Wegrichtung nur die Kraft $F_s = F_H = G\sin\varphi$ benötigt, also ist $W = F_s \cdot s = G \cdot \sin\varphi \cdot s = G \cdot h = 638$ J .

A 2: Es ist $v = a \cdot t$, also $a = 0{,}8\text{m} \cdot \text{s}^{-2}$, und mit $s = \frac{1}{2} a \cdot t^2$ ist $s = 40$ m. Da die Beschleunigung nach oben erfolgt, ist $F_s = m \cdot a + G = m(a+g) = 42440$ N. Es ergibt sich $W = F_s \cdot s = 1698$ kJ.

A 3: a) Schwebt der Junge, so wirkt auf beide Seilenden dieselbe Kraft, die Summe dieser Kräfte ist seine Gewichtskraft; er muss also mit $F = G/2$ ziehen.
b) Er muss $s = 2h = 10$ m Seil „durch die Hand" ziehen.
c) Der Junge selbst führt durch seine Muskelarbeit dem System Junge-Seil-Rolle-Erde Energie zu, seine innere Energie nimmt dabei ab - er muss wieder etwas essen oder trinken!
Es ist $W = F_s \cdot s = \dfrac{G}{2} \cdot 2h = G \cdot h = 2453$ J.

A 4 Der Abschleppwagen führt dem System PKW - Straße - Erde Energie zu. Bei einer Neigung der Straße um φ mit $\sin\varphi = h/s$ ist
$W_R = F_R \cdot s = f_{gl} \cdot F_N \cdot s = f_{gl} \cdot m \cdot g \cdot \cos\varphi \cdot s$. Das Nullniveau sei unten am Berg, dort ist $W_u = \frac{1}{2} m v_u^2$, oben ist $W_o = \frac{1}{2} m \cdot v_o^2 + m \cdot g \cdot \Delta h$. Für die übertragene Energiemenge W, also die Arbeit, gilt:
$W = W_o - W_u + W_R =$
$\frac{1}{2} m v_o^2 + mg\Delta h - \frac{1}{2} m v_u^2 + f_{gl} mg\cos\varphi \cdot s = 690$ kJ.

A 5: a) Die elektrische Energie wandelt sich in mechanische Energie des Systems Seil-Baumstamm-Steinboden um, die sich ihrerseits in innere Energie des Systems Baumstamm-Steinboden umwandelt.
b) Es ist $W = F_{gl} \cdot s = f_{gl} \cdot m \cdot g \cdot s = 275$ kJ .

Seite 79

A 6: a) Es ist $D = F / s = 200 \text{ N} \cdot \text{m}^{-1}$. Das System Feder hat nach der Verlängerung um $s_1 = 0{,}1$ m die Energie $W_{Sp1} = \frac{1}{2} D \cdot s_1^2 = 1$ J , es war also zur Verlängerung die Arbeit $W_1 = 1$ J nötig.
b) Ist die Feder um $s_2 = 0{,}2$ m verlängert, so gilt
$W_{Sp2} = \frac{1}{2} D \cdot s_2^2 = \frac{1}{2} \cdot 200 \text{ N} \cdot \text{m}^{-1} \cdot (0{,}2)^2 \text{m}^2 = 4$ J .
Für deine weitere Verlängerung um 10 cm ist die Arbeit $W_2 = W_{Sp2} - W_{Sp1} = 3$ J nötig.

c)

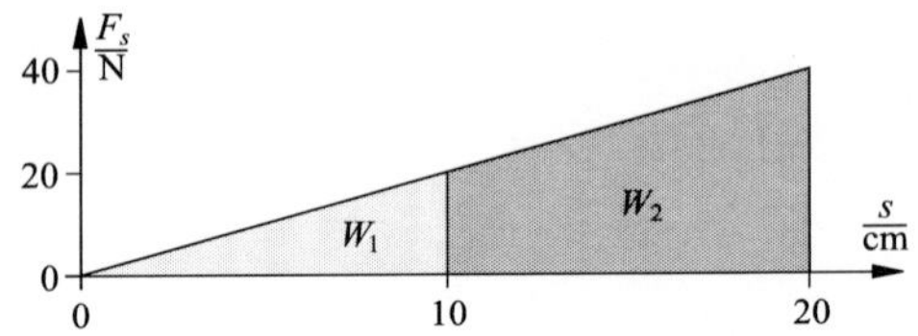

A 7: Das Nullniveau sei unten am Berg, dort ist $W_u = 0$ J. Oben gilt: $W_o = m \cdot g \cdot \Delta h + \frac{1}{2} m \cdot v^2 = 1206$ J . Es ist $W_R = W_o - W_u = 1206$ J: die innere Energie des Systems hat um 1206 J zugenommen.

A 8: Das Nullniveau sei unten, dort ist $W_u = \frac{1}{2} m \cdot v^2$.
Oben gilt mit $h = s \cdot \sin\varphi$: $W_o = m \cdot g \cdot s \cdot \sin\varphi$.
Da für die dem System durch Reibung entzogene mechanische Energie W_R gilt: $W_R = f_{gl} \cdot m \cdot g \cdot \cos\varphi \cdot s$, ist $W_u = W_o - W_R$, also
$v = \sqrt{2g \cdot s\,(\sin\varphi - f_{gl} \cdot \cos\varphi)} = 13 \text{ m} \cdot \text{s}^{-1}$.

A 9: Die Energie zu Beginn des Bremsens ist $W_1 = \frac{1}{2} m \cdot v_1^2$, entlang des Bremsweges s wird die mechanische Energie $W_R = F_{gl} \cdot s = f_{gl} m \cdot g \cdot s$ entzogen. Aus $W_1 = W_R$ folgt: $s = \dfrac{v_1^2}{2 f_{gl} g} = 41$ m
Aus der Gleitreibungskraft $F_{gl} = f_{gl} \cdot m \cdot g$ und $F_{gl} = m \cdot a$ folgt die Bremsbeschleunigung $a = F_{gl}/m = f_{gl} \cdot g = 4{,}9$ m/s². Damit ist die Bremszeit $t = v/a = 4{,}1$ s.

A 10: Das Nullniveau sei am Anfang des Bremswegs s, dort ist $W_1 = \frac{1}{2} m \cdot v^2$; am Ende des Bremswegs ist $W_2 = m \cdot g \cdot h = m \cdot g \cdot s \cdot \sin\varphi$. Da auf dem Bremsweg die mechanische Energie $W_R = f_{gl} \cdot m \cdot g \cdot \cos\varphi \cdot s$ entzogen wurde, ist $W_1 = W_2 + W_R$, also ergibt sich für die Geschwindigkeit $v = \sqrt{2g \cdot s(\sin\varphi + f_{gl} \cdot \cos\varphi)}$
$= 10.7 \text{ m s}^{-1} = 38{,}6 \text{ km h}^{-1}$. Die Autofahrerin hielt die Geschwindigkeit von 30 km h^{-1} nicht ein.

A 11: Zustand 1: Der Motor wird ausgekuppelt. An diese Stelle legen wir auch das Nullniveau. Dort ist $W_1 = \frac{1}{2} m \cdot v_1^2$. Zustand 2: Der Pkw kommt zum Stehen Dort ist $W_2 = m \cdot g \cdot h$, wobei für die Höhe h und die Weite s gilt: $h = s \cdot \sin\varphi$.
a) Ohne Reibung ist $W_1 = W_2$: $h_{oR} = v_1^2 / 2g = 20{,}4$ m und $s_{oR} = v_1^2 / 2g\sin\varphi = 117$ m .

b) Mit Reibung ist $W_1 = W_2 + W_R$, also

$\frac{1}{2} m \cdot v_1^2 = m \cdot g \cdot s_{mR} \cdot \sin\varphi + f_{roll} \cdot m \cdot g \cdot \cos\varphi \cdot s_{mR}$

$$s_{mR} = \frac{v_1^2}{2g(\sin\varphi + f_{roll} \cdot \cos\varphi)} = 105 \text{ m und}$$

$h_{mR} = s_{mR} \sin\varphi = 18$ m.

c) Ohne Reibung hat der PKW, ist er zum Nullniveau zurückgerollt, wieder die Geschwindigkeit v_1.
Zustand 3: Der Pkw passiert die Stelle des Auskuppelns beim Zurückrollen mit $W_3 = \frac{1}{2} m v_3^2$.

Es ist $W_3 = W_1 - W_R$ mit $W_R = 2 F_R s_{mR} =$

$$2 f_{roll} mg \cos\varphi \cdot s_{mR} = m v_1^2 \frac{f_{roll}}{\tan\varphi + f_{roll}} \quad (s_{mR} \text{ von b}),$$

also ist $v_3 = v_1 \sqrt{1 - \frac{2 f_{roll}}{\tan\varphi + f_{roll}}} = 18 \frac{\text{m}}{\text{s}}$.

Der Luftwiderstand wurde dabei nicht berücksichtigt.

A 12: Das Nullniveau sei am Anfang der schiefen Ebene, dort ist $W_1 = \frac{1}{2} m \cdot v^2$. Oben ist $W_2 = m \cdot g \cdot s \cdot \sin\varphi$. Es gilt $W_R = W_1 - W_2$, also

$f_{gl} \cdot m \cdot g \cdot s \cdot \cos\varphi = \frac{1}{2} m \cdot v^2 - m \cdot g \cdot s \cdot \sin\varphi$ und

$$f_{gl} = \frac{v^2}{2g \cdot s \cdot \cos\varphi} - \tan\varphi = 0{,}6.$$

Seite 81

A 1: Der Wasserfall kann in einer Sekunde die Energie
$W = m \cdot g \cdot h = \rho \cdot V \cdot g \cdot h =$

$1 \text{ kg} \cdot \text{dm}^{-3} \cdot 600 \text{ dm}^3 \cdot 9{,}81 \text{ m} \cdot \text{s}^{-2} \cdot 50 \text{ m} = 294 \text{ kJ}$

liefern, also kann ihm die Leistung 294 kW entnommen werden.

A 2: Leistet der Mensch 160 W, so heißt das, dass er in 1 s die Energie von 160 J umsetzen kann, in einer Stunde also $W = 3600 \text{ s} \cdot 160 \text{ W} = 576 \text{ kJ}$. Für die Höhenenergie des Menschen nach einer Stunde gilt somit $m \cdot g \cdot h = 576 \text{ kJ}$, also $h = 587$ m.

A 3: a) Für die konstante Beschleunigung a gilt: $v = a \cdot t$,

also $a = \frac{v}{t} = \frac{80 \text{ m}/3{,}6 \text{ s}}{22 \text{ s}} = 1{,}0 \text{ m} \cdot \text{s}^{-2}$. Die beschleunigende Kraft F ist $F = m \cdot a = 900$ N. Die Momentanleistung P_t zur Zeit t errechnet sich zu

$P_t = \frac{\Delta W}{\Delta t} = \frac{F \cdot \Delta s}{\Delta t} = F \cdot v_t$. Da $v_5 = a \cdot 5 \text{ s} = 5 \text{ m} \cdot \text{s}^{-1}$ ist

$P_5 = 900 \cdot 5 \text{ N} \cdot \text{m} \cdot \text{s}^{-1} = 4{,}5 \text{ kW}$. Es ergibt sich ebenso $P_{11} = 9{,}9$ kW.

b) Nach 5 s hat das Auto die Bewegungsenergie
$W_5 = \frac{1}{2} m \cdot v_5^2 = 11{,}25 \text{ kJ}$, also ist die mittlere Leistung zum Beschleunigen in den ersten 5 s
$P_5 = W_5 / 5 \text{ s} = 2{,}25 \text{ kW}$. Ebenso ergibt sich
$W_{11} = \frac{1}{2} m \cdot v_{11}^2 = 54{,}45 \text{ kJ}$ und $P_{11} = 4{,}95$ kW.

A 4: a) Da $P = F \cdot v$, ergibt sich aus Bild 1

Gang	F_{max} bei	v in km·h^{-1} / m·s^{-1}	P
1.	6500 N	18 km·h^{-1}/ 5 m·s^{-1}	32,5 kW
2.	3750 N	36 km·h^{-1}/ 10 m·s^{-1}	37,5 kW
3.	2750 N	45 km·h^{-1}/ 12,5 m·s^{-1}	34,4 kW
4.	2000 N	60 km·h^{-1}/ 16,7 m·s^{-1}	33,3 kW

b) Da sich die Leistung, die auf die Überwindung von Roll- und Luftwiderstand entfällt, nach $P_L = F_L \cdot v$ errechnet, ergibt sich

Gang	F_L (bei v)	P_L	Anteil P_L / P
1.	200 N (5 m·s^{-1})	1 kW	0,03 = 3%
2.	200 N (10 m·s^{-1})	2 kW	0,05 = 5%
3.	300 N (12,5 m·s^{-1})	3,75 kW	0,11 = 11%
4.	400 N (16,7 m·s^{-1})	6,68 kW	0,20 = 20%

c) Bei 100 km·h^{-1} = 27,8 m·s^{-1} ist $F_L = 600$ N, und mit $P_L = F_L \cdot v$ ergibt sich $W = P_L \cdot t = 60$ MJ ; bei einem Wirkungsgrad des Motors von etwa 23% werden somit 60 MJ/0,23 = 261 MJ / 43,5 MJ·l^{-1} = 6,0 l Benzin gebraucht. Bei 120 km·h^{-1} = 33,3 m·s^{-1} ist $F_L = 800$ N, also $W = 96$ MJ, es werden 9,6 l Benzin gebraucht.

A 5: Der PKW braucht zur Beschleunigung der Luft die Leistung $P_L = W_L / \Delta t = \frac{1}{2} c_w \cdot \rho \cdot A \cdot v^3$. Mit $\rho = 1{,}293 \text{ kg} \cdot \text{m}^{-3}$ und $v_1 = 72 \text{ km} \cdot \text{h}^{-1} = 20 \text{ m} \cdot \text{s}^{-1}$ ergibt sich $P_{L1} = 4{,}65$ kW. Mit $v_2 = 40 \text{ m} \cdot \text{s}^{-1}$ ist $P_{L2} = 37{,}2$ kW, also die 8fache Leistung. P steigt proportional mit v^3.

Seite 84

A 1: Es ist $p_v = m_1 \cdot v$ und $p_n = (m_1 + m_2) \cdot u$. Da $u = s / t = 0{,}8 \text{ m} / 3{,}2 \text{ s}$ und $p_v = p_n$ errechnet sich v zu

$$v = \frac{m_1 + m_2}{m_1} \cdot u = \frac{150{,}5 \text{ g}}{0{,}5 \text{ g}} \cdot \frac{0{,}8 \text{ m}}{3{,}2 \text{ s}} = 75 \frac{\text{m}}{\text{s}}.$$

A 2: Es ist $p_v = m_1 \cdot v_1 + m_2 \cdot v_2 = 26$ Ns und
$p_n = (m_1 + m_2) \cdot u$. Mit $p_v = p_n$ folgt $u = 4\frac{1}{3}$ m / s.
$W_v = \frac{1}{2} m_1 \cdot v_1^2 + \frac{1}{2} m_2 \cdot v_2^2 = 25 \text{ J} + 32 \text{ J} = 57$ J,
$W_n = \frac{1}{2}(m_1 + m_2) \cdot u^2 = 56\frac{1}{3}$ J; $W_v - W_n = \frac{2}{3}$ J.

Hier handelt es sich um einen völlig unelastischen Stoß, bei dem mehr Energie durch Verformung des Plastilins verloren geht als bei dem unelastischen Stoß im Beispiel S. 81. Dort haften die Wagen nach dem Stoß nicht aneinander, sondern bewegen sich mit verschiedenen Geschwindigkeiten weiter.

Seite 85

A 3: Es sei $k = m_2/m_1 = 0{,}4$, dann errechnen sich die Geschwindigkeiten nach dem Stoß mithilfe des Energie- und des Impulserhaltungssatzes zu

$u_1 = v_1(1-k)/(1+k) = 0{,}86\ \text{m} \cdot \text{s}^{-1}$ und

$u_2 = 2 \cdot v_1 / (1+k) = 2{,}86\ \text{m} \cdot \text{s}^{-1}$.

A 4: Mit $W_B = \frac{1}{2} m \cdot v^2$ ergibt sich

	W_v	W_{n2}	W_{n2}/W_v
a)	$\frac{1}{2} m_1 \cdot v_1^2$	$\frac{1}{2} m_1 \cdot v_1^2$	1 = 100%
b)	$\frac{1}{2} m_1 \cdot v_1^2$	$\frac{1}{2} \cdot 2m_1 (\frac{2}{3} v_1)^2 = \frac{8}{9} \cdot \frac{1}{2} m_1 v_1^2$	8/9 = 88,9%
c)	$\frac{1}{2} m_1 \cdot v_1^2$	$\frac{1}{2} \cdot \frac{1}{2} m_1 \cdot (\frac{4}{3} v_1)^2 = \frac{8}{9} \cdot \frac{1}{2} m_1 v_1^2$	8/9 = 88,9%

A 5: Ist m_2 sehr groß gegenüber m_1, dann ist $(1-k)/(1+k) \approx -1$ und $u_1 \approx -v_1$, der Wagen überträgt also etwa das Doppelte seines Impulses auf den anderen Wagen, behält aber fast seine ganze Energie.
Ist m_2 sehr klein gegenüber m_1, so ist $(1-k)/(1+k) \approx 1$ und $u_1 \approx v_1$, der Wagen überträgt also fast keinen Impuls (obwohl $u_2 \approx 2v_1$ ist doch der Impuls $m_2 u_2$ sehr klein gegenüber $m_1 u_1$, da $m_2 << m_1$) und auch fast keine Energie.

Seite 87

A 1: a) Beim Absprung stößt sich der Springer von der Erde nach oben ab und erhält dabei einen nach oben gerichteten Impuls. Die Erde erfährt einen Impuls von gleichem Betrag nach unten. Die Kraft auf die Erde ist die actio, die Kraft auf den Springer die reactio.
Nach dem Abheben wirkt nur noch die Anziehungskraft zwischen Erde und Springer (actio: die Erde zieht den Springer an; reactio: der Springer zieht die Erde an). Sie verringert die Beträge beider Impulse bis zum höchsten Punkt (A) zunächst auf null und erhöht sie anschließend bis zum Erreichen der Wasseroberfläche. Die Richtungen haben sich dabei jeweils umgekehrt. Beim Eintauchen bremsen Auftrieb und Reibung die Bewegungen von Erde und Springer ab. Ihre Impulse werden null, ihre Impulsänderungen haben den gleichen Betrag. Während des Sprungs ändern sich der Gesamtimpuls und die Lage des Schwerpunkts nicht.

b) A ist der höchste Punkt beim Sprung. Aus $s = \frac{1}{2} g \cdot t^2$ folgt $t = \sqrt{2s / g}$, also hat der Springer nach $s = 5$ m die Geschwindigkeit $v = g \cdot t = \sqrt{2 \cdot s \cdot g} = 9{,}9\ \text{m} \cdot \text{s}^{-1}$. Da bei A sein Impuls $p_A = 0$ ist, wird sein Impuls bei B gleich der Impulsänderung auf der Strecke AB:
$\Delta p_B = p_B = m \cdot v = 594$ Ns. Die Erde erfährt die Impulsänderung $\Delta p_E = -594$ Ns.

A 2: Aus Sicht Münchhausens bewegen sich die Bruchstücke gleichmäßig in alle Richtungen, (und zwar je größer, desto langsamer) denn die Bewegung des Schwerpunkts der Kanonenkugel ändert sich durch die Explosion nicht, bleibt also von Münchhausen aus gesehen in Ruhe.
Hätte ein Beobachter auf der Erde Aufzeichnungen der Explosion, und würde er von den Wegen der Bruchstücke den in der gleichen Zeit zurückgelegten Weg der Kanonenkugel vektoriell abziehen, so ergäbe sich auch für ihn das radiale Wegfliegen der Bruchstücke.

A 3: a) Da $u_1 = -0{,}6\ \text{m} / 2\ \text{s} = -0{,}3\ \text{m} \cdot \text{s}^{-1}$, bekam der linke Wagen den Impuls $p_1 = m_1 \cdot u_1 = -0{,}03$ Ns. Da der Gesamtimpuls des Systems vorher und nachher 0 ist, bekam der rechte Wagen den Impuls $p_2 = 0{,}03$ Ns, sodass sich für seine Masse m_2 ergibt:

$m_2 = p_2 / u_2 = 0{,}03\ \text{Ns} / 0{,}1\ \text{m} \cdot \text{s}^{-1} = 300\ \text{g}$

Die Wagen haben zusammen den Impuls 0.
Es ist $W_1 = \frac{1}{2} m_1 \cdot v_1^2 = 0{,}0045$ J und $W_2 = 0{,}0015$ J, also wurde die Energie $W = W_1 + W_2 = 0{,}006$ J aus der Feder freigesetzt.

b) Der Schwerpunkt befindet sich zwischen den beiden Wagen, und zwar teilt er den Abstand der Schwerpunkte der Wagen im Verhältnis 3:1, er ist vom Schwerpunkt des linken Wagen dreimal so weit entfernt wie von dem des rechten. Er bewegt sich nicht!

Seite 88

A 1: Die Impulsänderung von 2 s bis 5 s errechnet sich aus der Fläche unter der ausgezogenen Linie, die aus einem Trapez und einem Rechteck besteht:

$\Delta p = \frac{1}{2}(300\ \text{N} + 400\ \text{N}) \cdot 2\ \text{s} + 400\ \text{N} \cdot 1\ \text{s} = 1100\ \text{Ns}$.

Für die mittlere Kraft F gilt $F = \Delta p / \Delta t = 367$ N.

Da $\Delta p = m \cdot \Delta v$, ist $\Delta v = \Delta p / m = 1{,}83$ m / s.

A 2: a) Eine Kraft F soll innerhalb von 4 s den Impuls des Wagens von 2400 Ns auf 0 Ns ändern, also gilt:
$F \cdot 4\ \text{s} = -2400$ Ns und $F = -600$ N, die Kraft muss nach links gerichtet sein.

b) Der Flächeninhalt hat einen negativen Wert, da die Impulsänderung beim Abbremsen negativ ist.

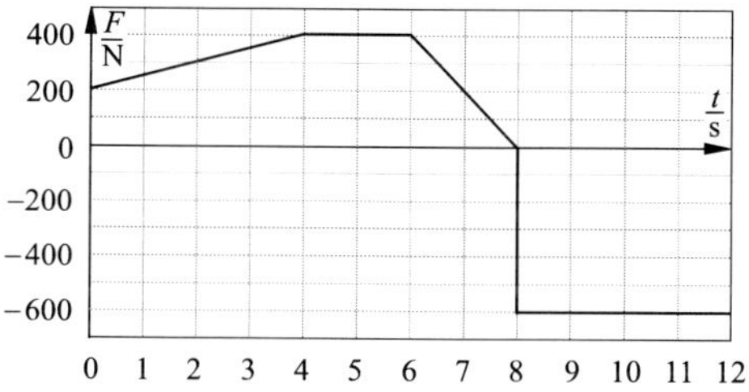

Seite 91

A 1: a) $\Delta p = G \cdot \Delta t = 2\ \text{kg} \cdot 9{,}81\ \text{m} \cdot \text{s}^{-2} \cdot 3\ \text{s} = 59\ \text{Ns}$ ist die Impulsänderung infolge der Gewichtskraft in 3 s. Da $\Delta p = m \cdot \Delta v$, ändert sich die Geschwindigkeit um $\Delta v = \Delta p / m = G \cdot \Delta t / m = g \cdot \Delta t = 29\ \text{m/s}$ und beträgt dann 34 m/s nach unten.

b) Beim Aufschlag auf die Erde ändert sich seine Geschwindigkeit um diese 34 m/s, er erteilt der Erde also den Kraftstoß $\Delta p = m \cdot \Delta v = 69\ \text{Ns}$.

A 2: Die Gesamtkraft F ist die Summe aus der reactio des Bodens zur Abstemmkraft und der Gewichtskraft: $F = 1200\ \text{N} - 75 \cdot 9{,}81\ \text{N} = 464\ \text{N}$ nach oben. Es ist $\Delta p = F \cdot \Delta t = 186\ \text{Ns}$ und $\Delta p = m \cdot \Delta v$, er hat also nach 0,4 s den Impuls 186 Ns und hebt mit der Geschwindigkeit 2,5 m/s ab.

Ist das Nullniveau auf dem Boden, so folgt mit dem Energieerhaltungssatz für die Höhe h, die der Sportler erreicht: $\frac{1}{2} m \cdot v^2 = m \cdot g \cdot h$, also $h = 31\ \text{cm}$.

A 3: In jeder Sekunde entspricht der Geschwindigkeitsänderung von 20 kg Sand um 1 m/s eine Impulsänderung $\Delta p = m \cdot \Delta v = 20\ \text{Ns}$, alleine dazu ist die Kraft $F = \Delta p / \Delta t = 20\ \text{Ns} / 1\text{s} = 20\ \text{N}$ notwendig.

Wir wissen nichts über den Beschleunigungsvorgang, es ist aber sehr unwahrscheinlich, dass alle Teilchen erst nach einer Sekunde die Geschwindigkeit des Förderbandes annehmen.

A 4: a) Die Substanz, die zunächst in der Rakete ruhte und dann mit der Geschwindigkeit v ausströmt, erfährt innerhalb der Zeit $\Delta t = 5$ s die Impulsänderung Δp. Ihr entspricht die Schubkraft F mit

$F = \Delta p / \Delta t = (m \cdot v - 0) / \Delta t$, also

$v = F \cdot \Delta t / m = 500\ \text{m/s}$.

b) Da $F = \Delta p / \Delta t = (m \cdot v - 0) / \Delta t$ ergibt sich die Masse

$$m = \frac{F \cdot \Delta t}{v} = \frac{3{,}5 \cdot 10^7\ \text{N} \cdot 2{,}5 \cdot 60\text{s}}{2500\ \text{m/s}} = 2100\ \text{t}.$$

A 5: Die reactio $F = \Delta p / \Delta t = (m \cdot v - 0) / \Delta t$, wobei hier $m = V \cdot \rho = 0{,}01\ \text{kg}$. Also ergibt sich für die

reactio: $F = \dfrac{0{,}01\ \text{kg} \cdot 1\ \text{m/s}}{1\ \text{s}} = 0{,}01\ \text{N}$.

A 6: Da das Flugzeug während der 12 s die Geschwindigkeit $v = 50$ m/s hat, wirkt die Kraft auf der Strecke $s = v \cdot t = 600\ \text{m}$. Es wurde die Energie $W = F \cdot s = 2{,}5 \cdot 10^4\ \text{N} \cdot 600\ \text{m} = 15 \cdot 10^6\ \text{J}$ zum Schöpfen verwendet.

Das Löschwasser erhielt die Bewegungsenergie

$W_\text{B} = \frac{1}{2} m \cdot v^2 = \frac{1}{2} \cdot 6000\ \text{kg} \cdot (50\text{m/s})^2 = 7{,}5 \cdot 10^6\text{J}$.

Die Energie, die zum Schöpfen verwendet wurde, aber nicht in der Bewegung des Löschwassers steckt, ging durch Reibung und Verwirblung des Wassers in innere Energie über.

Seite 92

A 1: Das Computerprogramm heißt

$t = t + \Delta t \qquad m = m_0 - D \cdot t \qquad a = F_s / m$

$\Delta v = a \cdot \Delta t \qquad v = v + \Delta v$

$\Delta s = v \cdot \Delta t \qquad s = s + \Delta s$

if $t = 0{,}5$ s then $\Delta t = 0$

mit den Anfangswerten $m_0 = 0{,}5$ kg, $D = 0{,}040$ kg/s, $F_\text{s} = 0{,}224$ N und $\Delta t = 0{,}01$ s.

Es ergibt sich nach 3,5 s: $v = 1{,}8$ m/s und $s = 3{,}04$ m.

A 2: Es ist $a(t) = F / m = (F_s - mg) / m = F_s / m - g$ mit $m = m_0 - Dt$. Also ist zu Beginn

$$a(0) = \frac{3{,}5 \cdot 10^7\ \text{N}}{2900\ \text{t}} - 9{,}81\ \frac{\text{m}}{\text{s}^2} = 2{,}26\ \frac{\text{m}}{\text{s}^2}.$$

Geht man davon aus, dass g in diesem Bereich noch konstant ist, so ergibt sich nach 2 min:

$$a(120) = \frac{3{,}5 \cdot 10^7\ \text{N}}{2900\ \text{t} - 14\ \text{t/s} \cdot 120\ \text{s}} - 9{,}81\ \frac{\text{m}}{\text{s}^2} = 18{,}9\ \frac{\text{m}}{\text{s}^2}.$$

Die Geschwindigkeit kann mit einem Computerprogramm errechnet werden, z. B.

$t = t + \Delta t \qquad m = m_0 - D \cdot t \qquad a = (F_s - mg) / m$

$\Delta v = a \cdot \Delta t \qquad v = v + \Delta v$

Mit den Anfangswerten $m_0 = 2900$ t, $D = 14$t/s und $F_\text{s} = 3{,}5 \cdot 10^7$ N ergibt sich für die Geschwindigkeit nach 2 Minuten $v(120\ \text{s}) = 1$ km/s.

Seite 96

A 1: a) Der Impuls ist eine vektorielle Größe in Richtung des Geschwindigkeitsvektors. Sein Betrag ist proportional zur Masse und zur Geschwindigkeit. Die Bewegungsenergie eines Körpers ist eine skalare Größe (hat also keine Richtung) Sie ist proportional zur Masse und zum Quadrat der Geschwindigkeit.
Impuls und Bewegungsenergie können durch die zugehörigen Übertragungsgrößen Kraftstoß und Arbeit von einem System auf ein anderes übertragen werden.
b) Die Arbeit ist eine skalare Größe. Sie gibt die einem System zugeführte Energie an.
Der Kraftstoß ist eine vektorielle Größe. Er gibt den einem System zugeführten Impuls an.

A 2:a) Für die Bewegung des Pendels mit der Anfangsgeschwindigkeit u im Nullniveau gilt der Energieerhaltungssatz: $\frac{1}{2} m \cdot u^2 = m \cdot g \cdot h$ mit der Höhe h über dem Nullniveau im Punkt der größten Auslenkung. Für der Winkel α, den der Faden bei der Auslenkung d überstreicht, gilt: $\sin\alpha = d / l$, also $\alpha = 4{,}3°$. Da $\cos\alpha = \frac{l-h}{l}$ ergibt sich $h = l - l\cos\alpha = 0{,}56\text{cm}$.
Oder: Es gilt $h^2 - 2 \cdot l \cdot h + d^2 = 0$, also
$h = \frac{1}{2}(2 \cdot l - \sqrt{4 \cdot l^2 - 4 \cdot d^2}) = 0{,}56$ cm .
Mit $u = \sqrt{2g \cdot h} = 0{,}332$ m / s beginnt das Pendel samt Kugel seine Bewegung.
Aus dem Impulserhaltungssatz $m_1 v_1 = (m_1 + m_2)u$ ergibt sich $v_1 = \frac{2502{,}6 \text{ g} \cdot 0{,}33\text{m/s}}{2{,}6 \text{ g}} = 320 \frac{\text{m}}{\text{s}}$.
b) Die Kugel hatte die Bewegungsenergie
$W_1 = \frac{1}{2} m_1 v_1^2 = \frac{1}{2} \cdot 2{,}6 \cdot 10^{-3}$ kg $\cdot (320 \text{ m/s})^2 = 133$J. Die Energie des Pendels ist $W_2 = \frac{1}{2}(m_1 + m_2)u^2$ oder
$W_2 = (m_1 + m_2)g \cdot h = 2{,}5026 \text{ kg} \cdot 9{,}81\text{m/s}^2 \cdot 0{,}0056$ m
=0,14 J. Es ging also die mechanische Energie
$W_1 - W_2 = 133 \text{ J} - 0{,}14 \text{ J} \approx 133$ J verloren, dies ist fast die ganze Bewegungsenergie der Kugel.

A 3:a) Damit $m_K \cdot v_K = m_B \cdot v_B$, muss gelten
$v_B = 2{,}6 \cdot 10^{-3} \text{ kg} \cdot 330 \text{ m} \cdot \text{s}^{-1} / 3 \text{ kg} = 0{,}286$ m / s . Für die Bewegungsenergien gilt: $W_K = \frac{1}{2} m_K v_K^2 = 142$ J und
$W_B = 0{,}123$ J.
b) Die Bewegungsenergie wird mithilfe der Kraft F auf der Strecke s übertragen, also $W_{kin} = F \cdot s$.
Kugel: $F_K = W_K / s$ =2,83 kN und
Bremszeit $\Delta t_K = \Delta p / F_K = \frac{0{,}858 \text{ Ns}}{2{,}83 \text{ kN}} = 3{,}0 \cdot 10^4$ s
Medizinball: $F_B = 2{,}46$ N, $\Delta t_B = 0{,}35$ s

A 4: Es gilt der Impulserhaltungssatz:
$m \cdot v = (m + 3 \cdot m) \cdot u$, also $u = v / 4 = 1{,}25$ m / s . Die Wagen rollen mit 1,25 m/s weiter.

A 5: a) Die Geschwindigkeit v in der Gleichgewichtslage (Nullniveau) liefert der Energieerhaltungssatz
$\frac{1}{2} m \cdot v^2 = m \cdot g \cdot h$. Die Höhe h kann mithilfe des Satzes des Pythagoras berechnet werden: $(l - h)^2 + d^2 = l^2$,
also $h = l - \sqrt{l^2 - d^2} = 1{,}01$ cm
Somit $v = \sqrt{2 \cdot g \cdot h} = 0{,}445$ m / s
b)Aus dem Satz des Pythagoras ergibt sich
$d^2 = l^2 - (l - h)^2 = 2 \cdot l \cdot h - h^2 = (2l - h)h$.
c) Für $h << 1$ ist $d^2 = 2 \cdot l \cdot h$, also $h = \frac{100\text{cm}^2}{100\text{cm}} = 1{,}0\text{cm}$
und $v = \sqrt{2g\,h}$ =0,443m/s. Die Höhe h ist 1%, die Geschwindigkeit 0,5% zu klein.
d) Errechnet man bei kleinen Ausschlägen h mit der Näherung $2 \cdot l \cdot h = d^2$, so ergibt sich die Geschwindigkeit $v = \sqrt{2 \cdot g \cdot d^2 / (2 \cdot l)} = d \cdot \sqrt{g / l}$, also ist v proportional zu d.

A 6: a) Bei diesem elastischen Stoß gelten der Energieerhaltungssatz $\frac{1}{2} m_1 v^2 = \frac{1}{2} m_1 u_1^2 + \frac{1}{2} m_2 u_2^2$ und der Impulssatz $m_1 v = m_1 u_1 + m_2 u_2$. Wie auf S. 83 errechnen sich mit $k = m_2 / m_1$ die Geschwindigkeiten $u_1 = v(1-k)/(1+k)$ und $u_2 = 2v/(1+k)$. Es ergibt sich $\frac{u_1}{u_2} = \frac{1-k}{2} = \frac{1 - 10 \text{ g} / 3{,}5 \text{ g}}{2} = -0{,}93$.

A 7: a) Der Impuls ist eine vektorielle Größe. Gibt also ein Körper mehr Impuls ab, als er besitzt, so hat anschließend sein Impuls das entgegengesetzte Vorzeichen, addiert sich also mit dem Impuls des gestoßenenden Körpers zum ursprünglichen Gesamtimpuls. Für $m_1 < m_2$ wird $\frac{u_1}{u_2} = \frac{1}{2}(1 - \frac{m_2}{m_1})$ negativ, die Geschwindigkeiten und die Impulse haben dann unterschiedliche Vorzeichen.
Es gibt keine negative Bewegungsenergie, also kann ein Körper nicht mehr Bewegungsenergie abgeben, als er besitzt.
b) Er kann höchstens das doppelte seines Impulses abgeben und bewegt sich dann mit gleich großer, aber entgegengesetzt gerichteter Geschwindigkeit wie vorher.

Für $k = m_2 / m_1 \to \infty$ wird

$u_1 = v_1 \frac{1-k}{1+k} = v_1 \frac{1/k - 1}{1/k + 1} = v_1 \frac{0-1}{0+1} = -v_1$, in diesem Fall

behält er seine Bewegungsenergie.

A 8: Im Falle eines Zusammenstoßes bei der Verkehrsführung im Dreieck sind die Geschwindigkeiten der Pkw entgegengesetzt, die Impulssumme ist klein, folglich die Impulsänderung groß. Dies hat einen großen Verlust an Bewegungsenergie und damit eine starke Verformung der Wagen zur Folge.
Bei der Verkehrsführung im Kreis haben im Falle eines Zusammenstoßes die Geschwindigkeiten der beteiligten Pkw diesselbe Richtung, die Impulssumme ist groß, also die Impulsänderung klein. Auch nach dem Zusammenstoß besitzen die Wagen noch eine große Bewegungsenergie, die Verformung kann also nicht so groß sein.

A 9: a) Die Geschwindigkeit, mit welcher die Sportlerin abhebt, errechnet sich aus dem Impuls zum Zeitpunkt des Abhebens: $v = p / m$. Da in der Zeichnung $G = 750$ N, hat die Sportlerin die Masse $m = G / g = 76{,}5$ kg.
Es ist (Text!) $p_A = 153$ Ns, also $v_A = 2{,}00$ m/s.
$p_B = 170$ Ns, also $v_B = 2{,}22$ m/s.
Die erreichte Höhe ergibt sich aus der Geschwindigkeit mithilfe des Energieerhaltungssatzes: $m \cdot g \cdot h = \frac{1}{2} m \cdot v^2$,
also $h = v^2/2g$ und
$h_A = 20{,}4$ cm, $h_B = 25{,}2$ cm, bei B springt die Sportlerin etwa 5 cm höher.
Die Sportlerin bewegt sich dann am schnellsten, wenn sie nicht beschleunigt wird, also zu dem Zeitpunkt t, für den F=0 gilt.
Aus der Zeichnung: $t_A = 1$ s, $t_B = 0{,}86$ s.

b) Die Sportlerin bewegt sich am schnellsten abwärts, wenn $F = 0$, also zur Zeit $t = 0{,}43$ s. Die Fläche zwischen der Geraden $F = 0$ und der t-F-Kurve, in diesem Falle unterhalb der Geraden $F = 0$, also negativ, liefert etwa den Impuls $p = -100$ Ns.

Seite 99

A 1: Erfolgt der erste Blitz zur Zeit t=0 s, ist der Ball mit dem neunten Blitz wieder an der alten Stelle, also ist $T = 8 \cdot 0{,}12\text{s} = 0{,}96\text{s}$, und f= 1,04 s^{-1}, dies entspricht 62,5 Umdrehungen pro Minute. Die Geschwindigkeit beträgt υ = 3,9 $\text{m}\cdot\text{s}^{-1}$.

A 2: a) Mit $r = 1{,}5\cdot 10^{11}$ m und T = 365 Tage = 31536000 s ergibt sich

$$\upsilon = \frac{2\pi \cdot r}{T} = \frac{2\pi \cdot 1{,}5 \cdot 10^{11}\,\text{m}}{3{,}15 \cdot 10^7\,\text{s}} = 30\ \text{km} \cdot \text{s}^{-1}.$$

b) Für einen Punkt am Äquator ist r_E= 6370 km und T= 1 Tag = 86400 s, also $\upsilon_\text{Ä} = \frac{2\pi \cdot r_\text{E}}{T} = 460\ \text{m} \cdot \text{s}^{-1}$.

Ein Punkt in Mitteleuropa (50° nördlicher Breite) beschreibt in einem Tag einen Kreis mit dem Radius $r_{50} = \cos 50° \cdot r_\text{E}$.

Er hat somit die Geschwindigkeit

$$\upsilon = \frac{2\pi \cdot r_{50}}{T} = 300\ \text{m} \cdot \text{s}^{-1}.$$

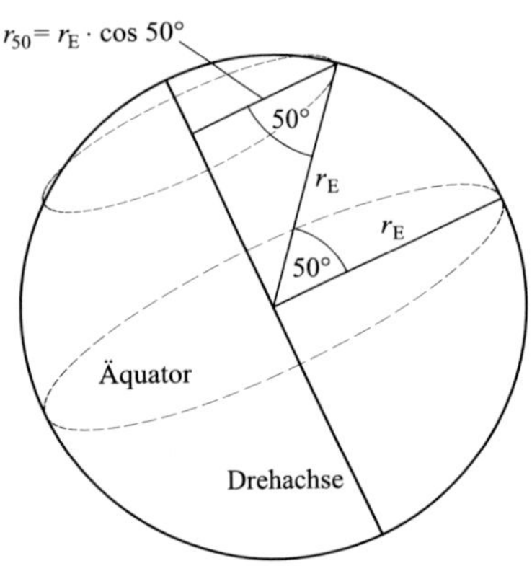

Seite 101

A 1: Zum Beispiel fliegt Wasser oder Schmutz von Auto- oder Fahrradreifen entlang einer Tangente weg, ebenso Streusalz von der rotierenden Scheibe eines Streuwagens im Winter und die Funken vom Schleifstein.

A 2: Weder - noch: Bei einer gleichförmigen Kreisbewegung sind sowohl Geschwindigkeit als auch Beschleunigung betragsmäßig konstant, ändern aber laufend ihre Richtung.

A 3: Mit r = 0,125 m und f= 40 s^{-1} ergibt sich $\upsilon = 2\pi r \cdot f = 31{,}4\ \text{m} \cdot \text{s}^{-1}$ für die Geschwindigkeit der Trommelwand und $a_\text{z} = \upsilon^2/r = 7900\ \text{m} \cdot \text{s}^{-2}$ für die Beschleunigung. Ein Wasserteilchen müsste mit der Kraft $F_\text{z} = m \cdot a_\text{z} = 0{,}001\ \text{kg} \cdot 7900\ \text{m} \cdot \text{s}^{-2} = 7{,}9\ \text{N}$ festgehalten werden, also dem 790fachen des Eigengewichts.

A 4: Da $F_\text{z} = m \cdot \upsilon^2 / r$, ist $\upsilon = \sqrt{\frac{r \cdot F_\text{z}}{m}} = 47{,}4\ \frac{\text{m}}{\text{s}}$. Mit $\upsilon = 2 \cdot \pi \cdot r \cdot f$ folgt für die Drehfrequenz der Rotorblätter

$$f = \frac{\upsilon}{2\pi r} = 0{,}50\ \text{s}^{-1}.$$

A 5: Setzt man $\upsilon = 2\pi \cdot r \cdot f$ in $F_\text{z} = m \cdot \frac{\upsilon^2}{r}$ ein, so ergibt sich der Zusammenhang $f^2 = \frac{F_\text{z}}{4\pi^2 m \cdot r}$ und f= 5,0 s^{-1}.

Die Schnur reißt also, wenn die Drehfrequenz größer als 5,0 s^{-1} ist.

A 6: a) Mit $\upsilon = \frac{2\pi \cdot r}{T}$ ergibt sich aus $F_\text{z} = m\frac{\upsilon^2}{r}$:

$$F_\text{z} = m \cdot \left(\frac{2\pi \cdot r}{T}\right)^2 = 75\text{kg}\,\frac{4\pi^2\, 6{,}37 \cdot 10^6\,\text{m}}{(24 \cdot 60 \cdot 60\ \text{s})^2} = 2{,}53\ \text{N}.$$

b) Diese Zentripetalkraft wird von der Gewichtskraft aufgebracht.

c) Zu den Polen hin wird bei gleicher Umlaufdauer T der Radius r der Kreisbewegung um die Erdachse kleiner, also wird die Zentripetalkraft kleiner.

d) An einem Ort 50° nördlicher Breite ist $r_{50} = \cos 50° \cdot r$. Aus $F_\text{Z} \sim r$ folgt: $F_{50} = \cos 50° \cdot F_\text{Ä} = 1{,}62$ N.
(Siehe S.97, A2)

A 7: $F_\text{z} \sim 1/r$ gilt nur, wenn die Geschwindigkeit υ konstant ist, das heißt: Wenn sich der Radius r der Kreisbewegung ändert, muss sich die Umlaufdauer T so mitändern, dass die Geschwindigkeit gleichbleibt.
$F_\text{z} \sim r$ gilt nur, wenn die Umlaufdauer T konstant bleibt, das heißt: Wenn sich r ändert, muss sich auch die Geschwindigkeit so mitändern, dass die Umlaufdauer T konstant bleibt..

Seite 103

A 1: Der Körper fliegt dann weg, wenn gilt $F_\text{Z} > F_\text{h,max}$.

Da $F_\text{h,max} = f_\text{h} \cdot m \cdot g$ und

$$F_\text{z} = \frac{m \cdot \upsilon^2}{r} = \frac{m \cdot (2\pi \cdot r \cdot f)^2}{r} = 4\pi^2 \cdot m \cdot r \cdot f^2$$ ist, folgt:

$4\pi^2 \cdot m \cdot r \cdot f^2 > f_\text{h} \cdot m \cdot g$, und somit

$f^2 > \frac{f_h \cdot g}{4\pi^2 \cdot r}$ und daraus $f > 0{,}71\ s^{-1}$.

Der Körper fliegt also weg, wenn seine Drehfrequenz mehr als 0,71 s^{-1} beträgt.

Für $v = 1{,}0 m \cdot s^{-1}$ ist $F_z = \frac{m \cdot v^2}{r} = 0{,}15\ N$, somit größer als die maximale Haftreibungskraft $F_{h,max} = f_h \cdot m \cdot g = 0{,}12$ N, der Körper würde von der Scheibe fliegen.

Das Ergebnis ist unabhängig von der Masse *m*, da sie sich herauskürzt.

A 2: a) Es darf die Zentripetalkraft höchstens so groß wie die maximale Haftreibungskraft sein, das heißt

$\frac{m \cdot v^2}{r} \le f_h \cdot m \cdot g$, also $v \le \sqrt{f_h \cdot r \cdot g}$

somit $v \le 20\ m \cdot s^{-1} = 72\ km \cdot h^{-1}$.

b) In diesem Fall muss $F_z = G \tan\alpha$ gelten (s. S. 100 Bild 3), also

$\frac{m \cdot v^2}{r} = m \cdot g \cdot \tan\alpha$; $v = \sqrt{r \cdot g \cdot \tan\alpha} = 10\ m \cdot s^{-1}$.

Die Kurve muss mit einer Geschwindigkeit von 36 $km \cdot h^{-1}$ durchfahren werden.

A 3:a) Durch das Kurvenschneiden wird *r* größer, und man kann bei gleicher Zentripetalkraft F_z mit einer größeren Geschwindigkeit *v* durch die Kurve fahren.

b) Um durch eine enge Kurve (*r* klein) mit einer großen Geschwindigkeit *v* zu fahren, braucht man eine große Zentripetalkraft F_z. Diese Kraft kann die Haftkraft zwischen Reifen und Straße nicht aufbringen.

A 4: Es muss $F_z = G \tan\alpha$ gelten (s. S. 100 Bild 3), also

$\frac{m \cdot v^2}{r} = m \cdot g \cdot \tan\alpha$, $\tan\alpha = \frac{v^2}{r \cdot g} = \frac{(27{,}8 m \cdot s^{-1})^2}{25\ m \cdot 10\ m \cdot s^{-2}}$, also

$\tan\alpha = 3{,}1$ und $\alpha = 72°$.

b) Es muss $F_z \ge G$ sein, also $f_1 \ge 0{,}32\ s^{-1}$.

c) Es ist $F = F_z + G$. Da $F_z = G$ bei der Frequenz f_1 ist, wird $F = 2\ G = 1500$ N.

A 3: a) Es muss $F_z = G$ sein: $v_h^2 = r \cdot g$, $v_h = 3{,}2\ m \cdot s^{-1}$.

b) Legt man das Nullniveau in den tiefsten Punkt, so hat die Kanne dort nur kinetische Energie, die gleich groß ist wie die Summe aus kinetischer Energie und Höhenenergie im höchsten Punkt:

$\frac{1}{2} m \cdot v_t^2 = \frac{1}{2} m \cdot v_h^2 + m \cdot g \cdot 2r$. Mit $v_h^2 = r \cdot g$ folgt

$v_t^2 = 5r \cdot g$ und $v_t = 7{,}1\ m \cdot s^{-1}$.

c) Da im höchsten Punkt betragsmäßig $F_z = G$ ist, muss dort die Kanne mit $F_h = 0$ N gehalten werden. Im tiefsten Punkt ist $F_t = G + F_z = m \cdot g + m \cdot v_t^2 / r$. Mit

$v_t^2 = 5r \cdot g$ folgt $F_t = 6m \cdot g = 120$ N.

A 4: a) Es muss $F_z \ge G$ gelten, also $v^2 \ge r \cdot g$, $v \ge 1{,}2\ ms^{-1}$.

b) Es gilt mit dem Energieerhaltungssatz (Nullniveau im tiefsten Punkt), dass die kinetische Energie im tiefsten Punkt gleich groß ist wie die Summe der kinetischen und der Höhenenergie im höchsten Punkt:

$\frac{1}{2} m \cdot v_t^2 = \frac{1}{2} m \cdot v_h^2 + m \cdot g \cdot 2r$. Mit $v_h^2 = r \cdot g$ folgt

$v_t^2 = 5r \cdot g$ und $v_t = 2{,}7\ m \cdot s^{-1}$.

Im tiefsten Punkt ist $F_t = G + F_z = m \cdot g + m \cdot v_t^2 / r$.

Mit $v_t^2 = 5r \cdot g$ folgt $F_t = 6m \cdot g = 6{,}0$ N.

c) Legen wir das Nullniveau auf die Höhe des höchsten Punktes der Bahn, so hat der Wagen dort nur kinetische Energie. Die Höhenenergie im Startpunkt (Höhe $h - 2r$ über dem Nullniveau) muss mindestens so groß sein wie diese kinetische Energie $m \cdot g \cdot (h - 2r) \ge \frac{1}{2} m \cdot v_h^2$

Mit $v_h^2 = r \cdot g$ (s. Aufgabe a) folgt: $mg(h - 2r) \ge \frac{1}{2} mrg$,

also $h - 2r \ge r / 2$ und $h \ge 2{,}5\ r = 37{,}5$ cm

Seite 105

A 1: a) Da $G \tan\varphi = F_z$ (S. 102, Bild 1) ergibt sich

$v^2 = r \cdot g \cdot \tan\varphi = (r_0 + l \cdot \sin\varphi) \cdot g \cdot \tan\varphi$

also $v = 12\ m \cdot s^{-1} = 43\ km \cdot h^{-1}$.

b) Mit $v = 2\pi \cdot r / T = 2\pi \cdot r \cdot f$ ergibt sich $T = 5{,}3$ s und $f = 0{,}19\ s^{-1}$

c) Es ist $F = G/\cos\varphi = 1480$ N

A 2: a) Die Person (genauer: ihr Schwerpunkt) beschreibt einen Kreis mit dem Radius $r = 2$m. Es ist $F_z = F_N$ und es muss $f_h \cdot F_N \ge G$ sein.

Also $f_h \cdot m \cdot 4\pi^2 r \cdot f^2 \ge m \cdot g$, somit $f \ge 0{,}50\ s^{-1}$.

Seite 106

A 1: a) Als Geschwindigkeit der Späne ergibt sich

$v = 2\pi \cdot r \cdot f = 2\pi \cdot 0{,}1\ m \cdot \frac{2800}{60\ s} = 29 \frac{m}{s} = 105 \frac{km}{h}$.

b) $f = \frac{v}{2\pi \cdot r} = \frac{75000\ m}{2\pi \cdot 0{,}5 \cdot 10^{-3} m \cdot 60 min}$, der Bohrkopf dreht sich also etwa 400 000 mal in der Minute.

A 2: a) Damit die Skifahrerin auf der Kreisbahn der Mulde bleibt, muss an ihr als resultierende Kraft $F_z = mv^2/r$ nach oben angreifen, also übt der Boden die Kraft

$F = F_z + G = \frac{50\text{kg} \cdot (50000\text{m})^2}{20\text{m} \cdot (3600\text{ s})^2} + 50\text{kg} \cdot 9{,}81\frac{\text{m}}{\text{s}^2} =$

482 N + 490,5 N = 973 N aus.

b) Da $F_z < G$ ist, hebt die Skifahrerin im höchsten Punkt der Welle nicht ab.

A 3: Die Höheenenergie des Skateboardfahrers in A (h = r) ist gleich seiner kinetischen Energie in B, wenn sich das Nullniveau in B befindet (Energieerhaltungssatz, von Reibung wird abgesehen).

Also $m \cdot g \cdot r = \frac{1}{2} m \cdot v^2$ und $v^2 = 2g \cdot r$.

Es ergibt sich $F_z = m \cdot v^2 / r = m \cdot 2g \cdot r / r = 2 \cdot m \cdot g$.

In B übt die Wand auf ihn, unabhängig vom Radius, die Kraft $F = G + F_z = 3 \cdot m \cdot g = 3G = 1913$ N aus.

A 4: Die Geschwindigkeit v des Spielzeugautos nach dem Höhenverlust h läßt sich mit dem Energieerhaltungssatz errechnen: $m \cdot g \cdot h = \frac{1}{2} m \cdot v^2$ (Nullniveau nach dem Höhenverlust h), also $v^2 = 2 \cdot g \cdot h$.

Als Zentripetalkraft $F_z = m \cdot v^2 / r$ wirkt die Radialkomponente der Gewichtskraft G des Spielzeugautos - die Tangentialkomponente spielt hier keine Rolle.

Es ist $\frac{x}{r} = \frac{r-h}{r} = \sin\varphi = \frac{F_z}{G}$ (⇒ Skizze). Daraus folgt:

$F_Z = mg\frac{r-h}{r}$

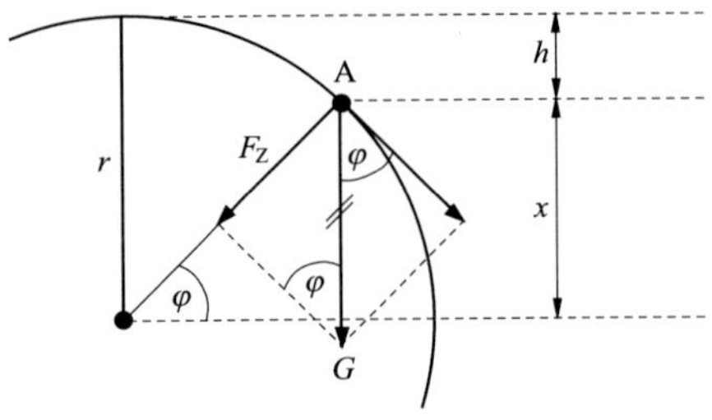

Also gilt $F_z = \frac{m \cdot v^2}{r} = \frac{m \cdot 2 \cdot g \cdot h}{r} = \frac{r-h}{r} m \cdot g$ und somit $2h = r–h$, das Spielzeugauto löst sich nach einem Höhenverlust von $h = r/3$ von der Balloberfläche.

A 5: $\varphi = 30°$, da $\sin\varphi = \frac{0{,}6\text{ m}}{1{,}2\text{ m}} = 0{,}5$. Als Zentripetalkraft wirkt die horizontale Komponente der Gewichtskraft:

$F_z = G \cdot \tan\varphi = m \cdot g \cdot \tan\varphi = \frac{m \cdot v^2}{r}$. Also $v^2 = r \cdot g \cdot \tan\varphi$

$= 0{,}6\text{ m} \cdot 9{,}81\text{m} \cdot \text{s}^{-2} \cdot \tan 30°$ und $v = 1{,}8$ m/s.

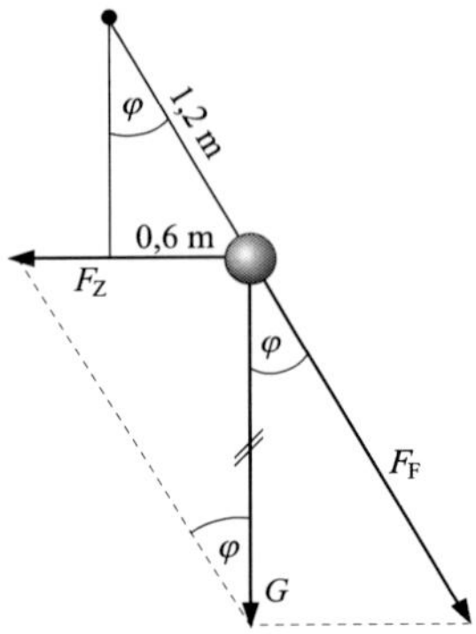

A 6: Als Zentripetalkraft wirkt die Horizontalkomponente der Gewichtskraft der kleinen Kugel; es ist:

$F_z = G \cdot \tan\varphi = m \cdot g \cdot \frac{r_1}{r-h} = \frac{m \cdot v^2}{r_1}$ (⇒Skizze), also

$\frac{v^2}{r_1^2} = \frac{g}{r-h}$ und mit $v = 2\pi \cdot r_1 \cdot f$ folgt $\frac{g}{r-h} = (2\pi f)^2$.

Also $h = r - \frac{g}{(2\pi \cdot f)^2}$ und damit

$h = 0{,}1\text{ m} - \frac{9{,}81\text{ ms}^{-2}}{4 \cdot \pi^2 \cdot 25\text{s}^{-2}} = 0{,}09\text{ m} = 9\text{ cm}$.

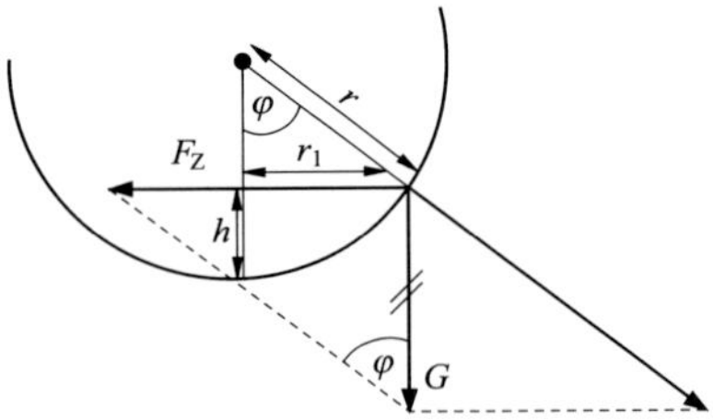

A 7: a) Würde die Hand nur die Zentripetalkraft aufbringen, so würde der Ball, wenn keine Reibung oder Luftwiderstand vorhanden ist, mit konstanter Geschwindigkeit im Kreis fliegen. Die Tangentialkomponente F_t dagegen vergrößert die Geschwindigkeit des Balles und überwindet Luftwiderstand und Reibung.

b) Geschwindigkeit von Ball bzw. Hammer werden eben dadurch größer, dass man mit der Hand, evt. sogar mit dem ganzen Körper einen Kreis beschreibt, dem Ball bzw. Hammer dabei um etwa 90° vorauseilend.

Seite 110

A 1: Wenn ein Pfennig-Stück mit dem Durchmesser d den Vollmond gerade verdeckt, so ist der Abstand a vom Auge zum Pfennigstück zu messen. Für den Abstand A des Mondmittelpunktes vom Auge und den Monddurchmesser D gilt (Strahlensatz):

$\frac{D}{A}=\frac{d}{a}$, also $D=\frac{A\cdot d}{a}$

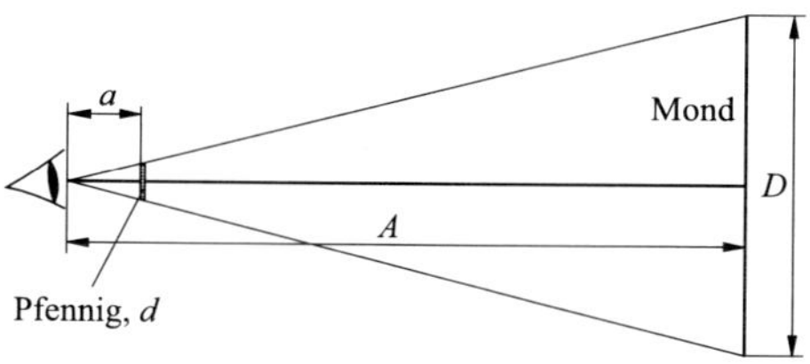

Misst man $d = 0{,}016$ m und entnimmt $A = 3{,}844\cdot 10^8$ m und $D = 3{,}476\cdot 10^6$ m aus dem Tabellenanhang, so ergibt sich $a = 1{,}77$ m, der Pfennig müsste also 1,77 m vom Auge entfernt gehalten oder z. B. mit Tesa an eine Fensterscheibe geklebt werden.

A 2: Nach dem Gravitationsgesetz gilt für die Gewichtskraft $G_r = \gamma\cdot m\cdot M / r^2$. Da sich nur der Abstand r vom Erdmittelpunkt verändert, schreiben wir $G_r=C/r^2$ mit einer Konstanten C.
Für die Gewichtskraft an der Erdoberfläche ist $r=R$ und es gilt $G_R=C/R^2=9{,}8$ N. Für die Gewichtskraft in der Höhe h über dem Erdboden gilt: $G_h=C/(h+R)^2$ Da

$$G_h = \tfrac{1}{4}\cdot G_R,\text{ also } \frac{1}{4}=\frac{G_h}{G_R}=\frac{R^2}{(h+R)^2}$$

Also ist $h = R$. Die gesuchte Höhe über dem Erdboden ist R.
Mit $F = m\cdot a$ und dem Gravitationsgesetz gilt für die Fallbeschleunigung $a=F/m=G\cdot M/r^2=C/r^2$.
Da $a_R = C / R^2$, ist in der Höhe $2R$ über dem Erdboden $a_{3R} = C / (3R)^2 = g / 9 = 1{,}1$ m/s² und in der Höhe $10R$ über dem Erdboden $a_{11R} = C / (11R)^2 = g / 121 =$ 0,081 m/s².

A 3: Die Gravitationskraft $G = \gamma\cdot m_E\cdot m_S / r^2$ der Sonne auf die Erde übt die Zentripetalkraft $F_Z = 4\pi^2 m_E\cdot r / T^2$ aus, die die Erde auf die Kreisbahn um die Sonne zwingt.

$$\gamma\cdot\frac{m_E\cdot m_S}{r^2}=\frac{4\pi^2 m_E\cdot r}{T^2}\text{ oder } m_S=\frac{4\pi^2 r^3}{\gamma\cdot T^2}$$

Mit $r = 1{,}496\cdot 10^{11}$ m, $T = 365{,}26$ Tage $= 3{,}156\cdot 10^7$ s und $\gamma = 6{,}672\cdot 10^{-11}\,\mathrm{m^3kg^{-1}s^{-2}}$

$$m_S=\frac{4\pi^2(1{,}496\cdot 10^{11})^3\,\mathrm{m}^3}{6{,}672\cdot 10^{-11}\,\mathrm{m^3kg^{-1}s^{-2}}\cdot(3{,}156\cdot 10^7)^2\,\mathrm{s}^2}$$

Die Masse der Sonne beträgt $1{,}989\cdot 10^{30}$ kg.

A 4: Die Gravitationskraft G zwischen dem Mond (Masse M) und der Mondfähre (Masse m) übt die Zentripetalkraft F_Z aus, die die Mondfähre auf die Kreisbahn (Radius r) um den Mond zwingt.

$$G = F_Z \text{ oder } \gamma\cdot\frac{mM}{r^2}=\frac{4\pi^2 mr}{T^2}$$

$$M=\frac{4\pi^2 r^3}{\gamma\cdot T^2}=\frac{4\pi^2(1848\cdot 10^3)^3\,\mathrm{m}^3}{6{,}672\cdot 10^{-11}\,\mathrm{m^3kg^{-1}s^{-2}}\cdot 7130^2\,\mathrm{s}^2}$$

Die Masse des Mondes beträgt $7{,}35\cdot 10^{22}$ kg.
Ein Körper der Masse m erfährt an der Mondoberfläche (Mondradius R) die Beschleunigung g_{Mond}. Es gilt

$$m\cdot g_{Mond} = \gamma\cdot mM / R^2 \text{ oder } g_{Mond} = \gamma\cdot M / R^2$$

$$= 6{,}672\cdot 10^{-11}\,\frac{\mathrm{m}^3}{\mathrm{kgs}^2}\cdot\frac{7{,}35\cdot 10^{22}\,\mathrm{kg}}{(1738\cdot 10^3)^2\,\mathrm{m}^2} = 1{,}62\,\mathrm{ms}^{-2}$$

Auf der Mondoberfläche gilt der Ortsfaktor $g_{Mond} =$ $1{,}62\,\mathrm{m\cdot s^{-2}}$

Seite 115

A 1: Ist die Bahn eines Trabanten um einen Zentralkörper eine Ellipse mit der großen Halbachse a, so ist die Konstante a^3/T^2 dieselbe, wie bei einer Kreisbahn mit dem Radius a. Hier lässt sich die Konstante berechnen, denn die Zentripetalkraft ist gleich der Gravitationskraft:

$$\gamma\cdot\frac{mM}{a^2}=\frac{4\pi^2 ma}{T^2}\text{ oder }\frac{a^3}{T^2}=\gamma\cdot\frac{M}{4\pi^2}$$

Die Konstante ist also der Masse des Zentralkörpers proportional. Da die Masse der Sonne etwa 330000-mal so groß ist wie die Masse der Erde, gilt dies auch für die Konstante a^3/T^2.
Die Masse des Mondes beträgt $7{,}35\cdot 10^{22}$ kg. Für Mondsatelliten berechnet sich die Konstante

$$\frac{a^3}{T^2}=\gamma\cdot\frac{M_{Mond}}{4\pi^2}=1{,}24\cdot 10^{11}\,\mathrm{m^3s^{-2}}.$$

A 2: a) Da die Gravitationskraft gleich der Zentralkraft ist, gilt: $\gamma\cdot\frac{mM}{r^2}=\frac{4\pi^2 mr}{T^2}$ oder $M=\frac{4\pi^2 r^3}{\gamma\cdot T^2}$. Mit

$r = r_1 = 4{,}2 \cdot 10^8\,\text{m}$, $T = T_1 = 1{,}77 \cdot 24 \cdot 60 \cdot 60\text{s}$ und

$\gamma = 6{,}672 \cdot 10^{11}\,\text{m}^3\text{kg}^{-1}\text{s}^{-2}$ folgt $M = 1{,}87 \cdot 10^{27}\,\text{kg}$

für die Masse des Jupiters.

Die Masse des Mondes lässt sich nicht aus den Angaben bestimmen.

b) Für den Jupiter ergibt sich mit den Werten von a) für die

Konstante $\frac{r_1^3}{T_1^2} = \frac{(4{,}2 \cdot 10^8)^3\,\text{m}^3}{1{,}77^2\,\text{d}^2} = 3{,}17 \cdot 10^{15}\,\text{m}^3\text{s}^{-2}$.

Mit den Werten $T_2 = 3{,}55$ d und $r_2 = 6{,}7 \cdot 10^8\,\text{m}$ ist

$\frac{r_2^3}{T_2^2} = \frac{(6{,}7 \cdot 10^8)^3\,\text{m}^3}{3{,}55^2\,\text{d}^2} = 3{,}20 \cdot 10^{15}\,\text{m}^3\text{s}^{-2}$.

Somit ist $r_1^3/T_1^2 \approx r_2^3/T_2^2$, was der Aussage des dritten Kepler-Gesetzes entspricht.

Für den Erdmond (mit der Masse $7{,}35 \cdot 10^{22}$ kg aus dem Tabellenanhang) beträgt sie, wie in A 1 berechnet, $1{,}24 \cdot 10^{11}\,\text{m}^3\text{s}^{-2}$.

Es ist $\frac{M_J}{M_M} = \frac{1{,}87 \cdot 10^{27}\,\text{kg}}{7{,}34 \cdot 10^{22}\,\text{kg}} = 25477$ und

$\frac{C_J}{C_M} = \frac{3{,}16 \cdot 10^{15}\,\text{m}^3\text{s}^{-2}}{1{,}24 \cdot 10^{11}\,\text{m}^3\text{s}^{-2}} = 25484$

A 3: Die Fläche, die der Fahrstrahl Satellit-Erde in der kleinen Zeitspanne Δt überstreicht, errechnet sich im Perihel und im Aphel in guter Näherung (die Krümmung der Bahn wurde vernachlässigt) aus der Geschwindigkeit v und dem Abstand r in diesen Punkten zu $\frac{1}{2} \cdot r \cdot v \cdot \Delta t$

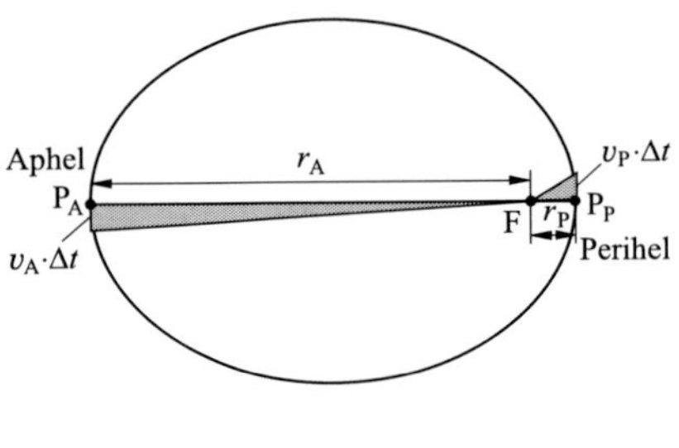

Mit dem erdnächsten Abstand r_P und dem größten Abstand r_A und den Geschwindigkeiten v_P bzw. v_A des Satelliten in diesen Punkten ergibt sich mit dem zweiten Kepler-Gesetz:

$\frac{1}{2} \cdot r_P \cdot v_P \cdot \Delta t = \frac{1}{2} \cdot r_A \cdot v_A \cdot \Delta t$,

also $r_P \cdot v_P = r_A \cdot v_A$ oder $\frac{v_P}{v_A} = \frac{r_A}{r_P} = \frac{(6370 + 2000)\text{km}}{(6370 + 300)\text{km}}$

. Die Geschwindigkeiten stehen also zueinander im Verhältnis 5/4 = 1,25.

A 4: Der Erdradius beträgt 6370 km. Einer Höhe von 250 km entspricht der Abstand r_1=6620 km, einer Höhe von 900 km der Abstand r_2=7270 km vom Erdmittelpunkt. Es gilt $r_1 \cdot v_1 = r_2 \cdot v_2$ (siehe A 3), also errechnet sich die Geschwindigkeit im erdfernsten Punkt

$v_2 = \frac{r_1}{r_2} \cdot v_1 = \frac{6620\text{km}}{7270\text{km}} \cdot 8\text{km} \cdot \text{s}^{-1} = 7{,}3\ \text{km/s}$

A 5: Befindet sich der Planet im Aphel oder im Perihel, so gilt F = F_n und F_t = 0 für die Zentral-, Normal- und Tangentialkraft (siehe S.111 Bild 4). Die Bahnbeschleunigung, die ja von der Tangentialkraft herrührt, ist an diesen Punkten also auch null.

Die Zentralkraft ist jeweils auf einen festen Punkt gerichtet. Die Zentripetalkraft dagegen steht senkrecht zur Bahn, sie ist eine Komponente der Zentralkraft.

A 6: Die Entfernung zur Sonne im Aphel r_A berechnet sich aus der Entfernung im Perihel r_P und der großen Halbachse a der Umlaufellipse $r_A = 2a - r_P$.

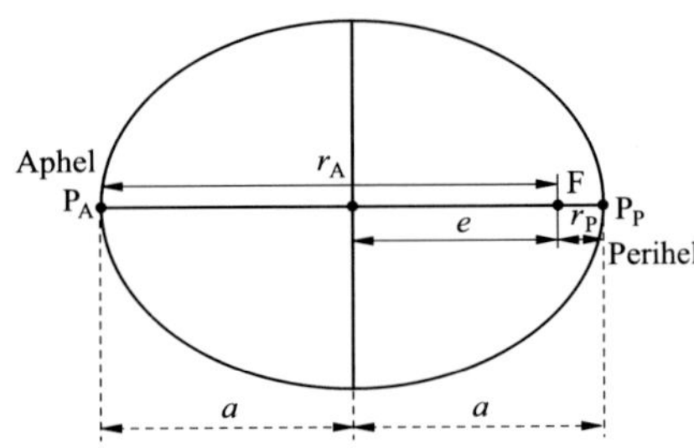

Da die Umlaufdauer T bei einer Kepler-Ellipse genauso groß ist wie bei einer Kreisbahn mit dem Radius der großen Ellipsen-Halbachse ($r = a$), kann man aus der Sonnenmasse M und der Umlaufdauer T die große Halbachse a berechnen: $\gamma \frac{mM}{r^2} = \frac{4\pi^2}{T^2} m \cdot r$.

Mit $r = a$ folgt $a^3 = \gamma \frac{M}{4\pi^2} T^2$.

Es ist $M = 1{,}993 \cdot 10^{30}$ kg, $\gamma = 6{,}672 \cdot 10^{-11}\,\text{m}^3\text{kg}^{-1}\text{s}^{-2}$

und $T = 75{,}6 \cdot 365 \cdot 24 \cdot 60 \cdot 60\ \text{s} = 2{,}384 \cdot 10^9\ \text{s}$.

$a^3 = 1{,}914 \cdot 10^{37}\,\text{m}^3$ und die große Halbachse

$a = 2{,}675 \cdot 10^{12}\,\text{m} = 267{,}5 \cdot 10^7\,\text{km}$

Es ergibt sich

$r_A = 2a - r_P = 535 \cdot 10^7\,\text{km} - 8{,}5 \cdot 10^7\,\text{km} = 526{,}5 \cdot 10^7\,\text{km}$

Der Abstand im Aphel beträgt $526{,}5 \cdot 10^7\,\text{km}$.

A 7: Die 2 Sterne haben den Abstand $2r$ voneinander, sie ziehen sich mit der Gravitationskraft $F = \gamma \frac{m \cdot m}{(2r)^2}$ an. Da die Sterne sich immer punktsymmetrisch zu ihrem gemeinsamen Schwerpunkt S befinden, wirkt diese Kraft immer auf den Schwerpunkt zu, sie bewirkt die Kreisbewegung um S im Abstand r mit der Umlaufdauer T.

Also gilt: $\gamma \frac{m \cdot m}{(2r)^2} = \frac{4\pi^2 m}{T^2} \cdot r$ oder $m = \frac{16\pi^2 r^3}{T^2 \gamma}$.

A 8: Um ein Modell im Maßstab $1:10^9$ zu erhalten, müssen alle realen Längen durch 10^9 geteilt werden. Da sich die Masse aus der Dichte ρ mit der Formel $m = \rho \cdot V$ und da das Volumen V mit der dritten Potenz der Länge geht, muss man die realen Massen durch $(10^9)^3$ teilen, um die Modellmassen zu erhalten. Die Körper des Sonnensystems haben im Modell (Längenmaßstab $1:10^9$) folgende Radien und Abstände zur Sonne (bzw. im Falle des Mondes Abstand zur Erde) und hätten mit der Originaldichte folgende Massen:

	Radius	Abstand zur Sonne	Masse
Sonne	69,6 cm		1990 kg
Merkur	0,24 cm	57,9 m	0,3 g
Venus	0,61 cm	108 m	4,9 g
Erde	0,64 cm	150 m	6 g
Mond	0,0002 cm	zur Erde 0,38 m	0,07 g
Mars	0,34 cm	227 m	0,65 g
Jupiter	7,04 cm	778 m	1,9 kg
Saturn	5,84 cm	1430 m	568 g
Uranus	2,36 cm	2870 m	86,8 g
Neptun	2,23 cm	4500 m	103 g
Pluto	0,3 cm	5900 m	5,5 g

Da $T^2 = \frac{4\pi^2}{8} \frac{r^3}{m_S}$ und die Sonnenmasse m_S im gleichen Verhältnis verkleinert wurde wie r^3, bleibt T^2 und damit T erhalten.

Aus der Tabelle wird deutlich, dass das Modell ganz schön viel Platz braucht, dass aber nicht alle Abstände gleichzeitig verdeutlicht werden können (vergleichen Sie den Abstand von Pluto zur Sonne mit dem des Mondes von der Erde). Auch wäre es wohl schwierig, Modellkörper mit den entsprechenden Massen zu benützen.

A 9: Näherungsweise bewegt sich jeder Satellit auf einem Kreis um den Erdmittelpunkt. Die Eigendrehung der Erde verläuft um die Erdachse, deshalb drehen sich nur Orte, die auf dem Äquator liegen, um den Erdmittelpunkt. Es kann kein Satellit ständig über der Bundesrepublik Deutschland oder über der USA schweben, diese Länder können sich keinen „leisten". Da der Äquator durch Ecuador verläuft, ist ein ständig über diesem Land schwebender Satellit physikalisch möglich. Die Finanzierung ist allerdings ein anderes Problem.

Seite 119

A 1: a) Die Gleichungen der ständig wiederholten Rechenschleife heißen

$$a = -\gamma \cdot M / r^2$$
$$v = v + a \cdot \Delta t$$
$$r = r + v \cdot \Delta t$$
$$t = t + \Delta t$$

In den Computer sind die Masse der Erde $M = 5{,}97 \cdot 10^{24}\,\text{kg}$, $\gamma = 6{,}672 \cdot 10^{-11}\,\text{m}^3\text{kg}^{-1}\text{s}^{-2}$ sowie die Anfangswerte $r_0 = (6370 + 500)\ \text{km} = 6870000\ \text{m}$, $v_0 = 10\ \text{km} \cdot \text{s}^{-1} = 10000\ \text{m} \cdot \text{s}^{-1}$ und das Zeitintervall Δt einzugeben.

Ist der Abstand r des Meteors vom Erdmittelpunkt kleiner als 6370000 m, so ist er auf der Erde angekommen. Seine Geschwindigkeit beträgt dann $10{,}446\ \text{km} \cdot \text{s}^{-1}$

b) Die Rechnung beginnt wie in a). Ist allerdings $r < (6370+10)\ \text{km} = 6380000\ \text{m}$, so kommt zur Beschleunigung durch die Gravitationskraft eine entgegengesetzte Beschleunigung a_L durch den Luftwiderstand hinzu. Es ist $a_L = F/m$, wobei sich der Luftwiderstand mit den angegebenen Größen als $F = \frac{1}{2} \cdot 0{,}6\text{kg} \cdot \text{m}^{-3} \cdot 0{,}01\text{m}^2 \cdot v^2 = 0{,}003\ \text{kg} \cdot \text{m}^{-1} \cdot v^2$ errechnet und sich $a_L = 0{,}0003\ \text{m}^{-1} \cdot v^2$ ergibt.

Ab $r < 6380000$ m, das ist nach 48 s, beim Eintritt in die Luft mit $v = -10436$m/s ist also mit $a = 0{,}0003\ \text{m}^{-1} \cdot v^2 - \gamma \frac{M}{r^2}$ zu rechnen, bis wieder $r < 6370000$ m ist. Der Körper erreicht dann (nach 56 Sekunden) die Endgeschwindigkeit $v = -415\ \text{m} \cdot \text{s}^{-1}$.

A 2: Ist r der Abstand eines Kugelmittelpunktes vom Schwerpunkt des Systems, so gilt: $F = \gamma \cdot m \cdot m \cdot (2r)^{-2}$, und die Gleichungen der ständig wiederholten Rechenschleife lauten

$$a = -\gamma \cdot m / (2r)^2$$
$$v = v + a \cdot \Delta t$$
$$r = r + v \cdot \Delta t$$
$$t = t + \Delta t$$

Mit $m = 1{,}5$ kg, $\gamma = 6{,}672 \cdot 10^{-11}$ $m^3 kg^{-1} s^{-2}$ und den Anfangswerten $r_0 = 0{,}05$ m und $v_0 = 0$ $m s^{-1}$ wird solange gerechnet, bis r < 0,03 m wird. Als Zeitschritt Δt empfiehlt sich10 s. Die Kugeln treffen nach 31 Minuten aufeinander, sie haben jeweils eine Geschwindigkeit von $-2{,}59 \cdot 10^{-5}$ m/s.

A 3: Bei einer Neigung der Erdachse gegen das Lot von weniger als $23{,}5^0$ wäre der Unterschied zwischen Sommer und Winter nicht so groß. Ohne Neigung, d. h. bei 0^0, gäbe es keine Jahreszeiten.
Bei einer Neigung größer als $23{,}5^0$ wären die Jahreszeiten extremer. Im Falle einer Neigung von 90^0 würde in unserem Sommer auf der ganzen nördlichen Halbkugel die Sonne nicht untergehen, auf der südlichen herrschte Nacht; in unserem Winter dagegen hätten wir immer Nacht, auf der südlichen Halbkugel wäre immer Tag. (siehe S.116 Bild 2)

A 4: Die empfangene Energie hängt nicht nur von der Dauer der Sonneneinstrahlung ab, sondern auch von der Fläche und deren Neigung zu den einfallenden Strahlen. Ist eine Fläche A um den Winkel φ zu den einfallenden Sonnenstrahlen geneigt, so empfängt sie so viel Energie wie die ihr entsprechende Fläche A_s, die senkrecht zu den Strahlen steht. Es ist $A \cdot \sin\varphi = A_s$.

Im Sommer ist $\varphi = 61^0$, $A_s = \sin 61^0 \cdot A = 0{,}87 \cdot A$, im Winter ist $\varphi = 15^0$, $A_s = \sin 15^0 \cdot A = 0{,}25 \cdot A$.

Da die Sonne im Sommer doppelt so lange scheint wie im Winter, und da $2 \cdot 0{,}87 / 0{,}25 \approx 7$ empfängt ein Ort 52^0 nördlicher Breite im Sommer etwa 7-mal so viel Energie an einem Sommertag wie im Winter.

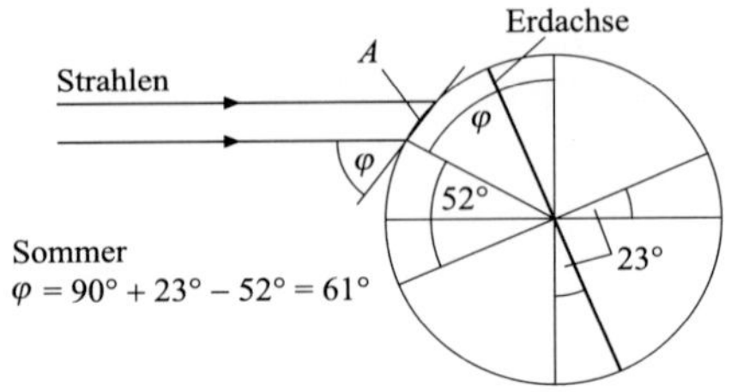

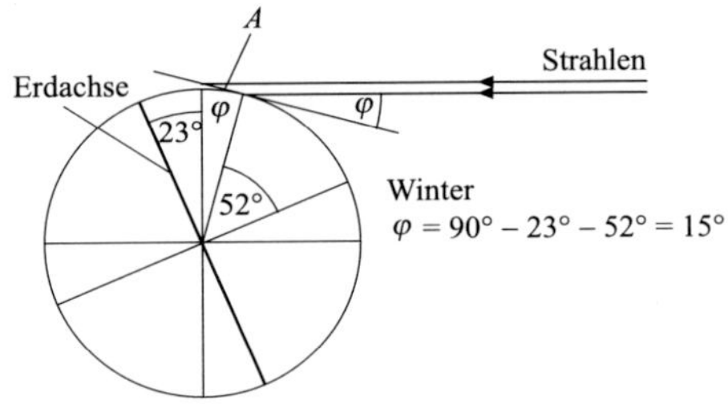

Seite 122

A 1: a) Für einen Körper der Masse m ist die Gravitationskraft F gleich seiner Gewichtskraft G:
$F = G : \gamma \cdot m \cdot M_E \cdot r^{-2} = m \cdot g$ oder $g = \gamma \cdot M \cdot r^{-2}$.
Mit $M_E = 5{,}973 \cdot 10^{24}$ kg, $r = 6378$ km am Äquator un d $\gamma = 6{,}672 \cdot 10^{-11}$ $m^3 kg^{-1} s^{-2}$, ergibt sich $g = 9{,}8$ m / s^2

b)

Für die Zentripetalkraft gilt $F_Z = m \cdot v^2 \cdot r^{-1}$, für die Geschwindigkeit $v = 2\pi \cdot r/T$, also ist für einen Körper der Masse $m = 1$ kg

$$F_Z = 4\pi^2 \cdot 6378000\text{m} \cdot 1\text{kg} \frac{4\pi^2 \cdot 6378000 \text{ m} \cdot 1\text{kg}}{(24 \cdot 60 \cdot 60)^2 \text{s}^2}$$

$$F_Z = 0{,}0337 \text{ kg} \cdot \text{m} \cdot \text{s}^{-2}.$$

Ein Körper der Masse $m = 1$ kg erfährt als Gravitationskraft G sein Gewicht $G = m \cdot g = 9{,}797 \text{kg} \cdot \text{m} \cdot \text{s}^{-2}$.
Da $F_Z / G = p\% / 100\% = 0{,}0034$, ist die Zentripetalkraft 0,34% der Gravitationskraft.

A 2: a) Es ist der Ausgangspunkt der Bewegung mit der Geschwindigkeit v_0 und dem Abstand r_0 vom Erdmittelpunkt und der höchste Punkt der Bewegung mit $v = 0$ und dem Abstand r vom Erdmittelpunkt zu betrachten. Aus der Energiebilanz
$W_{\text{kin.unten}} + W_{\text{pot.unten}} = W_{\text{kin.oben}} + W_{\text{pot.oben}}$
erhält man

$$\frac{1}{2}m \cdot v_0^2 - \frac{\gamma \cdot m \cdot M}{r_0} = -\frac{\gamma \cdot m \cdot M}{r}$$

$$\frac{r_0 \cdot v_0^2 - 2 \cdot \gamma \cdot M}{2 \cdot r_0} = -\frac{\gamma \cdot M}{r}$$

$$r = -\frac{2 \cdot \gamma \cdot M \cdot r_0}{r_0 \cdot v_0^2 - 2 \cdot \gamma \cdot M}$$

Mit $M_E = 5{,}973 \cdot 10^{24}$ kg, $v_0 = 100 \text{ m} \cdot \text{s}^{-1}$,

$\gamma = 6{,}672 \cdot 10^{-11} \text{ m}^3\text{kg}^{-1}\text{s}^{-2}$ und $R = 6370$ km

erhalten wir jeweils r und die Flughöhe $r - r_0$

r_0	r	$r - r_0$
R	6·370·509 m	509 m
$2R$	12·742·036 m	2·036 m
$10R$	63·750·950 m	50,95 km

b) Wie in a) ergibt die Energiebilanz

$$\frac{1}{2} \cdot m \cdot v_0^2 - \frac{\gamma \cdot m \cdot M}{R} = -\frac{\gamma \cdot m \cdot M}{R + 1000 \text{ km}}$$

$$\frac{1}{2}v_0^2 = \frac{\gamma \cdot M}{R} - \frac{\gamma \cdot M}{R + 1000 \text{ km}}$$

$$v_0^2 = 2 \cdot \gamma \cdot M(\frac{1}{R} - \frac{1}{R + 1000 \text{ km}})$$

Mit den Werten für M und R ergibt sich

$v_0 = 4120 \text{ m} \cdot \text{s}^{-1} = 4{,}12 \text{ km} \cdot \text{s}^{-1}$

Die Rakete muss eine Anfangsgeschwindigkeit von 4,12 km s^{-1} haben.

A 3: a)

Beschreibt ein Erdsatellit mit dem Abstand r zum Erdmittelpunkt eine Kreisbahn, so ist offensichtlich die Gravitationskraft gleich der Zentripetalkraft:

$G = F_Z$, somit $\gamma \frac{m \cdot M}{r^2} = \frac{m \cdot v^2}{r}$, und $v^2 = \frac{\gamma \cdot M}{r}$

Mit $\gamma = 6{,}672 \cdot 10^{-11} \text{m}^3\text{kg}^{-1}\text{s}^{-2}$, $M = 5{,}973 \cdot 10^{24}$ kg und $r = (6370 + 1000)$ km ergibt sich $v = 7353 \text{ m} \cdot \text{s}^{-1}$.

Für die Bewegungsenergie gilt mit $m = 1000$ kg.

$W_{kin} = \frac{1}{2} m \cdot v^2 = 2{,}7 \cdot 10^{10}$ J.

b) Die Energiebilanz heißt:

$W_{\text{benötigt}} + W_{\text{pot.unten}} = W_{\text{kin.oben}} + W_{\text{pot.oben}}$ Es ist

$W_{\text{kin.oben}} = \frac{1}{2}mv^2 = \frac{1}{2}m\frac{\gamma \cdot M}{r}$, da bei Kreisbahnen

$\frac{m \cdot v^2}{r} = \gamma \frac{m \cdot M}{r^2}$ und $W_{\text{pot}} = \frac{\gamma \cdot m \cdot M}{r}$.

Es ergibt sich mit dem Erdradius $R = 6370$ km:

$$W_{\text{benötigt}} = \frac{1}{2} \cdot m \cdot \frac{\gamma \cdot M}{r} - \frac{\gamma \cdot m \cdot M}{r} + \frac{\gamma \cdot m \cdot M}{R}$$

$$= \gamma \cdot m \cdot M \cdot (\frac{1}{R} - \frac{1}{2r}) = 3{,}55 \cdot 10^{10} \text{ J}.$$

c) Die Bahn der Satelliten muss in der Äquatorebene liegen (siehe S. 109, Beispiel 2), und da ihr Umlaufsinn mit dem der Erde übereinstimmen soll, schießt man sie nahe am Äquator nach Osten ab.

A 4: a) Da der Meteor im Unendlichen praktisch ruhte, dort die potentielle Energie auch null ist, gilt für ihn die Energiebilanz $W_{\text{ges}} = 0 = W_{\text{pot}} + W_{\text{kin}}$. Beim Erreichen der Erdbahn hat er zur Sonne den Abstand

$r_{\text{E-S}} = 1{,}496 \cdot 10^{11}$ m und mit $M_{\text{Sonne}} = 1{,}993 \cdot 10^{30}$ kg

ergibt sich $W_{\text{kin}} = -W_{\text{pot}}$, also $\frac{1}{2}m \cdot v^2 = \frac{\gamma \cdot m \cdot M_S}{r_{\text{E-S}}}$

$$v^2 = \frac{2\gamma \cdot M_S}{r_{\text{E-S}}} = \frac{2 \cdot 6{,}672 \cdot 10^{-11} \text{m}^3 \cdot 1{,}993 \cdot 10^{30} \text{kg}}{1{,}496 \cdot 10^{11} \text{m kg s}^2}$$

$v = 42163 \text{ ms}^{-1} = 42{,}2 \text{ km s}^{-1}$

Der Meteor hat, wenn er die Erdbahn erreicht, eine Geschwindigkeit von 42,2 km s^{-1}.

b) Die Geschwindigkeit v der Erde auf ihrer Bahn um die Sonne errechnet sich aus dem Radius r dieser Bahn und der Umlaufdauer T: $v = \frac{2\pi \cdot r}{T}$

Mit $r = 1{,}496 \cdot 10^{11}$ m und $T = 365 \cdot 24 \cdot 60 \cdot 60$ s

ergibt sich $v = 29{,}81 \frac{\text{km}}{\text{s}}$

c) Der Meteor hat relativ zur Erde die größte Geschwindigkeit, wenn seine Bewegung der der Erde entgegengesetzt ist. Diese Geschwindigkeit ist die Summe der in a) und b) errechneten Geschwindigkeiten:

$v_{\max} = (42{,}16 + 29{,}81) \frac{\text{km}}{\text{s}} = 71{,}97 \frac{\text{km}}{\text{s}}$.

In diesem Falle trifft er aber nicht auf der Erde auf. Trifft der Meteor die Erde, so ist seine Bewegungsrichtung senkrecht zu der der Erde, seine Relativgeschwindigkeit ergibt sich zu

$v_{\text{rel}}^2 = v_M^2 + v_E^2$, somit $v_{\text{rel}} = 51{,}63 \frac{\text{km}}{\text{s}}$

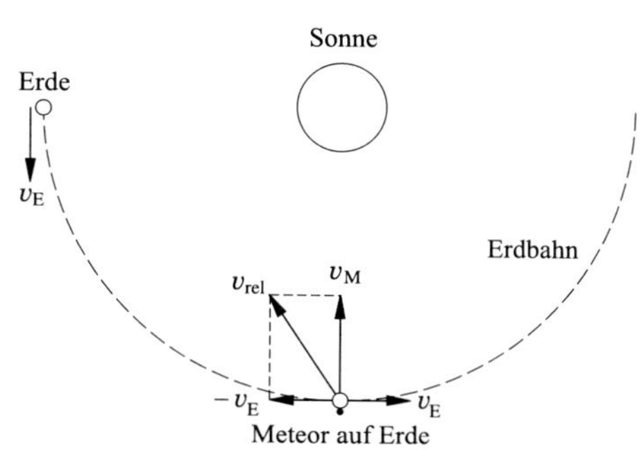

d) Es ist $W_{\text{kin}} = \frac{1}{2} m \cdot v^2 = 1{,}33 \cdot 10^9\,\text{J}$, wenn

$v = v_{\text{rel}} = 51630\ \text{m} \cdot \text{s}^2$.

Die an der Erdoberfläche durch die Gravitation der Erde erhaltene potentielle Energie errechnet sich mit

$M_{\text{E}} = 5{,}976 \cdot 10^{24}\,\text{kg}$ und $R_{\text{E}} = 6370\ \text{km}$:

$$W_{\text{pot}} = -\frac{\gamma \cdot m \cdot M_{\text{E}}}{R_{\text{E}}} = -\frac{6{,}672 \cdot 10^{-11}\,\text{m}^3 \cdot 1\text{kg} \cdot 5{,}976 \cdot 10^{24}\,\text{kg}}{6370000\ \text{m} \cdot \text{kg} \cdot \text{s}^2}$$

$W_{\text{pot}} = -6{,}26 \cdot 10^7\,\text{J}$. Da $-W_{\text{pot}} / W_{\text{kin}} = 0{,}047$,

beträgt die potentielle Energie etwa 4,7% der kinetischen.

e) Die Reibungshitze des Meteors in der Atmosphäre rührt also vor allem von seiner kinetischen Energie relativ zur Erde im Gravitationsfeld der Sonne her.

A 5: In Seite 120, 5. wurde berechnet, dass ein auf einer Kreisbahn umlaufender Satellit die Gesamtenergie

$W_{\text{ges}} = -\frac{1}{2} \gamma \cdot m \cdot M \frac{1}{r}$ hat. Verringert sich diese negative Gesamtenergie durch Luftreibung, so wird sie betragsmäßig größer. Da der Bahnradius r im Nenner steht, muss er kleiner werden. Wird aber der Radius kleiner, so nimmt die Geschwindigkeit zu, denn für Kreisbahnen ist $v^2 = \gamma M / r$.

Seite 132

A 1: Nach Definition sind $6 \cdot 10^{23}\ \text{u} = 1\ \text{g}$.

A 2: Da 1 g atomarer Wasserstoff 1 mol H-Atome enthält, enthalten 17 g atomarer Wasserstoff 17 mol H-Atome. Die Masse eines C_6H_6-Molekül beträgt das (6·12+6)-fache der Masse eines Wasserstoffatoms, also enthält 1 g Benzol 1/78 mol und 1kg Benzol 1000/78 mol, also 12,8 mol C_6H_6-Moleküle.

A 3: a) 1g Natrium enthält 1/23 mol, somit enthalten 150 mg Natrium $6{,}5 \cdot 10^{-3}$ mol Natriumatome.

b) 180g/m³ = 180 mg/l. Da 1 g Calciumoxid 1/(40+16)mol enthält, enthalten 180 mg Calciumoxid $3{,}2 \cdot 10^{-3}$ mol CaO-Moleküle und, da in jedem CaO-Molekül 1 Ca-Atom ist, gleichviele Ca-Atome.
Nach der Enthärtung enthält der Liter Wasser $2 \cdot 3{,}2 \cdot 10^{-3}\ \text{mol} = 6{,}4 \cdot 10^{-3}\ \text{mol} < 6{,}5 \cdot 10^{-3}\ \text{mol}$ Natriumatome, ist also gerade noch natriumarm.

Seite 133

A 4: Da $p \cdot V$ konstant, nehmen 20 l Sauerstoff unter 150 bar bei Atmosphärendruck (1 bar) 3000 l ein, man kann der 20 l-Flasche also 2980 l Gas entnehmen.

A 5: Die ursprünglichen 60 l bei 3,5 bar nehmen bei 4,5 bar das Volumen $V = \frac{60\ \text{l} \cdot 3{,}5\text{bar}}{4{,}5\ \text{bar}} = 46\frac{2}{3}\ \text{l}$ ein, also müssen noch $13^1/_3$ l Luft bei 4,5 bar geliefert werden, dies entspricht $13^1/_3 \cdot 4{,}5\ \text{l} = 60$ l bei 1 bar Druck.

A 6: Es ist $p_1 \cdot V_1 + p_2 \cdot V_2 = p \cdot (V_1 + V_2)$, also

$$p = \frac{5\ \text{l} \cdot 2\ \text{bar} + 3\ \text{l} \cdot 1\ \text{bar}}{8\ \text{l}} = 1{,}625\ \text{bar},$$

es stellt sich ein Druck von 1,625 bar ein.

Seite 135

A 1: Nach Definition ist $\rho = \frac{m}{V} = \frac{29\ \text{g} \cdot \nu / \text{mol}}{V}$.

Es ist $\frac{p}{R} = \frac{\nu}{V_1} T_1 = \frac{\nu}{V_2} T_2$, also $\rho(T) = \rho_0 \frac{T_0}{T}$.

Also $\rho(20°\text{C}) = 1{,}293 \frac{\text{g}}{\text{dm}^3} \cdot \frac{273\text{K}}{293\text{K}} = 1{,}205 \frac{\text{g}}{\text{dm}^3}$,

$\rho(100°\text{C}) = 0{,}946 \frac{\text{g}}{\text{dm}^3}$, $\rho(\text{-}70°\text{C}) = 1{,}739 \frac{\text{g}}{\text{dm}^3}$.

A 2: Mit der Zustandsgleichung für ideales Gas ist

$$\nu = \frac{p \cdot V}{R \cdot T} = \frac{10^{-6}\text{cN} \cdot 1\text{cm}^3}{8{,}31\text{NmK}^{-1}\text{mol}^{-1} \cdot 273\text{K}} =$$

$$\frac{10^{-6}}{8{,}31 \cdot 273 \cdot 10^4}\ \text{mol} = 4{,}408 \cdot 10^{-14}\ \text{mol}.$$

Da 1 mol = $6{,}0221 \cdot 10^{23}$ Teilchen, befinden sich in jedem cm³ $4{,}408 \cdot 10^{-14} \cdot 6{,}0221 \cdot 10^{23} = 2{,}65 \cdot 10^{10}$ Teilchen.

Seite 141

A 1: Man muss noch messen, welche Masse m Wasser in welcher Zeit t durchfließt, dann kann man die Wärmeleistung P_Q des Heizkörpers mithilfe der spezifischen Wärme $c = 4{,}2\text{kJ} \cdot \text{kg}^{-1} \cdot \text{K}^{-1}$ berechnen:

$$P_Q = \frac{c \cdot m \cdot (T_\text{v} - T_\text{r})}{t}.$$

A 2: a) Ist das System abgeschlossen, so ist $W = Q = 0$, also ist $\Delta U = 0$ und $U_2 = U_1$, die Energie des Systems ändert sich nicht.

b) Ja, zum Beispiel der isotherme Prozess S. 139, 1.: Es wird gleich viel Wärme an die Umgebung abgeführt wie mechanische Arbeit durch den Kolben zugeführt wird, also ist $W + Q = 0$.

A 3: Wärme ist „mikroskopische Energie" und nicht direkt messbar. Sie „fließt" von alleine von Körpern mit höherer zu Körpern mit niedrigerer Temperatur.
Arbeit hingegen ist durch „makroskopische" Wechselwirkungen (z. B. mechanische Kraft, elektrischer Strom) übertragene Energie und direkt messbar.

A 4: Für die „ausgeklappten" Latten rechts, die sich abwärts bewegen, ist das Drehmoment Kraft·Kraftarm größer als für die entsprechenden nicht ausgeklappten Latten links, also ist das gesamte Drehmoment von null verschieden.
Wurde die Maschine in Bewegung gesetzt, so wird sie zunächst langsamer und bleibt dann stehen.

Seite 143

A 1: Die Summe ist die Fläche der Rechtecke unterhalb der $1/V$-Kurve. Betrachtet man die Differenz der Rechtecke über und der unter der Kurve, so kann man in guter Näherung sagen, die Kurve bilde jeweils die Diagonale dieser Differenzrechtecke. Also ist der Mittelwert aus der Summe aller Reckteckflächen über der Kurve und der Summe der Reckteckflächen unter der

Kurve eine gute Näherung für die Fläche unter der $1/V$-Kurve.

Seite 145

A 1: a) Der Normalbenzinmotor funktioniert mit „Super“ genauso gut wie mit Normalbenzin.

b) Das Normalbenzin entzündet sich bei der höheren Verdichtung des „Super“-Motors von selbst und damit zu früh, schon während des Kompressionstaktes beginnt der Arbeitstakt. Der Motor arbeitet nicht wie vorgesehen und geht kaputt.

c) Das schwer verdampfbare Dieselöl wird wegen der geringen Verdichtung trotz der Zündanlage höchstens teilweise verbrennen, dadurch kann der Motor kaum arbeiten.

A 2: Beim ruckartigen Öffnen der Flasche nimmt der Druck ab, die Luft über dem Mineralwasser dehnt sich adiabatisch aus, dadurch sinkt ihre Temperatur, der in ihr enthaltene Wasserdampf kondensiert und ist als Nebel sichtbar.

Seite 148

A 1: Es wäre $\eta = 1 - \frac{353\text{ K}}{1873\text{ K}} = 81\%$ - ein Traumwert im Vergleich mit den Wirkungsgraden realer Motoren.

A 2: Dem Kühlschrankinneren wird beim Verdampfen der Kühlflüssigkeit Wärme entnommen. Da ein Kompressor mithilfe elektrischer Energie den Dampf in den Verflüssiger presst, steigt die Temperatur des Kühlmittels und es wird Wärme an die Umgebung des Kühlschrankes abgegeben. Also wird Wärme aus dem Kühlschrankinneren nach außen „gepumpt“.
Bleibt die Kühlschranktüre lange offen, so gleichen sich die Temperaturunterschiede zwischen innen und außen fast aus, die Temperatur im Raum steigt aber, da die elektrische Energie des Kompressors als Wärme an die Umgebung abgegeben wird.

Seite 149

A 3: Es handelt sich hier doch nicht um eine periodisch arbeitende Maschine! Wenn die Pressluftflasche leer ist, kann diese Aufzug-Maschine nicht mehr arbeiten, und sie kann auch nicht die Pressluftflasche wieder füllen, ohne zusätzlich etwas zu bewirken.

A 4: a) Mit den Bezeichnungen der Vertiefung Ziffer 2 errechnet sich die Leistungsziffer einer Kühlmaschine $\frac{W_t}{W_h - W_t} = \frac{T_t}{T_h - T_t}$, wobei T_t die Temperatur im Kühlraum, T_h die der Umgebung ist.

b) Die Leistungsziffer ist größer als eins, wenn $2\,T_t > T_h$, dies ist z.B. bei den üblichen Temperaturen T_t = 275 K und T_h = 293 K der Fall.

A 5: Mit den Bezeichnungen der Vertiefung zu Ziffer 2 ergibt sich die Leistungsziffer einer zum Heizen dienenden Wärmepumpe zu $\frac{W_h}{W_h - W_t} = \frac{T_h}{T_h - T_t}$.

Da $T_h > T_h - T_t$, ist diese Leistungsziffer größer als eins.

A 6: Aus 100 J aufgewendeter Energie werden 40 J Stromarbeit gewonnen. Die Wärmepumpe muss also mit 40 J Stromarbeit mehr als 86 J Wärme liefern, dann ist sie wirtschaftlicher als ein Ofen mit 86% Wirkungsgrad. Die Leistungsziffer der Wärmepumpe muss größer als 86/40 = 2,15 sein.

A 7: Wäre es möglich, dass Wärme von einem kälteren zu einem wärmeren Körper übergeht, ohne dass sich sonst in der Natur erwas verändert, so könnte mit diesem Temperaturunterschied ein Stirlingmotor betrieben werden, insgesamt würde dann periodisch nichts weiter bewirkt, als die Hebung einer Last und die Abkühlung des kälteren Körpers.
Wäre eine Maschine möglich, die periodisch arbeitend nichts weiter bewirkt, als die Hebung einer Last und die Abkühlung eines Körpers, so könnte man mit der gewonnenen mechanischen Energie eine Wärmepumpe antreiben und Wärme würde, ohne dass sich sonst in der Natur etwas verändert, von dem kälteren zum wärmeren Körper übergehen.
Der zweite Hauptsatz nach Planck ist also äquivalent zu dem nach Clausius.

A 8: Der ideale Stirlingmotor „zwischen“ dem Ofen mit 300°C und der Außenluft mit 0°C hat den Wirkungsgrad $\eta = 1 - \frac{273\text{ K}}{573\text{ K}} \approx 52{,}4\%$, es stehen also von den 1000 J, die der Ofen an Wärme abgibt, für die ideale Stirling-Wärmepumpe 524 J zur Verfügung. Deren Leistungsziffer beträgt $\frac{T_h}{T_h - T_t} = \frac{293\text{ K}}{20\text{ K}} = 14{,}65$, im Zimmer kommt also eine Wärme von $14{,}65 \cdot 524\text{ J} \approx$ 7670 J an.

Seite 153

A 1: a) Elektrische Leistung und Fernwärmeleistung zusammen sind 46% der vom Brennstoff gelieferten Leistung, die also $100/46 \cdot (865\text{MW} + 230\text{MW}) =$ 2380 MW beträgt.

b) Der Heizwert ist die Energie, die von 1 kg Braunkohle geliefert wird. Da von 710 t eine Energie von 2380 MW·3600 s = 8568000 MJ geliefert werden, beträgt der Heizwert der Braunkohle 12,1MJ/kg.

c) Die 865 MW elektrische Leistung sind 42% der Leistung, die nach Abgang von Rauchgas und Fernwärme von den 2380 MW des Brennstoffs noch an die Turbine geht. Also gehen ins Rauchgas

$$2380\text{ MW} - 865 \cdot \frac{100}{42}\text{MW} - 230\text{MW} = 90\text{MW}$$, also

gehen ins Rauchgas 90·100%/2380 = 4 % der Verbrennungswärme.

A 2: Es ist $W = p \cdot \Delta V = 1{,}0867\text{ bar} \cdot (1566 - 1{,}045)\text{ l} =$ 170 kJ. Die zugeführte Wärme beträgt 2251 kJ, die Differenz steckt im Zustand: Die Temperatur hat sich zwar nicht erhöht, wohl aber die innere Enrgie, da Arbeit gegen die Anziehung der Teilchen untereinander geleistet wurde.

A 3: $W = \frac{1}{2}(\Delta V_\text{h} + \Delta V_\text{t}) \cdot (p_\text{h} - p_\text{t}) =$

$$\frac{(1566 - 1{,}045) + (1789 - 1{,}042)}{2}\text{l} \cdot (1{,}0867 - 0{,}9429)\text{ bar} =$$

24,1 kJ; Wirkungsgrad $\eta = \frac{24{,}1\text{ kJ}}{2251\text{ kJ}}$ =0,0107, der ideale Wert.

A 4: a)

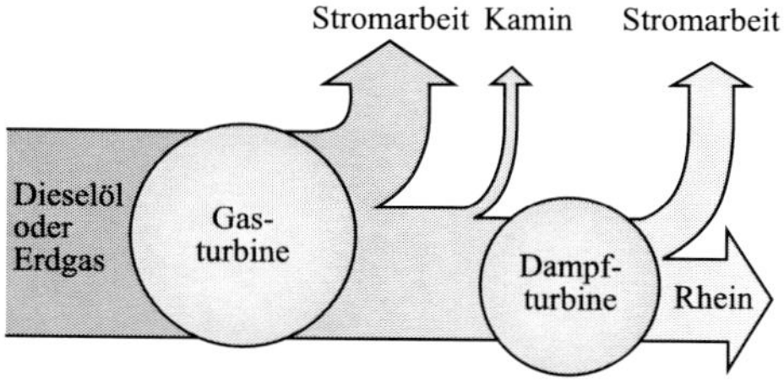

b) Da bei einem elektrischen Wirkungsgrad von 58,2% die elektrische Leistung 363,5 MW beträgt, entspricht einer Leistung von 239 MW der Gasturbine der Wirkungsgrad

$$\eta = \frac{58{,}2\%}{363{,}5\text{MW}} \cdot 239\text{ MW} = 38{,}27\%.$$

c) Dem Dampfkraftwerk stehen von der ursprünglich aufgewendeten Energie nur noch 62% zur Verfügung, da 38% von der Gasturbine „verbraucht" wurden. Es werden daraus aber auch nur 58,2 %–38% nutzbare Energie bezogen auf die 100% aufgewendete Energie, also beträgt der Wirkungsgrad des Dampfkraftwerks für sich

$$\eta = 100\% \cdot \frac{20{,}2\%}{62\%} = 32{,}6\%.$$

A 5: $\eta = 1 - \frac{273 + 12}{273 + 540} \approx 64{,}9\%$

A 6: Der Kreisprozess ist reversibel, weil seine Umkehrung möglich ist:

a) Arbeitstakt: Der Kolben wird mit großer Kraft nach links gedrückt, die Temperatur ist konstant T_h=375 K, der Druck konstant p_h=1,0876 bar, der Dampf kondensiert.

b) Erster Zwischentakt: Die Flüssigkeit wird um 4K abgekühlt, der Druck so erniedrigt, dass gerade noch nichts verdampft.

c) Verdünnungstakt: Der Kolben wird nach rechts gezogen, die Flüssigkeit verdampft bei der konstanten Temperatur T_t=371 K und dem Druck p_t=0,9429 bar.

d) Zweiter Zwischentakt: Der Dampf wird um 4 K erwärmt, der Druck so erhöht, dass gerade noch nichts kondensiert.

Seite 155

A 2: Der Supercomputer würde während eines Zeitraums, der dem Alter der Welt entspricht, lediglich $10^9 \cdot 10^{18}$, also 10^{27} Bilder zeichnen können, eine Zahl die gegenüber $10^{(3 \cdot 10^{21})}$ nicht ins Gewicht fällt. Er bräuchte also zum Zeichnen von $10^{(3 \cdot 10^{21})}$ Momentbildern das $10^{(3 \cdot 10^{21})}$ fache des Alters der Welt.

Seite 156

A 1: Es gilt: $w = \frac{(V - v)^N}{V^N} = \frac{(V - V/N)^N}{V^N} = (1 - \frac{1}{N})^N$, da $v = V / N$. Es ergibt sich für

N = 100	w = 0,36603
N = 1 000	w = 0,36769
N = 10 000	w = 0,36786
N = 1 Million	w = 0,36788
$N = 10^{22}$ vermutlich	w = 0,36788

b) Da $\Delta V = v = V / N$, ergibt sich als Näherung

$$w = 1 + \frac{N\Delta V}{V} = 1 - \frac{N \cdot V}{V \cdot N} = 0.$$

Das gewählte v ist offensichtlich nicht klein genug, um die Gleichsetzung von Sekanten- und Tangentensteigung zu rechtfertigen.

Seite 160

A 1: Da die Wärmekraftmaschine reversibel arbeitet, ist die Summe aller Entropieänderungen 0, also

$\frac{Q_h}{T_h} - \frac{Q_t}{T_t} = 0$ und somit $\frac{Q_h}{T_h} = \frac{Q_t}{T_t}$ oder $\frac{Q_t}{Q_h} = \frac{T_t}{T_h}$.

Damit ergibt sich als Wirkungsgrad

$\eta = \frac{Q_h - Q_t}{Q_h} = 1 - \frac{Q_t}{Q_h} = 1 - \frac{T_t}{T_h}$ gerade der des idealen Stirlingmotors.

A 2: Je 1 J wirkliche Stromarbeit beträgt die ideale Stromarbeit $\eta \cdot 1 / 0{,}42$ J mit dem idealen Wirkungsgrad

$\eta = 1 - \frac{285 \text{ K}}{973 \text{ K}}$. Im Beispiel ergibt sich die

Energieentwertung $285\left(\frac{1/0{,}42 - 1}{285} - \frac{1/0{,}42}{973}\right)$ J =

$\frac{1}{0{,}42}\left(1 - \frac{285}{973}\right)$ J − 1 J, also ideale Stromarbeit minus wirkliche Stromarbeit.

A 3: Die Entwertung beträgt $\frac{Q \cdot T_0}{T_t} - \frac{Q \cdot T_0}{T_h}$, also

$273 \text{ K} \cdot 1000 \text{ J} \cdot (\frac{1}{293 \text{ K}} - \frac{1}{573 \text{ K}}) = 455 \text{ J}$.

Man könnte diese Entwertung verhindern, indem man zwischen den 300°C des Ofen und den 0°C Außentemperatur einen idealen Stirlingmotor arbeiten ließe, und dieser wiederum eine ideale Stirlingwärmepumpe betriebe zwischen der Außentemperatur 0°C und der Zimmertemperatur von 20°C.

A 4: Die spezifische Schmelzwärme von Eis beträgt 335 J/g, also entspricht dem Schmelzen des Eisberges die Wärmemenge $Q = 3{,}35 \cdot 10^{12}$ J. So ergibt sich die Energieentwertung $T_0 \cdot \Delta S$ zu

$293 \text{ K} \cdot 3{,}35 \cdot 10^{12} \text{ J}\left(\frac{1}{273 \text{ K}} - \frac{1}{293 \text{ K}}\right) = 245 \text{ GJ}$

A 5: Für jeweils 1 J Wärme, die vom geheizten Zimmer durch die Hauswand ins Freie strömt, entsteht die Entropie $\Delta S = (\frac{1}{273 \text{ K}} - \frac{1}{293 \text{ K}}) \cdot 1 \text{ J} = 2{,}50 \cdot 10^{-4} \frac{\text{J}}{\text{K}}$, für jeweils 1 J Wärme beim Heizen entsteht die Entropie

$(\frac{1}{293 \text{ K}} - \frac{1}{573 \text{ K}}) \cdot 1\text{J} = 1{,}66 \cdot 10^{-3} \frac{\text{J}}{\text{K}}$, also das 6,67fache der unvermeidbaren Entropie.

A 6: Es ist $\Delta Q = m \cdot g \cdot h = 981000$ J, also wächst die Entropie um $\Delta S = \frac{\Delta Q}{T} = \frac{981000 \text{ J}}{288 \text{ K}} = 3{,}4 \frac{\text{kJ}}{\text{K}}$.

Seite 161

A 7: Die Heizleistung 40 kW entspricht einer Wärme von 40000 J/s. Da jeweils auf 200 m² ein Haus steht mit einem Entropiezuwachs von

$\frac{Q}{T_t} - \frac{Q}{T_h} = 40000 \text{ J}(\frac{1}{273 \text{ K}} - \frac{1}{523 \text{ K}}) = 70 \frac{\text{J}}{\text{K}}$, beträgt der Entropiezuwachs je m² und Sekunde 0,35 J/K.

Seite 164

A 1: Der Verbrauch im n-ten Jahr beträgt das $(1{,}01)^n$fache des ursprünglichen Verbrauchs, also ist in

Jahren	der Verbrauch das	d.h. eine Zunahme um
10	1,10fache	10 %
20	1,22fache	22 %
50	1,64fache	64%

b) In 92 Jahren wären (mit der Hilfsformel) $370 \text{ EJ} \cdot 100 \cdot (1{,}01^{92} - 1) = 55420$ EJ verbraucht, davon im 92. Jahr $370 \cdot (1{,}01)^{91}$ EJ = $370 \cdot 2{,}473$ EJ = 915 EJ.

A 2: Ein Energieverbrauch von 14,5 EJ im Jahr von 82,1 Mio. Personen entspricht einer Leistung von

$\frac{14{,}5 \cdot 10^{18} \text{ Ws}}{82{,}1 \cdot 10^6 \cdot 365 \cdot 24 \cdot 3600 \text{ s}} = 5600 \text{ W} = 5{,}6 \text{ kW}$ je Person, das 2,8fache der mittleren Leistung.

Seite 167

A 1: a)

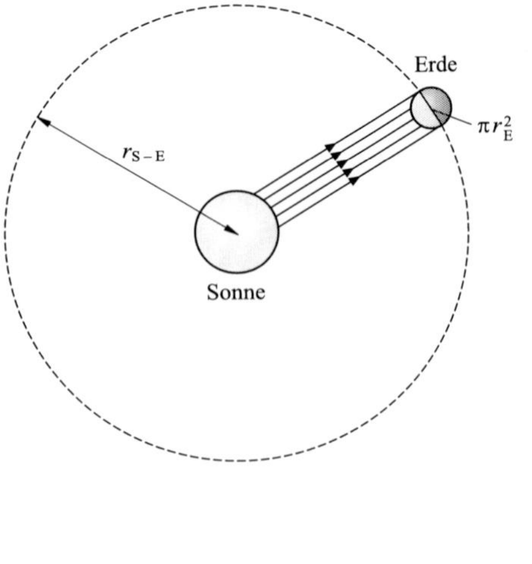

Es ist bekannt, dass eine Fläche von 1 m^2 von senkrechter Sonnenstrahlung in 1 s von der Energie 1,37 kJ durchsetzt wird, W = 1,37 kJ. Die von der Sonne unter unterschiedlichen Winkeln bestrahlte Oberfläche einer Erdhalbkugel entspricht unter Energiegesichtspunkten der Fläche einer Scheibe mit dem Erdradius. Somit errechnet sich die von der Erde in 1 s erhaltene Energie W_E mit R = 6370 km:

$$W_E = \pi R^2 W = \pi (6{,}37 \cdot 10^6)^2 \,\text{m}^2 \cdot 1370 \text{ J} = 1{,}75 \cdot 10^{17} \text{ J}$$

b) Um die von der Sonne insgesamt ausgestrahlte Energie zu berechnen, denken wir uns eine Hohlkugel mit dem Sonnenmittelpunkt als Mittelpunkt und dem Abstand Erde-Sonne als Radius. Jeder m^2 der Fläche O dieser Hohlkugel wird in 1s von 1,37kJ durchsetzt. Mit $O = 4\,\pi\, r^2$ errechnet sich die von der Sonne insgesamt ausgesendete Energie W_S :

$$W_S = 4\pi (150 \cdot 10^9 \text{ m})^2 \cdot 1370 \text{J} = 3{,}87 \cdot 10^{26} \text{ J}$$

Seite 171

A 1: Die Energie, die 1 m^2 der Sonnenoberfläche in 1 s durchströmt, muss dieselbe Energie sein, von der die entsprechende Fläche a^2 im Abstand der Erde von der Sonne durchströmt wird.

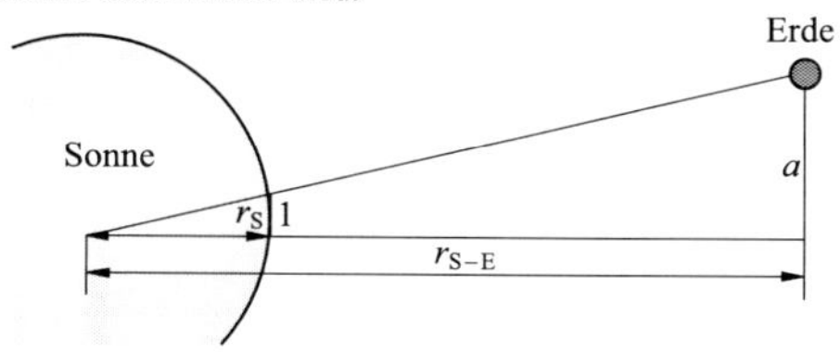

Mit dem Strahlensatz ist

$$\frac{a}{1} = \frac{r_{S-E}}{r_S} \text{ und es gilt } W_S = S_E \cdot a^2, \text{ also}$$

$$W_S = S_E \cdot \frac{r_{S-E}^2}{r_S^2} = 1{,}37 \text{ kJ} \frac{(150 \cdot 10^6)^2}{(7 \cdot 10^5)^2} = 62900 \text{ kJ.}$$

Da auf der Sonnenoberfläche 1 m^2 in 1 s von 62900 kJ durchströmt wird, beträgt die Leistungsdichte S = 62900 kWm^{-2}. Mit (2) gilt

$$S = \sigma \cdot T^4 \text{ oder, mit } \sigma = 5{,}7 \cdot 10^{-8} \text{ W} \cdot \text{m}^{-2} \cdot \text{K}^{-4},$$

$$T = \sqrt[4]{S/\sigma} = \sqrt[4]{6{,}29 \cdot 10^7 / 5{,}7 \cdot 10^{-8}} \text{ K} = 5764 \text{ K}$$

Die Temperatur der Sonne beträgt nach dieser Berechnung 5764 K.

Seite 173

A 1: Nach Bild 3 von Ziffer 8b) ist die Erdoberfläche O = $4\,\pi\, R^2$ 4-mal so groß wie die senkrecht zur Sonnenstrahlung stehende Fläche $A = \pi\, R^2$. Also enthält 1 m^2 im Mittel $S_E/4$ = 342 W/m^2.

A 2:a) Da der Mond etwa denselben Abstand von der Sonne hat wie die Erde, ist für ihn auch S_E=1,37kW/m^2. Da er, wie die Erde, mit dieser Solarkonstanten Sonnenstrahlung auf einer Fläche A=πr^2 empfängt(s. S. 177, 8.a) und b)), aber andererseits von der Fläche $4\pi r^2$ abstrahlt, beträgt die Leistungsdichte seiner Strahlung S^*=0,25S_E. Da die Mondoberfläche aber ein Reflexionsvermögen von 7% hat, beträgt die Leistungsdichte nur

$$S^{**} = 0{,}93 \cdot 0{,}25 \cdot S_E \text{ , und da } S = \sigma \cdot T^4 \text{ , ist}$$

$$T = \sqrt[4]{\frac{S}{\sigma}} = \sqrt[4]{\frac{0{,}93 \cdot 0{,}25 \cdot 1370 \text{ W} \cdot \text{m}^2 \text{K}^4}{5{,}7 \cdot 10^{-8} \text{ W} \cdot \text{m}^2}} = 273 \text{ K}$$

Die Mondoberfläche hätte also nach dieser Abschätzung eine Temperatur von 0°C.

b) Die Energie, die 1 m^2 der Merkuroberfläche in 1 s von der Sonne erhält ist gleich der Energie, die die entsprechende Fläche a^2 auf der Erde in 1 s empfängt.

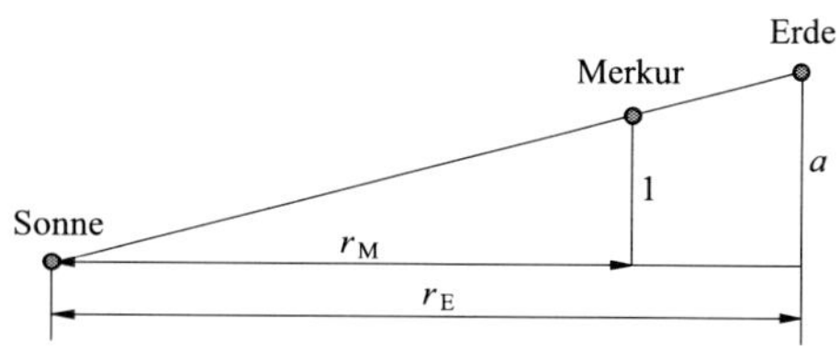

Nach dem Strahlensatz ist

$$\frac{a}{1 \text{ m}} = \frac{r_E}{r_M}, \text{also } a^2 = \frac{r_E^2}{r_M^2} \text{ m}^2$$

$$\text{Es ist } S_M \cdot 1 \text{ m}^2 = S_E \cdot a^2 = S_E \cdot \frac{r_E^2}{r_M^2} \text{m}^2 = 9160 \text{ J}$$

Auch der Merkur strahlt die von der Sonne auf der Fläche πr^2 empfangene Leistung über der Fläche $4\pi r^2$ ab, die Leistungsdichte beträgt also

$$0{,}25 \cdot 9160 \text{ W / m}^2 \text{und aus } S = \sigma \cdot T^4 \text{ folgt}$$

$$T = \sqrt[4]{\frac{0{,}25 \cdot 9160 \text{ W m}^{-2}}{5{,}7 \cdot 10^{-8} \text{ W m}^{-2} \text{K}^{-4}}} = 447 \text{ K}$$

Der Merkur hätte eine Temperatur von (447–273)°C, also 174°C.

A 3: Da pro Jahr und Einwohner 11,4 t CO_2 entstehen, setzen 82 Mio. Einwohner $82 \cdot 10^6 \cdot 11{,}4 \cdot 10^6$ g CO_2 pro

Jahr frei. Da $\rho = {}^{m}\!/_{V}$ oder $V = {}^{m}\!/_{\rho}$, $1\mathrm{l} = 10^{-12}\,\mathrm{km}^3$ und außerdem $V = A \cdot h$, wobei A die 357000 km^2 Fläche und h die Höhe der entstandenen CO_2-Schicht ist, ergibt sich

$$h = \frac{V}{A} = \frac{m}{\rho \cdot A} = \frac{82 \cdot 10^6 \cdot 11{,}4 \cdot 10^6 \ \mathrm{g} \cdot 10^{-12}\,\mathrm{km}^3}{2\ \mathrm{g} \cdot 357000\ \mathrm{km}^2} = 0{,}0013\mathrm{km}$$

Die CO_2 Schicht wäre also in der Bundesrepublik Deutschland 1,3 m hoch!

Seite 181

A 1: Bei der Frequenz 50 Hz ist eine Periode 0,02 s lang. In 0,02 s fließt die Ladung 0,005 s · 0,1 C/s. Ein Drehspulinstrument zeigt die mittlere Stromstärke

$$\bar{I} = \frac{0,005\ \text{s} \cdot 0,1\ \text{C} \cdot \text{s}^{-1}}{0,02\ \text{s}} = 0,025\ \text{A} = 25\ \text{mA}.$$

A 2: Durch das Reiben werden in Halm und Wolltuch Ladungen getrennt, beide werden geladen. Der so geladene Halm bewirkt im drehbar gelagerten Halm eine Ladungsverschiebung, die entgegengesetzte Ladung wird etwas angezogen, die gleichnamige abgestoßen. Als Folge dieser Ladungsverschiebung ziehen sich die beiden Halme an. Werden beide Halme gerieben, dann sind beide gleich geladen, sie stoßen sich ab.

A 3: 1 pA = 10^{-12} A = 10^{-12} C/s. Die Ladung eines Elektrons ist $e = 1,6021773 \cdot 10^{-19}$ C, also fließen in einer Sekunde $\frac{10^{-12}}{1,6021773 \cdot 10^{-19}} = 6241506$ Elektronen durch den Leiterquerschnitt.

Seite 184

A 1:

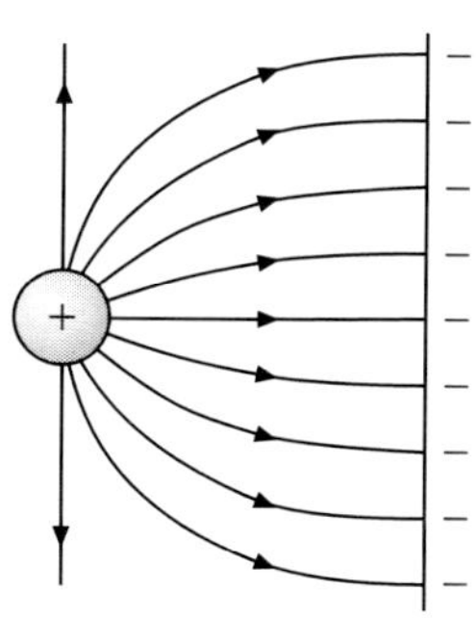

Auf der Wand bilden sich entgegengesetzte Influenzladungen, zwischen Wand und Kugel bildet sich ein Feld. Das ergibt Anziehungskräfte.

A 2: a) Es ist $F = E \cdot q$, also erfährt die Ladung 10 nC die Kraft $F_{10\ \text{nC}} = 10 \cdot 10^3\ \text{N/C} \cdot 10 \cdot 10^{-9}\ \text{C} = 10^{-4}\ \text{N} = 100\ \mu\text{N}$ und es ist $F_{-10\ \text{nC}} = -10^{-4}$ N. Im ersten Fall zeigt die Kraft in Richtung der Feldlinien, im zweiten ihr entgegen.

b) 1 nC

A 3: a) Da im Feld (2) die dreifache Ladung nur die doppelte Kraft erfährt wie im Feld (1), ist Feld (1) stärker.

Oder : $E_1 = F_1/q_1 = 10^5$ N/C, $E_2 = 0,67 \cdot 10^5$ N/C.

b) Die Ladungen müssten im Verhältnis 2:3 stehen, die kleinere Ladung im stärkeren Feld (1).

A 4: a) Da $F = E \cdot q$ und $\frac{F}{G} = \frac{s}{l}$ ist

$$s = \frac{E \cdot q}{G} \cdot l = \frac{70\ \text{kN/C} \cdot 5\ \text{nC}}{0,40\ \text{g} \cdot 9,81\ \text{mN/g}} \cdot 1,0\ \text{m} = 89\ \text{mm}.$$

b) Ein Pendel schlägt bei doppelter Länge gleich weit aus, wenn die Kraft nur halb so groß ist, also wenn die Ladung 2,5 nC beträgt.

A 5: Der relative Größtfehler errechnet sich zu

$$\frac{\Delta s}{s} = \frac{\Delta q}{q} + \frac{\Delta E}{E} + \frac{\Delta l}{l} + \frac{\Delta m}{m} = 5\% + 8\% + 0,3\% + 5\% = 18,3\%,$$

somit ist $s = 89$ mm ± 16mm oder 73 mm ≤ s ≤ 105 mm.

Oder: Der Wert für die Auslenkung liegt zwischen

$$s_{\min} = \frac{64,4\ \text{kN/C} \cdot 4,75\ \text{nC}}{0,42\ \text{g} \cdot 9,81\ \text{mN/g}} \cdot 0,97\ \text{m} = 72\ \text{mm}$$

und

$$s_{\max} = \frac{75,6\ \text{kN/C} \cdot 5,25\ \text{nC}}{0,38\ \text{g} \cdot 9,81\ \text{mN/g}} \cdot 1,03\ \text{m} = 110\ \text{mm}.$$

A 6: Ein Regentröpfchen von 1 mm Radius hat die Masse $m = \rho \cdot V = 1\frac{\text{g}}{\text{cm}^3} \cdot \frac{4}{3}\pi \cdot 1\ \text{mm}^3 = 4,2$ mg und erfährt die Gewichtskraft $G = 41\ \mu$N. Es muss also die Ladung $q = \frac{G}{E} = \frac{41\ \mu\text{NC}}{3,2 \cdot 10^6\ \text{N}} = 12,8 \cdot 10^{-12}$ C haben, das heißt $\frac{q}{e} = \frac{12,8 \cdot 10^{-12}\ \text{C}}{1,6 \cdot 10^{-19}\ \text{C}} = 8 \cdot 10^7 =$ 80 Millionen Elektronen an Überschuss tragen. Das Tröpfchen kann in Ruhe sein oder mit konstanter Geschwindigkeit weiterfallen.

Seite 187

A 1: $E = U/d = 5{,}0 \cdot 10^4$ V/m, $F = E \cdot q = 5{,}0 \cdot 10^{-4}$ N, $W = F \cdot d = 10^{-5}$ J, damit $U = W/q = 1{,}0$ kV.

A 2: Da $W = \frac{1}{2}mv^2 = qU$ ergibt sich

$$v = \sqrt{2qU/m} = \sqrt{\frac{2 \cdot 0{,}10 \cdot 10^{-9}\ \text{C} \cdot 100 \cdot 10^3\ \text{V}}{0{,}01 \cdot 10^{-3}\ \text{kg}}} = \sqrt{2}\ \frac{\text{m}}{\text{s}} = 1{,}4\ \frac{\text{m}}{\text{s}}.$$

Die Watte schwebt, wenn $G = F = E \cdot q = \frac{U}{d}q$, also

$$U = \frac{0{,}01 \cdot 10^{-3}\ \text{kg} \cdot 10\ \text{Nkg}^{-1} \cdot 0{,}2\ \text{m}}{0{,}10 \cdot 10^{-9}\ \text{C}} = 2 \cdot 10^5\ \text{V}.$$

A 3: a) Da $F = E \cdot q = \frac{U}{d} \cdot q$, beträgt die Ladung

$$q = \frac{m \cdot g \cdot d \cdot s}{U \cdot l} = \frac{0{,}47 \cdot 10^{-3}\ \text{kg} \cdot 10\ \text{N} \cdot 0{,}04\ \text{m}}{10^3\ \text{V} \cdot 1\ \text{kg} \cdot 1{,}8\ \text{m}} = 1\ \text{nC}$$

b) Die Auslenkung bleibt $s = 1{,}0$ cm, da durch die Verdoppelung des Abstands der Platten die Spannung auch verdoppelt wird und die Feldstärke E bleibt.

Seite 189

A 1: a) Die Spannung zwischen A und dem geerdeten Gehäuse beträgt 10 V, zwischen dem geerdeten Gehäuse und B 5 V und zwischen A und B 15 V. A hat gegenüber dem Gehäuse positives, B negatives Potential.

b) Die Schaltung gibt die Energie $W = q \cdot U = 2\ C \cdot 15\ \text{V} = 30$ J ab.

c) Die Plus-Buchse muss mit A verbunden sein.

A 2: Das Potential, das einem einzelnen Punkt zukommt, ist seine Spannung gegen das Bezugsniveau. Spannung ist Überführungsarbeit, braucht also zwei Punkte.

a) Alle Punkte erhalten so nur eine Angabe, ihr Potential; sonst müssten sie Angaben über die Spannung zu allen anderen Punkten erhalten.

b) Wird positive Ladung transportiert, so wird beim Annähern an einen positiv geladenen Körper Energie benötigt gegen dessen Feldkräfte, das Potential steigt. Wird eine negative Ladung transportiert, so sind $\Delta W < 0$ und $q < 0$, also ist die Potentialänderung $\Delta\varphi = \Delta W/q$ auch in diesem Falle positiv.

A 3: Alle Teile des Metallringes haben dasselbe Potential, da er im Innern feldfrei ist, also keine Energie gebraucht wird, um Ladungen auf ihm zu verschieben.

Seite 193

A 1: a) Es ist $E = \frac{U}{d} = 2{,}0 \cdot 10^5\ \frac{\text{V}}{\text{m}}$,

$$\sigma = \varepsilon_0 E = 8{,}85 \cdot 10^{-12}\ \frac{\text{C}}{\text{Vm}} \cdot 2{,}0 \cdot 10^5\ \frac{\text{V}}{\text{m}} = 1{,}8 \cdot 10^{-6}\ \frac{\text{C}}{\text{m}^2}$$

und jede Platte trägt $Q = \sigma \cdot A = 80$ nC.

b) E und σ ändern sich überhaupt nicht.

c) E, σ und Q nehmen ab.

A 2: Die Feldstärke E errechnet sich zu

$$E = \frac{1}{4\pi\varepsilon_0}\frac{Q}{r^2} = 9 \cdot 10^9 \cdot \frac{\text{Nm}^2}{\text{C}^2}\frac{10^{-7}\ \text{C}}{(0{,}8)^2\ \text{m}^2} = 1{,}4 \cdot 10^3\ \frac{\text{N}}{\text{C}},$$

auf den Testplatten werden die Ladungen

$$Q = \varepsilon_0 EA = 8{,}85 \cdot 10^{-12}\ \frac{\text{C}}{\text{Vm}} \cdot 1{,}4 \cdot 10^3\ \frac{\text{N}}{\text{C}} \cdot 4 \cdot 10^{-4}\ \text{m}^2 = 5\ \text{pC}$$

influenziert.

A 3: a) Die Kraft $F = \frac{1}{4\pi\varepsilon_0}\frac{q \cdot q}{r^2}$ ist gleich der auslenkenden Kraft $F = G \cdot \frac{s}{l}$ mit $s = \frac{r}{2}$. Also ist $q^2 = mg\frac{r}{2l}r^2 4\pi\varepsilon_0 = 2{,}2 \cdot 10^{-15}\ \text{C}^2$ und $q = 47$ nC.

b) Beide erfahren die gleiche Auslenkung, da sie dieselbe Masse haben und gegenseitig aufeinander dieselbe Kraft ausüben. Bei 20 cm Mittenabstand gilt $2q \cdot q = mg\frac{r}{2l}r^2 4\pi\varepsilon_0 = 2{,}2 \cdot 10^{-15}\ \text{C}^2$, das linke Kügelchen trägt die Ladung 33 nC, das rechte 66 nC.

A 4: Die Kraft ist so groß, als befände sich eine 'Spiegelladung' $-q$ im Abstand $r' = 20$ cm von der Kugel, also ist $F = \frac{1}{4\pi\varepsilon_0}\frac{q^2}{r'^2} = 2,3 \cdot 10^{-5}$ N.

A 5: $U_\infty = \frac{1}{4\pi\varepsilon_0}\frac{Q}{r} = 9 \cdot 10^9 \frac{\text{Nm}^2}{\text{C}^2}\frac{10^{-6}\text{ C}}{0,03\text{ m}} = 3 \cdot 10^5$ V und $U_{3m} = \frac{Q}{4\pi\varepsilon_0}\left(\frac{1}{r_1} - \frac{1}{r_2}\right) = 2,97 \cdot 10^5$ V, der Fehler beträgt 1%.

Seite 197

A 1: a) $C = 8,85 \cdot 10^{-12}\frac{\text{C}}{\text{Vm}} \cdot 2 \cdot \frac{2 \cdot 20\text{ m}^2}{5 \cdot 10^{-5}\text{ m}} = 14\ \mu\text{F}$ und bei 100 V ist $Q = C \cdot U = 1,4$ mC. Die Ladung beträgt

100 μC bei $U = \frac{Q}{C} = \frac{100\ \mu\text{C}}{14\ \mu\text{F}} = 7$ V.

b) $l = \frac{10\ \mu\text{F} \cdot 5 \cdot 10^{-5}\text{ m}}{2 \cdot 8,85 \cdot 10^{-12}\text{ CV}^{-1}\text{m}^{-1} \cdot 2 \cdot 0,050\text{ m}} = 282\text{ m}$

A 2: a) Zu C_1 muss $C_2 = 5\ \mu$F parallel geschaltet werden, da $C_{ges} = C_1 + C_2$; in Reihe 10 μF.

b) Bei Parallelschaltung ist $Q_1 = U \cdot C_1 = 100\ \mu$C und $Q_2 = 50\ \mu$C. Bei Reihenschaltung nimmt jeder Kondensator $Q = C_{ges} \cdot U = 50\ \mu$C auf.

A 3: $\frac{1}{C} = \frac{1}{C_1} + \frac{1}{C_2} + \frac{1}{C_3}$, also $C = 2,86\ \mu$F und jeder Kondensator trägt $Q = 286\ \mu$C, die Spannungen betragen $U_1 = 57$ V, $U_2 = 29$ V und $U_3 = 14$ V.

A 4: $C_1 = 8,85 \cdot 10^{-12}\frac{\text{C}}{\text{Vm}} \cdot 2 \cdot \frac{0,04\text{ m}^2}{5 \cdot 10^{-3}\text{ m}} = 0,14$ nF und $C_2 = 0,35$ nF hiermit ergibt sich die Kapazität des Kondensators aus $\frac{1}{C} = \frac{1}{C_1} + \frac{1}{C_2}$ zu $C = 0,10$ nF.

A 5: Ineinandergedrehte Plattensätze bedeuten die größte Kapazität $C_{K1} = 1$ nF. Da die beiden Geräte parallel liegen, ist $C_{ges1} = C_{K1} + C_E = 1$ nF + 0,1 nF = 1,1 nF und die Ladung auf der Anordnung $Q = C \cdot U = 110$ nC. Beim Auseinanderdrehen bleibt Q, es ist $C_{K2} = 100$ pF und $C_{ges2} = 200$ pF, somit $U_2 = Q/C_{ges2} = 0,55$ kV.

A 6: Es ist $C = 4\pi\varepsilon_0\varepsilon_r r = 4\pi \cdot 8,85 \cdot 10^{-12}\frac{\text{C}}{\text{Vm}} \cdot 0,04\text{ m} = 4,4$ pF, also $Q = C \cdot U = 0,22\ \mu$C.

A 7: Es ist $Q = \frac{2,0 \cdot 10^{-3}\text{ A}}{20\text{ s}^{-1}} = 0,010$ mC und somit $C = 2,5\ \mu$F.

A 8: a) $T_H = 0,69RC = 21$ s

b) $U(5\text{ s}) = U_0 \cdot 2^{-\frac{5}{21}} = 8,5$ V, $U(10\text{ s}) = 7,2$ V, $U(50\text{ s}) = 1,9$ V

Seite 199

A 1: a) In Luft ist gerade noch die Energiedichte $\rho_{el} = \frac{1}{2}\varepsilon_0\varepsilon_r E^2 = \frac{1}{2} \cdot 8,85 \cdot 10^{-12}\frac{\text{C}}{\text{Vm}} \cdot 6,25 \cdot 10^{12}\frac{\text{V}^2}{\text{m}^2} = 28\ \frac{\text{J}}{\text{m}^3}$ möglich.

b) Die aus Kohle nutzbare Energiedichte beträgt $\rho_{Kohle} = 3 \cdot 10^7\ \frac{\text{J}}{\text{kg}} \cdot 1,2 \cdot 10^3\ \frac{\text{kg}}{\text{m}^3} = 3,6 \cdot 10^{10}\ \frac{\text{J}}{\text{m}^3}$, sie ist $1,3 \cdot 10^9$-mal so groß wie ρ_{el}.

A 2: a) $C = 8,85 \cdot 10^{-12}\ \frac{\text{C}}{\text{Vm}} \cdot \frac{\pi(0,12)^2\text{m}^2}{0,004\text{ m}} = 0,1$ nF. Mit $W = \frac{1}{2}CU^2$ ergibt sich $W_3 = 0,45$ mJ und damit $\rho_3 = \frac{W_3}{V} = 2,5\ \frac{\text{J}}{\text{m}^3}$; $W_6 = 4 \cdot W_3 = 1,8$ mJ und $\rho_6 = 10\ \frac{\text{J}}{\text{m}^3}$.

b) $F = W/d$, also $F_3 = 0,11$ N und $F_6 = 0,45$ N.

c) Da $F = \frac{1}{2}\varepsilon_0\frac{U^2}{d^2}A$, ist $U = d\sqrt{\frac{2F}{\varepsilon_0 A}} = 8,9$ kV.

A 3: Es ist $Q_1 = CU_1 = 10 \cdot 10^{-6}\text{ F} \cdot 200\text{ V} = 2$ mC, $Q_2 = 1$ mC und $Q_{ges} = Q_1 + Q_2 = 3$ mC. Da $C_{ges} = 2C = 20\ \mu$F nehmen die Kondensatoren die Spannung $U = Q_{ges}/C_{ges} = 150$ V an.

Es ist vorher $W_1 = \frac{1}{2}CU_1^2 = 0,2$ J und $W_2 = 0,05$ J, nachher $W = 0,225$ J. Es gehen also 0,025 J verloren.

A 4: Betrachtet man dünne Kugelschalen um den Mittelpunkt des Kugelfeldes, so ist innerhalb dieser Volumen dV die räumliche Energiedichte $\rho_{el} = \frac{1}{2}\varepsilon_0 E^2$

dann konstant, wenn man $\mathrm{d}V$ immer kleiner wählt. Für das elektrische Feld einer Kugel im Abstand r gilt: $E = \dfrac{Q}{4\pi \cdot \varepsilon_0 \cdot r^2}$. Da $\mathrm{d}V = 4\pi \cdot r^2 \mathrm{d}r$, ergibt sich die Gesamtenergie eines Kugelfeldes:

$$W = \int_R^\infty \rho_{el} 4\pi \cdot r^2 \mathrm{d}r = \frac{1}{2} \int_R^\infty \frac{1}{r^2} \mathrm{d}r = \frac{1}{2} \frac{Q^2}{4\pi \cdot \varepsilon_0 R}$$

Seite 201

A 1: a) Da die elektrische Feldkraft gleich der Gewichtskraft ist, gilt $q\frac{U}{d} = mg$ und es ist $q = \dfrac{2,4 \cdot 10^{15}\ \mathrm{kg} \cdot 10\ \mathrm{N/kg} \cdot 0,005\ \mathrm{m}}{250\ \mathrm{V}} = 4,8 \cdot 10^{-19}\ \mathrm{C}$, das Öltröpfchen trägt 3 positive Elementarladungen. Da $G = 24 \cdot 10^{-15}$ N, sinkt es in Luft mit $v = 9,3 \cdot 10^{-5}\ \mathrm{ms}^{-1}$.

b) Aus der Flächendichte des Kondensators $\sigma = \varepsilon_0 \frac{U}{d} = 8,85 \cdot 10^{-12}\ \dfrac{\mathrm{C}}{\mathrm{Vm}} \dfrac{250\ \mathrm{V}}{0,005\ \mathrm{m}} = 4,4 \cdot 10^{-11}\ \dfrac{\mathrm{C}}{\mathrm{cm}^2}$ ergibt sich, dass $4,4 \cdot 10^{-11}/(1,6 \cdot 10^{-19}) = 2,8 \cdot 10^8$ Überschusselektronen je cm^2 auf der negativen Platte sitzen.

c) Da auf 1 cm^2 10^{15} Atome sitzen, kommt auf $1 \cdot 10^{15}/(2,8 \cdot 10^8) = 3,6 \cdot 10^6$ Atome ein Überschusselektron.

A 2: a) $W_H = mgh = 2,4 \cdot 10^{-17}$ J. Das Tröpfchen durchläuft die Spannung $\Delta U = \frac{U}{d} \cdot \Delta s = 50$ V. Die elektrische Energie nimmt um $q \cdot \Delta U = 150$ eV zu. Da $1\ \mathrm{eV} = 1,6 \cdot 10^{-19}$ J, sind dies $2,4 \cdot 10^{-17}$ J. Die Zunahme an elektrischer Energie ist gleich der Abnahme an Höhenenergie.

b) Bei halber Masse nimmt die Höhenenergie um $1,2 \cdot 10^{-17}$ J zu, die elektrische Energie nimmt um den doppelten Betrag $2,4 \cdot 10^{-17}$ J zu.

A 3: Beim Sinken ist die Reibungskraft gleich der Gewichtskraft. Mit $m = \rho V = \rho \cdot \frac{4}{3}\pi r^3$ ergibt sich:

$$v = \frac{mg}{6\pi r \eta} = \frac{2\rho r^2 g}{9\eta}$$
$$= \frac{2 \cdot 983\ \mathrm{kg/m}^3 \cdot 10^{-12}\ \mathrm{m}^2 \cdot 10\ \mathrm{N/kg}}{9 \cdot 18 \cdot 10^{-6}\ \mathrm{Ns/m}^2}$$
$$= 1,2 \cdot 10^{-4}\ \frac{\mathrm{m}}{\mathrm{s}}$$

A 4: Das Elektron gewinnt auf der ganzen Strecke die Energie $W = U_0 e = 7$ keV $= 1,1 \cdot 10^{-15}$ J. Die Ladung Q auf der Spitze errechnet sich aus dem Coulombgesetz zu $Q = \dfrac{4\pi\varepsilon_0 U_0 r_1 r_2}{r_2 - r_1}$ und damit die auf der Strecke r gewonnen Energie aus $W = \dfrac{Qq}{4\pi\varepsilon_0}\left(\dfrac{1}{r_1} - \dfrac{1}{r}\right)$ zu $W = U_0 e \dfrac{r_1 r_2}{r_2 - r_1} \cdot \dfrac{r - r_1}{r_1 r} \approx U_0 e$, wenn $r = 3{,}5$ cm. Der größte Teil des Energiegewinns findet in nächster Nähe der Spitze statt.

A 5: a) 12 mg Kohlenstoff sind 1-tausendstel Mol, haben also bei 6 Elektronen und 6 Protonen je Atom die negative Ladung $q = 6 \cdot 10^{-3} \cdot 96500\ \mathrm{C} = 579$ C und die gleich große positive Ladung.

b) $F = \dfrac{q_1 q_2}{4\pi\varepsilon_0 r^2} = 3 \cdot 10^{15}$ N

c) Mit $C = \varepsilon_0 \frac{A}{d}$ ergibt sich die Spannung $U = \dfrac{Q}{C} = \dfrac{Q \cdot d}{\varepsilon_0 \cdot A} = 6,5 \cdot 10^{12}$ V und damit die Kraft $F = \dfrac{1}{2}\varepsilon_0 \dfrac{U^2}{d^2} A = \dfrac{Q^2}{2\varepsilon_0 A} = 1,9 \cdot 10^{15}$ N, die Energie $W = \frac{1}{2} Q \cdot U = 1,9 \cdot 10^{15}$ J und die Energiedichte $\sigma = \dfrac{W}{V} = 1,9 \cdot 10^{18}\ \dfrac{\mathrm{J}}{\mathrm{m}^3}$.

Seite 204

A 1: a) Für die auslenkende Kraft F gilt: $F = \dfrac{q_1 q_2}{4\pi\varepsilon_0 r^2}$ und außerdem (die Auslenkung s ist r): $\dfrac{F}{G} = \dfrac{r}{l}$, also

$$s = \sqrt[3]{\frac{q_1 q_2 l}{4\pi\varepsilon_0 mg}}$$
$$= \sqrt[3]{\frac{2 \cdot 10^{-9}\ \mathrm{C} \cdot 10^{-6}\ \mathrm{C} \cdot 2\ \mathrm{m} \cdot 9 \cdot 10^9\ \mathrm{Nm}^2}{0,5 \cdot 10^{-3}\ \mathrm{kg} \cdot 10\ \mathrm{Nkg}^{-1} \cdot 1\ \mathrm{C}^2}}$$
$$= 0,19\ \mathrm{m}.$$

b) Halbiert man beide Ladungen, so geht die Auslenkung auf $\sqrt[3]{\frac{1}{4}} = 0,63$, also auf 63% zurück, sie beträgt dann 0,12 m.

A 2: a) Es ist $Q = \varepsilon_0 EA = 3,5 \cdot 10^{-9}\ \mathrm{C} = 3,5$ nC, zwischen den Platten sind Feldstärke und Spannung Null.

b) Die Platten bilden einen Kondensator mit $C = \varepsilon_0 \frac{A}{d} = 8{,}85 \cdot 10^{-12}$ F, also $U = \frac{Q}{C} = 400$ V, $E = \frac{U}{d} = 40 \frac{\text{kV}}{\text{m}}$ und $F = \frac{1}{2}\varepsilon_0 E^2 A = 0{,}07$ mN.

A 3: a)

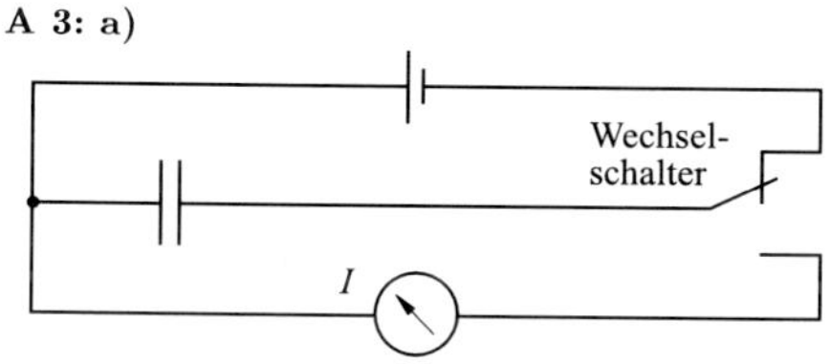

Mit $C = \varepsilon_0 \varepsilon_r \frac{A}{d}$ ergibt sich $C_l = 0{,}35$ nF, $C_v = 2{,}5 \cdot C_l = 0{,}89$ nF und $C_h = \frac{C_l}{2} + \frac{C_v}{2} = 0{,}62$ nF. Da $I = \frac{Q}{t} = \frac{CU}{100^{-1}\text{ s}}$ ist $I_l = 53\ \mu$A, $I_v = 0{,}13$ mA und $I_h = 92\ \mu$A.

b) $I(h) = 100\text{ s}^{-1} \cdot 1{,}5\text{ kV} \cdot \varepsilon_0 \cdot \frac{2\text{ m}}{0{,}1\text{ m}} \cdot (2{,}5 \cdot h + (2\text{ m} - h)) = 5{,}3 \cdot 10^{-5}\text{ A} + 4 \cdot 10^{-5} \frac{\text{A}}{\text{m}} h.$

c) $W = ft\frac{1}{2}CU^2 = 100\text{ s}^{-1} \cdot 20\text{ s} \cdot 0{,}5 \cdot 0{,}89\text{ nF} \cdot (1500\text{ V})^2 = 2$ J

A 4: a) Es ist $C = 4\pi\varepsilon_0 r = 5{,}6 \cdot 10^{-12}$ F und damit $Q = CU = 2{,}8$ nC und $W = \frac{1}{2}CU^2 = 0{,}7\ \mu$J.

b) U halbiert sich, ebenso die Energie $W = \frac{1}{2}QU$, die Feldstärke $E = \frac{1}{4\pi\varepsilon_0}\frac{Q}{r^2}$ an der Oberfläche reduziert sich auf 1/4.

c) Das Elektroskop ist dem Luftballonkondensator parallelgeschaltet, also ändert sich die Kapazität von $C_1 = 5\text{ pF} + 5{,}6\text{ pF} = 10{,}6$ pF auf $C_2 = 5\text{ pF} + 2 \cdot 5{,}6\text{ pF} = 16{,}2$ pF. Da Q konstant ist, sinkt die Spannung nach dem Aufblasen auf $U_2 = 500\text{ V} \cdot 10{,}6\text{ pF}/16{,}2\text{ pF} = 327$ V.

A 5: a) $Q = U 4\pi\varepsilon_0 \frac{r_1 r_2}{r_2 - r_1} = 7{,}4$ nC;

$C = \frac{Q}{U} = 7{,}4$ pF

b) Aus $U = \frac{Q}{4\pi\varepsilon_0}\left(\frac{1}{r} - \frac{1}{r_2}\right)$ ergibt sich $r = 8$ cm.

c) $W = \frac{7{,}4\text{ nC} \cdot 1{,}0\text{ pCVm}}{4\pi \cdot 8{,}85 \cdot 10^{-12}\text{ C}}\left(\frac{1}{0{,}05\text{m}} - \frac{1}{0{,}1\text{m}}\right) = 6{,}7 \cdot 10^{-10}$ J

A 6: a) Es fließt die Ladung $Q = CU_0$.

b) $W_{Quelle} = QU_0 = CU_0^2$, $W_{Kond} = \frac{1}{2}CU_0^2$, damit geht als Wärme $W_W = \frac{1}{2}CU_0^2$ ab.

c)

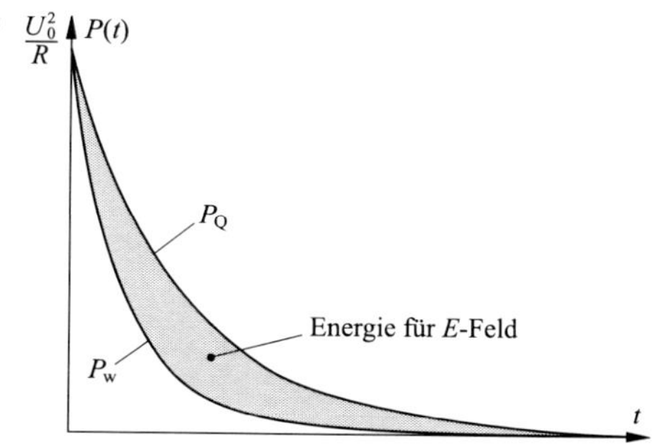

Seite 209

A 1: $B = \frac{F}{I \cdot s} = 0,5\ \text{T}$

A 2: $F = B \cdot I \cdot s = 4,06\ \text{N}$

A 3: a) $F = B \cdot I \cdot s = 0,1\ \text{N}$

b) Änderung von I : $\Delta I = 0,5\ \text{A}\quad (2,5\ \text{A})$

Änderung von s : $\Delta s = 0,5\ \text{cm}\quad (2,5\ \text{cm})$

A 4: Versuche mit Eisenfeilspänen zeigen, dass es sinnvoll ist, den Feldlinien des B-Felds die Richtung vom Nord- zum Südpol zu geben. Die Kraft auf einen stromdurchflossenen Leiter steht jedoch immer senkrecht zum Strom und dieser Feldrichtung. (Vgl. S. 209 V1)

Seite 215

A 1: a) $I = \frac{B \cdot l}{\mu_0 \cdot n} = 0,12\ \text{A}$

b) $B_2 = B_1 \cdot \frac{l_1}{l_2} = 0,03\ \text{mT}$

$I_2 = \frac{B_1 \cdot l_2}{\mu_0 \cdot n} = 0,08\ \text{A}$

A 2: a) $I = \frac{B \cdot l}{\mu_0 \cdot n} = 19,89\ \text{A}$

b) $B = \frac{I \cdot \mu_0 \cdot \mu_r \cdot n}{l_l} = 80\ \text{T}$

Dieser Wert ist nicht realistisch, da schon bei sehr viel kleineren magnetischen Flussdichte eine Stättigung der Magnetisierung eintritt (Vgl. S. 212).

c) $I = B \cdot \frac{l}{\mu_0 \cdot \mu_r \cdot n} = 0,025\ \text{A}$

A 3: $B = \mu_0 \frac{n}{l} I = 32,7\ \mu\text{T}$

$B_n = \frac{B}{\tan\alpha} = 18,9\ \mu\text{T}$

$B_{Erde} = 55,17\ \mu\text{T}$

A 4: a) $\tan\alpha = \frac{B}{B_h} \quad\Rightarrow\quad \alpha = \arctan(\frac{B}{B_h}) = 89,635°$

b) $I = B_n \cdot \frac{l}{\mu_0 \cdot n} = 9,55\ \text{mA}$

A 5: a) $F_L = e \cdot v_s \cdot B \cdot \sin(i) = 2,87 \cdot 10^{-22}\ \text{N}$

b) Nordschiene positiv, Südschiene negativ.

c) $U_H = l \cdot v \cdot B \cdot \sin(i) = 2,57\ \text{mV}$

A 6: a) $n = \frac{I}{edU_H} \cdot B = 6,99 \cdot 10^{28}\ \text{m}^{-3}$

b) $v_s = \frac{U_H}{Bh} = 1,7 \cdot 10^{-4}\ \frac{\text{m}}{\text{s}}$

A 7: Wenn in einem metallischen Leiter Strom fließt, dann wird er in der Regel durch Elektronen getragen. Die positiv geladenen Atomrümpfe sind ortsfest. Dadurch ergibt sich eine Kraft auf den Leiter als resultierende Lorentzkraft auf die Strom tragenden Elektronen.

A 8: Das Feld einer Spule kann man sich in Gedanken als die Summe der Felder der Teile links und rechts eines Beobachtungspunkts vorstellen. In der Mitte der Spule wird das Feld je zur Hälfte vom rechten und von linken Spulenteil erzeugt. An den äußeren Enden der Spule ist in erster Näherung nur das Feld einer Spulenhälfte wirksam. Das resultierende Feld ist damit nur halb so groß.

A 9:

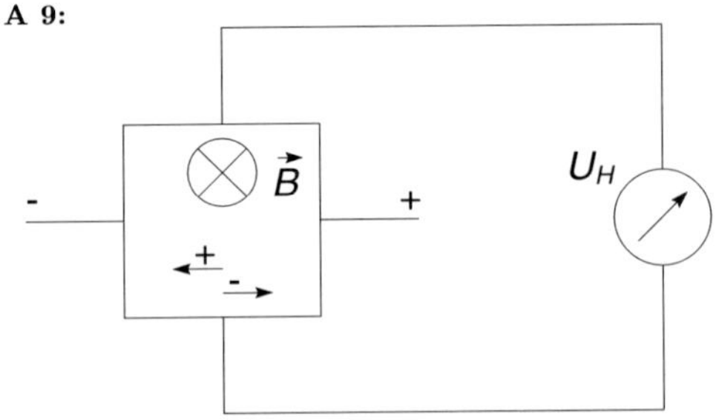

a) negative Ladungsträger:

(+) – Pol oben

(−) – Pol unten

b) positive Ladungsträger:

(−) – Pol oben

(+) – Pol unten

Seite 217

A 1: a) $U = \frac{mv^2}{2e} = 13,7\ \text{nV}$

b) $v = \sqrt{\frac{2eU}{m}} = 1,26 \cdot 10^6\ \frac{\text{m}}{\text{s}}$

c) $E_{kin} = 13,7\text{neV} = 2,2 \cdot 10^{-27}\ \text{J}$

$E_{kin} = 4,5\text{eV} = 7,2 \cdot 10^{-19}\ \text{J}$

A 2: a) $\frac{e}{m} = \frac{2U}{B^2r^2} = 1,8 \cdot 10^{11}\ \frac{\text{As}}{\text{kg}}$

b) $v = \sqrt{\frac{2eU}{m}} = 7,35 \cdot 10^6\ \frac{\text{m}}{\text{s}}$

c) $T = \frac{2\pi r}{v} = 41,5\ \text{ns}$

A 3: $\frac{e}{m_\mu} = \frac{v}{Br} = \frac{2U}{B^2 \cdot r^2} = 8,5 \cdot 10^8\ \frac{\text{As}}{\text{kg}}$

$m_\mu = 1,885 \cdot 10^{-28}\ \text{kg} = 207 \cdot m_e$

A 4: a) $v = \frac{r \cdot eB}{m \cdot \sin\phi} = 24,3 \cdot 10^6\ \frac{\text{m}}{\text{s}}$

b) $T = \frac{2\pi r}{v} = 1,87\ \mu\text{s}$

c) $v_s = v \cdot \sin\phi = 2,28 \cdot 10^7\ \frac{\text{m}}{\text{s}}$

$v_p = v \cdot \cos\phi = 9,48 \cdot 10^6\ \frac{\text{m}}{\text{s}}$

d) $h = v_p \cdot T = 17,73\ \text{m}$

Seite 219

A 1: $f = \frac{\omega}{2\pi} = \frac{eB}{2\pi m} = 2,8\ \text{MHz}$ für Elektronen;

$f = 152,15\ \text{Hz}$ für Protonen

A 2: $r_{He} = \sqrt{\frac{m_{He} \cdot q_e}{q_{He} \cdot m_e}} \cdot r_e = 18,1\ \text{m}$

A 3: a) $v = \sqrt{\frac{2E}{m}} = 1,38 \cdot 10^5\ \frac{\text{m}}{\text{s}}$

$U = \frac{E}{q} = 200\ \text{V}$

b) $B = \frac{v_s m}{re} = 34,5\ \text{mT}$

A 4: $v = \sqrt{\frac{2eU}{m}} = 26,5 \cdot 10^6\ \frac{\text{m}}{\text{s}}$

Seite 223

A 1: a) $v = \frac{E}{B} = 149,8\ \frac{\text{km}}{\text{s}}$

b) $r_1 = 6\ \text{cm} \quad \Rightarrow \quad m_1 = 2 \cdot 10^{-26}\ \text{kg}$

$r_2 = 10\ \text{cm} \quad \Rightarrow \quad m_2 = 3,32 \cdot 10^{-26}\ \text{kg}$

A 2: $r_1 = \frac{m_1 \cdot v}{qB} = 6,64\ \text{cm}$

$r_2 = \frac{m_2 \cdot v}{qB} = 7,5\ \text{cm}$

A 3: a) $B = 2\pi f \cdot \frac{m}{q} = 0,79\ \text{T}$

b) $W = \frac{1}{2}mv_s^2 = \frac{1}{2}m(2\pi f \cdot r)^2$

$= 1,33 \cdot 10^{-12}\ \text{J} = 8,33\ \text{MeV}$

Seite 226

A 1: a) $U_y = 150$ V

b) $y = 1,875$ cm; $U_y = 120$ V

A 2: a) $F = \frac{eU_y}{d} = 1,6 \cdot 10^{-15}$ N;

$a = \frac{F}{m} = 1,76 \cdot 10^{15}\ \frac{\text{m}}{\text{s}^2}$

b) $v_x = \sqrt{\frac{2eU_A}{m}} = 1,88 \cdot 10^7\ \frac{\text{m}}{\text{s}}$

c) $t = \frac{l}{v_x} = 2,13$ ns

d) $y_1 = \frac{1}{2}a_g t^2 = 4$ mm

e) $y_2 = \frac{U_y \cdot l \cdot s}{2d \cdot U_A} = 4\text{ cm} \quad \Rightarrow \quad y = 4,4$ cm

f) $\tan\alpha = \frac{y_2}{s} \quad \Rightarrow \quad \alpha = 11,31°$

A 3: a) $\Delta W = e \cdot U_A = 1,6 \cdot 10^{-16}\text{ J} = 1$ keV

b) $W = \frac{1}{2}mv^2 = 1,66 \cdot 10^{-19}\text{ J} = 1041$ eV

mit $v_y = at = 3,75 \cdot 10^6\ \frac{\text{m}}{\text{s}}$ und

$v = \sqrt{v_x^2 + v_y^2} = 1,92 \cdot 10^7\ \frac{\text{m}}{\text{s}} \quad \Rightarrow \quad \Delta W = 41$ eV

A 4: a) $x = \frac{E_{kin}}{|\vec{E}|} = 3$ cm

b) $t_1 = \frac{v_0}{2a} = 2,06 \cdot 10^{-9}$ s;

$s_1 = v_0 t_1 - \frac{1}{2}at_1^2 = 2,25\text{ cm} = s_2;$

$t_2 = \frac{3v_0}{2a} = 6,18 \cdot 10^{-9}$ s

A 5: a) $v = \frac{E}{B} = 1,9 \cdot 10^7\ \frac{\text{m}}{\text{s}}$

b) $U = \frac{mv^2}{2e} = 1,03$ kV für Elektronen

$U = 1,88$ MV für Protonen

A 6: a) $m = \frac{qrB^2}{E} 6,451 \cdot 10^{-26}$ kg

b) $r = 11,81$ cm

A 7: $m = \frac{qBT}{2\pi} = 2,11 \cdot 10^{-25}$ kg

A 8: a) $r = \frac{\sqrt{2mE}}{qB} = 28,5$ cm

b) $f = \frac{1}{2\pi} \cdot \frac{qB}{m} = 15,3$ MHz

c) $f = \frac{qB}{2\pi m} = 30,5$ MHz

$W = \frac{1}{2}mv^2 = 2m(\pi r f)^2 = 15,56$ MeV

d) $B = \frac{m_p v}{er} = \frac{\sqrt{2m_p W}}{er} = 2,004$ T

$f = 30,56$ MHz

Die Abweichung zu den obigen Werten kommt dadurch zustande, dass Protonen genau die halbe Ladung von α-Teilchen haben, aber nicht genau ein Viertel der Masse.

A 9: Zwischen zwei Röhren gewinnen die Protonen jeweils $E = 1$ MeV. In der 5. Röhre haben sie somit die Energie $E = 5$ MeV.

b) Während des Durchlaufens einer Röhre muss die Spannung in der Mitte umgepolt werden, damit die Beschleunigung in eine Richtung aufrecht erhalten wird. In der 5. Röhre haben die Protonen die Geschwindigkeit:

$v = \sqrt{\frac{2E}{m_p}} = 3,095 \cdot 10^7\ \frac{\text{m}}{\text{s}}$

Also gilt für die Länge der Röhre:

$s = vt = v\frac{t}{2} = \frac{v}{2f} = 7,74$ cm

Seite 231

A 1: a) $U_{ind} = B \cdot d \cdot v_s = 2,5$ mV; die Achsen sind parallel geschaltet, die resultierende Spannung erhöht sich nicht.

b) $U = 0$; der Fluss im Stromkreis des mitfahrenden Spannungsmessers ändert sich nicht. Die Wagen sind so nicht beleuchtbar.

A 2: $U_{AB} = n \cdot B \cdot \dfrac{\Delta A}{\Delta t} = nBd \cdot v_s = -63\ \mu$V

A 3: a) $t = \sqrt{\dfrac{2x}{g}} = 110$ ms

b) $t = 181$ ms

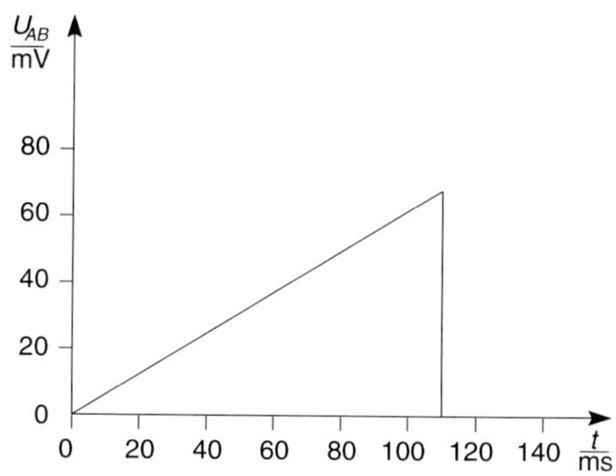

Für die Induktionsspannung gilt, solange das Rähmchen noch nicht ganz im Magnetfeld eingetaucht ist:

$U_{ind}(t) = nBdv_s = nBd(gt) = 0,62\ \dfrac{\text{V}}{\text{s}} \cdot t$

für $0 \leq t < 110$ ms $\quad U_{ind}(110\text{ ms}) = 68$ mV

für 110 ms $< t \leq 130$ ms gilt: $U_{ind} = 0$ V

A 4: a) $\overline{U_{ind}} = b \cdot \dfrac{\Delta A}{\Delta t} = -9$ mV

b) $\cos\varphi = \dfrac{5}{50}\ \dfrac{\text{cm}^2}{\text{cm}^2}$, damit $\varphi = 84°$

A 5: a) $U_{ind} = Bdv = 1$ V;
$U_{ind} = \dfrac{\Delta\Phi}{\Delta t} = 1$ V

b) $I = \dfrac{U_{ind}}{R} = 1470$ A;
$Q = I \cdot t = 735$ C;
$F = I \cdot l \cdot B = 1470$ N;
$W_{mech} = F \cdot s = 735$ C;
$W_{el} = Q \cdot U = 735$ J;
$P = \dfrac{W}{t} = 1470$ W;

c) $U_{ind} = 2$ V;
$I = 1470$ A;
$Q = 735$ C;
$F = 2940$ N;
$W_{mech} = 2940$ J;
$W_{el} = 2940$ J;
$P = 5880$ W;

d) Die senkrechte Geschwindigkeitskomponente ist Null $\Rightarrow$ Alle Werte sind Null.

A 6: a) $F = I \cdot s \cdot B = 7,4$ N, analog zu A 5.

b) $m = 890$ g; $F = B^2 \cdot d^2 \cdot \dfrac{v}{R} = mg = 8,7$ N damit: $v = 5,9\ \dfrac{\text{mm}}{\text{s}}$
$F \sim v$, damit v =konstant: gleichförmige Bewegung.

c) $F = mg \Rightarrow a = g$, freier Fall mit Anfangsgeschwindigkeit.

d) $v = 1\ \dfrac{\text{m}}{\text{s}} = 200 \cdot 0,5\ \dfrac{\text{cm}}{\text{s}}$
$F = 200 \cdot 7,4\text{ N} = 1,48$ kN
Der Rahmen wird sehr schnell abgebremst auf $v = 5,9\ \dfrac{\text{mm}}{\text{s}}$.

Seite 235

A 1: a) $\dfrac{\Delta B}{\Delta t} = 5,87\ \dfrac{\text{mT}}{\text{s}}$

b) parallel: $U_{ind} = 1,17$ mV
bei 45°: $U_{ind} = 0,83$ mV
bei 90°: $U_{ind} = 0$ V

c) $U_{ind} = 2,0$ mV

A 2: $\phi_1 = A_1 \cdot B_1 = 0,005 \text{ m}^2 \cdot 0,20 \text{ T}$
$= 0,001 \text{ Tm}^2 = 1 \text{ mVs}$

$\phi_2 = A_2 \cdot B_2 = 0,0005 \text{ m}^2 \cdot 0,10 \text{ T}$
$= 0,00005 \text{ Tm}^2 = 0,05 \text{ mVs}$

$$\overline{U_{\text{ind}}} = \frac{\Delta\phi}{\Delta t} = \frac{0,05 \text{ mVs} - 1 \text{ mVs}}{0,10 \text{ s}} = \frac{-0,95 \text{ mVs}}{0,10 \text{ s}} = -9,5 \text{ mV}$$

A 3: a) Die Elektronen fließen so, dass das entstehende Magnetfeld dem Magnetfeld des genäherten Nordpol entgegen gerichtet ist. Dadurch ergibt sich Abstoßung. Die Elektronen bewegen vom Nordpol aus gesehen im Uhrzeigersinn. Das B-Feld muss inhomogen sein, damit die Bewegung des Magneten eine Änderung des magnetischen Flusses am Ort des Rings bewirkt (Vgl. S. 234 V1).

b) Das elektrische Wirbelfeld läuft vom Nordpol aus gesehen gegen den Uhrzeigersinn im Ring.

c) Der Ring wird abgestoßen.

d) Die Energie kommt von der gegen die Abstoßungskraft zugeführten mechanischen Energie.

A 4: a) In den Speichen wird Spannung induziert. Der zugehörige Strom ist so gerichtet, dass er seiner Ursache, der Relativbewegung entgegenwirkt. Also versuchen die Speichen sich mitzudrehen.

b) Im massiven Rad wird genauso Spannung induziert, es ergeben sich dann die sog. Wirbelströme.

c) $v = r \cdot \omega; \quad U_{\text{ind}} \sim v; \quad F, I \sim U_{\text{ind}}$.

d) Das Rad würde sich mit der Frequenz des Magnetfeldes drehen, so dass für die Relativgeschwindigkeit $v_{\text{rel}} = 0$ gilt.

Seite 241

A 1: a) Beim Einschalten verhindert U_{ind} im ersten Moment ($t = 0$) den Stromfluss durch die Spule. Es gilt $U_{\text{ind}}(0) = -U_1$. Vor dem Ausschalten wird der Strom I parallel über R_1 und R_2 geführt. Zum Zeitpunkt des Ausschaltens treibt die induzierte Spannung U_{ind} den Strom in R_1 weiter. Da der Schalter offen ist, nimmt der Strom den Weg über R_2. Je höher der Widerstand R_2 ist, desto größer ist die benötigte induzierte Spannung U_{ind}.

b) Der größte Wert ist $U_{\text{ind}} = U_1$

c) Bei einem Klingelkreis ist in der Regel $R_2 \to \infty$ gegeben. Dadurch erhöht sich U_{ind} sehr stark über 8 V.

A 2: a) $I_{\max} = \frac{U_1}{R_1}; U_{\text{ind}} = -L \cdot \dot{I}$ in $R_1 + R_2$

$\Rightarrow \quad I_{\max} = \frac{U_{\text{ind}}}{R_1 + R_2}$ oder $U_{\text{ind}} = I_{\max}(R_1 + R_2)$.

In Versuch 1b ist vor dem Zünden der Widerstand R_2 der Glimmlampe sehr groß.

b) $U_{\text{ind}} = 100 \text{ V} = I_{\max}(R_1 + R_2)$
$= \frac{U_1}{R_1}(R_1 + R_2) = (10\ \Omega + R_2) \cdot \frac{5 \text{ V}}{10\ \Omega}$;
$\Rightarrow \quad R_2 = 190\ \Omega$;

beim Schließen des Schaltern beträgt:

$U_{\text{ind}} = U_1 = 5 \text{ V}$

A 3: Doppelte Windungszahl und doppelte Querschnittsfläche ergibt die 8fache Eigeninduktivität. L hängt nicht von R ab.

A 4: Einschalten:

$U_{\text{ind}} = U_1 = I(0) \cdot (R_1 + R_2 + R_3)$
$= 0,3 \text{ mA} \cdot 10^4\ \Omega = 3 \text{ V}$

A 5: Das Vorgehen ist analog dem für den Einschaltvorgang auf S. 241. Zum Zeitpunkt $t = 0$ hat die Stromstärke den Wert

$I(0) = \frac{U_1}{R}$

Der zeitliche Verlauf der Stromstärke folgt der Gleichung

$I(t) = -\frac{L}{R}\dot{I}(t)$

Seite 243

A 1: $W = \frac{1}{2}L{I_0}^2 = 18 \text{ J}$

a) $\Delta W = \frac{1}{2}L({I_0}^2 - {I_1}^2) = \frac{3}{8}LI_0^2 = 13,5 \text{ J}$

b) $\Delta W = \frac{1}{2}LI_0^2 = 18 \text{ J}; \quad W = mgh$

$\Rightarrow \quad h = \frac{W}{mg} = 36,7 \text{ m}$

c) $W = c_{\text{w}}m \cdot \Delta\theta = n \cdot \Delta W = 4,2 \text{ kJ}; \quad \Rightarrow \quad n = 233$

A 2: a) $L = 6,3\ \mathrm{mH};\quad W = 0,31\ \mathrm{J}$

b) $W = \frac{1}{2}CU^2 \quad \Rightarrow \quad U = 2,5\ \mathrm{kV}$

c) $w_{hom} = \frac{W}{V} = \frac{0,314\ \mathrm{J}}{50 \cdot 10^{-4}\ \mathrm{m}^3} = 63\ \frac{\mathrm{J}}{\mathrm{m}^3}$

A 3: In einer Spule, die mit Luft gefüllt ist, ändert sich die kinetische Energie der Elektronen nicht, wenn man einen Eisenkern einführt, wohl aber die magnetische Energie.

A 4: $P(t) = -LI\frac{\Delta I}{\Delta t}$ und

$$\frac{\Delta I}{\Delta t} = \dot{I} = \frac{1}{L}(U_1 - I(t) \cdot R) \quad \Rightarrow$$

$$\begin{aligned} P(t) &= -LI(t) \cdot \frac{1}{L}(U_1 - I(t) \cdot R) \\ &= -I(t) \cdot U_1(t) + I^2(t) \cdot R \end{aligned}$$

Seite 245

A 1: a) Der Scheitelwert verdoppelt sich (Kurve doppelt so hoch).

b) Die Periodendauer wird halbiert(Kurve halb so weit), der Scheitelwert verdoppelt(Kurve doppelt so hoch).

c) Mit $A = 2rd$ und $\omega = 2\pi/T$ folgt:

$$\hat{U} = nBA\omega = nB \cdot 2rd\frac{2\pi}{T} = nBdv \quad \text{mit} \quad v = \frac{2\pi r}{T}$$

d) In ihnen werden durch die Lorentzkraft die Ladungsträger quer zum Durchmesser getrennt und nicht in Längsrichtung.

A 2: a) $t = 1/600\ \mathrm{s}: U = 5\ \mathrm{V}$
$t = 1/200\ \mathrm{s}: U = 10\ \mathrm{V}$
$t = 1/4\ \mathrm{s}: \quad U = 0\ \mathrm{V}$
$t = 2\ \mathrm{s}: \quad U = 0\ \mathrm{V}$

b) $\hat{U}_1 = 8\ \mathrm{V} \quad \text{mit} \quad T = \frac{1}{f} = \frac{1}{50}\ \mathrm{s}$

$$\Rightarrow \hat{U}_1 = \hat{U}_0 \sin\left(2\pi\frac{t}{T}\right)$$

$$\Rightarrow \sin\left(2\pi\frac{t_1}{T}\right) = 0,8 \quad \Rightarrow \quad 2\pi\frac{t_1}{T} = 0,927$$

$$\Rightarrow t_1 = 0,927 \cdot \frac{1}{2\pi 50}\ \mathrm{s} = 2,95\ \mathrm{s}$$

$$\sin\left(2\pi\frac{t_2}{T}\right) = -0,8 \quad \Rightarrow \quad t_2 = T/2 + t_1 = 13\ \mathrm{ms}$$

Seite 249

A 1: a)
$$\begin{aligned} U_{eff}^2 &= \frac{1}{T}\left[t_1 \cdot U_1{}^2 + (T - t_1)U_2{}^2\right] \\ &= \frac{1}{3\ \mathrm{s}}\left[2\ \mathrm{s} \cdot 4\ \mathrm{V}^2 + 1\ \mathrm{s} \cdot (-1\ \mathrm{V})^2\right] \end{aligned}$$
$$\Rightarrow \quad U_{eff} = \sqrt{3}\ \mathrm{V}$$

b) $W = Pt = \frac{U_{eff}^2}{R} \cdot t = 0,3\ \mathrm{J}$

c)

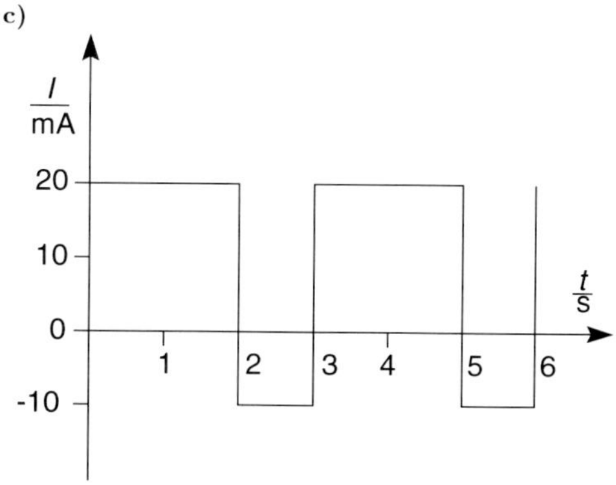

$$I_{eff} = \frac{P}{U_{eff}} = \frac{0,03}{\sqrt{3}}\ \mathrm{A} = \frac{\sqrt{3}}{100}\ \mathrm{A}$$

A 2: a) Der Zusammenhang zwischen der Leistung der Wechselspannungsquelle mit $\hat{U}$ und einer äquivalenten Gleichspannungsquelle mit U_{eff} bezieht sich auf den selben Widerstand. Damit kann der Widerstand als Konstante gekürzt werden. Der Scheitelwert ist ebenfalls konstant und hat bei der Integration der Wechselstromleistung keinen Einfluss auf den Wert des Integrals.

b) Da die Energie als Integral über die gesamte Periodendauer berechnet wird, hat die Frequenz keinen Einfluss. $W = \int_0^T P(t)dt$

A 3: Erstellen einer Spalte, die nach der Formel $U = \hat{U} \cdot \sin(\omega t)$ gefüllt wird. Die Leistung an einem ohmschen Widerstand wird wie folgt berechnet:

$$P(t) = \frac{U^2(t)}{R},$$

das bedeutet, dass in einer zweiten Spalte das Quadrat der ersten Spalte gebildet werden muss, welches zuletzt noch durch R geteilt werden muss.

Seite 253

A 1:
$$\left[\frac{1}{\omega C}\right] = \frac{\text{s} \cdot \text{V}}{\text{C}} = \frac{\text{V}}{\text{A}} = \Omega$$
$$[\omega L] = \frac{\text{Vs}}{\text{s} \cdot \text{A}} = \frac{\text{V}}{\text{A}} = \Omega$$

A 2: Der Quotient würde zwischen $-\infty$ und $+\infty$ schwanken.

A 3: a) $X_C = 159\ \Omega \quad \Rightarrow \quad I_{eff} = 1{,}45$ A;
$$\hat{U} = \sqrt{2}U_{eff} = 325{,}27 \text{ V};$$
$$\hat{I} = \sqrt{2}I_{eff} = 2{,}04 \text{ A}$$

b) Im Allgemeinen trägt man Scheitelwerte auf. Es können aber auch Effektivwerte in einem Zeigerdiagramm eingetragen werden. Nur gemischt darf man sie nicht auftragen.

c) $W_{kap} = 1/2CU^2(t)$ schwankt zwischen 0 und 1,06 J.

A 4: a) $X_C = 200\ \Omega = \frac{1}{\omega C} \Rightarrow C = 16\ \mu\text{F}$

b) mit $U_{eff} = 10\text{V}$: $X_C = 200\ \Omega \Rightarrow f = 796$ Hz

A 5: a) $R = \frac{U}{I} = 40\ \Omega$

b) $Z = \frac{U_{eff}}{I_{eff}} 400\ \Omega = \sqrt{X_L{}^2 + R^2}$

$\Rightarrow \quad X_L = \omega L = 398\ \Omega \quad \Rightarrow \quad L = 1{,}27$ H

c) $\tan\varphi = \frac{\omega L}{R} \Rightarrow \varphi = 84°$; Zeigerdiagramm mit $\hat{I} = 42$ mA und $\hat{U} = 17$ V.

A 6: a)

ω	$Z/[\Omega]$	Z/R
0	20	1
100	22,3	1,1
500	53,9	2,7

b) Für große ω wird $X_L \gg R$

$$\Rightarrow \quad Z = \sqrt{X_L{}^2 + R^2} = X_L\sqrt{1 + \frac{R^2}{X_L{}^2}} \approx X_L$$

Seite 257

A 1: a) $f_1 = 1$ Hz : $Z = 1\ \text{k}\Omega$; $I_1 = 10$ mA (X_L vernachläss.)

$f_2 = 10$ kHz : $Z = 31{,}4\ \text{k}\Omega$; $I_2 = 0{,}32$ mA (R vernachläss.)

$$\Rightarrow \quad \frac{I_1}{I_2} = 32$$

b) Änderung: $Z(f_1) = \omega X_L = 3{,}14\ \Omega \quad I_1 = 3{,}2$ A

$$\Rightarrow \quad \frac{I_1}{I_2} = 10^4 = 10\,000$$

A 2: a) Geometrisch betrachtet würde man bei der Bildung der Summe $X_L + R$ beide Zeiger aneinander legen, mit einem Winkel von 0° (parallel). Die Summe ist dann der Abstand des Endes des hinteren Zeigers von der Spitze des vorderen. Bei der korrekten geometrischen Lösung haben beide Zeiger einen Winkel von 90° zueinander (Satz des Pythagoras). Die Spitze des ersten Zeigers rückt näher an das Ende des zweiten Zeigers; der Gesamtwiderstand Z ist dieser Abstand bei korrekter Phase. Die Teilspannungen an R und X_L sind nicht in Phase.

b) $X_L = 570\ \Omega$; $\Delta Z = \sqrt{X_L^2 + R^2} - \sqrt{X_L^2} = 0{,}0877\ \Omega$; Abnahme um 0,015%

für $R = X_L$ gilt $\Delta Z = 236\ \Omega$; Abnahme um 29%

A 3:

f	T	$t(\varphi = \pi/2)$	$t(\varphi = \pi/3)$
50 Hz	1/50 s	$T/4 = 5$ ms	$T/6 = 3{,}3$ ms
100 Hz	1/100 s	2,5 ms	1,67 ms

A 4: $L_1 = 15{,}7$ mH ohne Eisen

a) $X_{L1} = 19{,}7\ \Omega$; $R = 50\ \Omega$; $R_L = 50\ \Omega$;

$$\tan\varphi_1 = \frac{X_{L1}}{R + R_L} = 0{,}177;\ \varphi_1 = 0{,}194(11{,}1°)$$

b) $L_2 = 10L_1 \Rightarrow X_{L1} = 197\ \Omega;\quad \varphi_2 = 1,1(63°);$
I_{eff} und U_R sinken auf 46%.

c) Um das selbe Ergebnis ohne Eisen zu erzielen:
$X_{L3} = 10X_{L1} = \omega_3 L_1 \Rightarrow$ 10fache Frequenz; das weitere Ergebnis ist dasselbe wie unter b).

A 5: a) $L = 4L_0 \Rightarrow X_L = 4X_{L0}$

$$\Rightarrow \quad \tan\varphi = \frac{X_L}{R_{ges}} \Rightarrow \varphi = 0,67$$

b) L wird verdoppelt ($\Rightarrow$ doppeltes U_{ind}). R steigt auf $R_{ges} = 150\ \Omega \Rightarrow \varphi = 0,26$. Im Zeigerdiagramm wird X_L verdoppelt und R um den Faktor 1,5 größer, deshalb steigt φ von $0,194(11,1°)$ auf $0,257(14,7°)$.

A 6: Da sich die Spulen nicht beeinflussen, addieren sich die Induktivitäten.

$\Rightarrow \quad L_{ges} = 0,9$ H; $R_{ges} = 20\ \Omega;\quad Z = 283\ \Omega$

$$I_{eff} = \frac{U_{eff}}{X_L} = 35 \text{ mA}$$

$U_L = 3,3$ V; $\quad \varphi = 1,5(86°)$

A 7: Die Angabe zur Wechselspannung ist ein Effektivwert, wenn nicht anders angegeben. Es wird einem Gleichstrom von

$I_g = 4,5\ \text{V}/50\ \Omega = 0,09$ A

ein Wechselstrom von

$I_w = 17\ \text{V}/Z = 0,076$ A

überlagert.

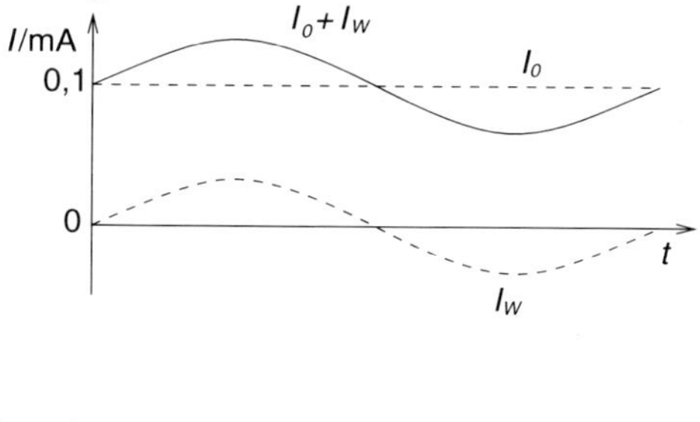

A 8: a) $Z = 479\ \Omega;\quad I_{eff} = 42$ mA; $\quad \varphi = 1,36(78°);$
$U_R = 4,2$ V; $\quad U_C = 6,7$ V; $\quad U_L = 26,4$ V

b) $f = 25$ Hz; $\quad (\omega = 158\ \text{s}^{-1});\quad I_{max} = 0,2$ A;
$U_R = 20$ V; $\quad U_C = U_L = 63$ V

A 9: $t = 1/50$ s $= T$; d.h. es ist eine volle Periode der Spannung vorbei.

$$\begin{aligned}
I(t) &= \hat{I}\cdot\sin(\omega t - \varphi);\\
I(0) &= -58 \text{ mA}\\
U_R(t) &= \frac{I(t)}{R};\\
U_R(0) &= -5,8 \text{ V};\\
U_L(t) &= \hat{I}\cdot X_C\cdot\sin(\omega t - \varphi + \pi/2);\\
U_L(0) &= 7,76 \text{ V}\\
U_C(t) &= \hat{I}\cdot X_C\cdot\sin(\omega t - \varphi - \pi/2);\\
U_C(0) &= -1,97 \text{ V}
\end{aligned}$$

A 10: a) $\omega = \frac{1}{\sqrt{LC}} = 10^3\ \text{s}^{-1};\quad f_0 = 159,15$ Hz

b) f_0 halbieren $\hat{=}\ \omega$ halbieren $\Rightarrow$ 4faches C

c) n verdoppeln $\Rightarrow$ L 4fach $\Rightarrow f_0$ halbiert

A 11: a)

f	$X_C[\Omega]$	$Z[\text{k}\Omega]$	$I[\mu\text{A}]$	$U_A = RI[\text{V}]$	φ
50	31,8	31,9	3,1	3,1	−1,54
5	318	1,05	95	95	−0,31

Hochpass: U_a eilt U_e voraus:

$\varphi = 1,54(88,2°);$ bei $f = 50$ Hz

$\varphi = 0,31(17,6°);$ bei $f = 5$ kHz

b)

f	$X_C[\Omega]$	$Z[\text{k}\Omega]$	$I[\mu\text{A}]$	$U_A = X_C I[\text{V}]$	φ
50	31,8	31,9	3,1	99	0,031
5	318	1,05	95	30	1,26

Tiefpass: U_a hinkt U_e nach:

$\varphi = \pi/2 - 1,54 = 0,031(1,8°);$ bei $f = 50$ Hz

$\varphi = \pi/2 - 0,31 = 1,26(72,2°);$ bei $f = 5$ kHz

A 12: a) Links ist der Tiefpass, rechts der Hochpass.

Tiefpass:

f	$X_L[\Omega]$	$Z[\text{k}\Omega]$	$I[\mu\text{A}]$	$U_A = RI[\text{V}]$	φ
50	31,4	1	100	3,1	0,031
5	3,14	3,3	30	30,3	1,26

Hochpass:

f	$X_L[\Omega]$	$Z[\text{k}\Omega]$	$I[\mu\text{A}]$	$U_A = X_L I[\text{V}]$	φ
50	31,4	1	100	3,1	1,54
5	3,14	3,3	30	95	0,31

b) Die Ausgangsspannung ist stets kleiner als die Eingangsspannung, da diese aufgeteilt wird. Es findet keine Spannungsüberhöhung wie beim Schwingkreis in Resonanz statt.

A 13: a) Resonanz: $L = \frac{1}{\omega^2 C} = 0,29$ H
(da $C = 88,5$nF)

I_{eff} in Resonanz: $I_{eff} = \frac{U}{R} = 0,4$ A

b) $d = 4\ \mu$m : $C_4 = 111$ nF; $Z_4 = 400\ \Omega$; $I_{eff} = 0,1$ A

$d = 6\mu$m : $C_6 = 74$ nF; $Z_6 = 345\ \Omega$; $I_{eff} = 0,116$ A

A 14: a) $R = \frac{U_{eff}}{I_{eff}} = 100\ \Omega$; Maximum der Stromstärke d.h. Resonanz

$\omega L = \frac{1}{\omega C} \quad \Rightarrow \quad L = 35$mH

$U_R = 1$V; $U_L = U_C = X_L I = X_C I = 1,32$V

Die Momentanwerte von U_L und U_C sind gegenphasig, d.h. $U_L(t) = -U_C(t)$.

b) $\tan\varphi = \frac{X}{R} = \frac{\omega L - \frac{1}{\omega C}}{R}$ mit $0 \leq \omega \leq 2\pi \cdot 2$ kHz

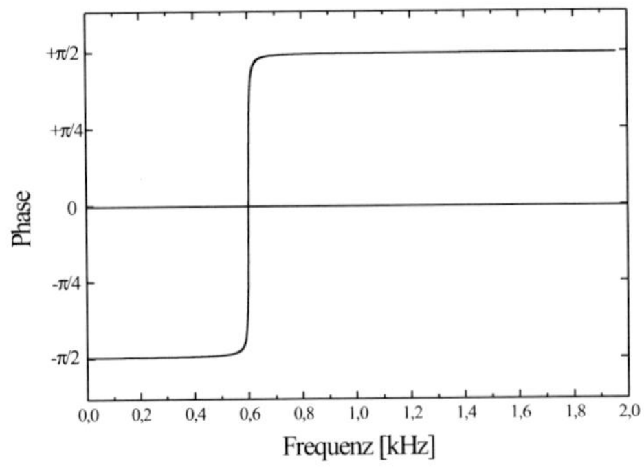

c) Die maximale Energie des Magnetfeldes ist gleich der maximalen Energie des elektrischen Felds:

$W_{mag} = W_{el} \frac{1}{2} L\hat{I}^2 = \frac{1}{2} C\hat{U}^2 = 3,5\ \mu$J

Sie treten um $\varphi = \pi/2$ phasenversetzt, also um $t = 0,42$ ms zeitlich versetzt auf.

Seite 259

A 1: $\tan\varphi = \frac{X}{R}$; $\cos\varphi = 0,21$

$Z = \sqrt{X^2 + R^2} = 480\ \Omega$;

$I_{eff} = \frac{U_{eff}}{Z} = 41,7$ mA

$\overline{P} = U_{eff} I_{eff} \cos\varphi = 176$ mW

$\overline{P} = I_{eff}^2 \cdot R = 176$ mW oder

$\overline{P} = \frac{U_{eff}^2}{R} = 174$ mW

durch Runden unterschiedlich $U_R = I_{eff} \cdot R = 4,17$ V

A 2: $Z = 334\ \Omega$; $I_{eff} = \frac{U_{eff}}{Z} = 0,69$ A;

$\tan\varphi = \frac{-X_C}{R} = -3,18$; $\cos\varphi = 0,3$

$\overline{P} = U_{eff} \cdot I_{eff} \cdot \cos\varphi = 47,5$ W; $t = \frac{W}{P} = 21$ h

A 3: $R = \frac{\overline{P}}{I_{eff}^2} = 50\ \Omega$;

$\cos\varphi = \frac{P}{I_{eff} \cdot U_{eff}} = 0,227$; $\varphi = 1,34(77^\circ)$

$X_L = R \tan\varphi = 214\ \Omega$;

A 4: $P = U_{eff} \cdot I_{eff} \cdot \cos\varphi = I_{eff}^2 \cdot R$ mit

$U_{eff} = I_{eff} \cdot Z \quad \Rightarrow \quad P = I_{eff}^2 \cdot Z \cdot R \cdot \cos\varphi$ mit

$$\cos\varphi = \frac{1}{\sqrt{1 + \tan^2\varphi}} = \frac{1}{\sqrt{1 + \left(\frac{X}{R}\right)^2}}$$

$$= \frac{R}{\sqrt{R^2 + X^2}} = \frac{R}{Z}$$

$$\Rightarrow \quad P = I_{eff}^2 \cdot Z \cdot \frac{R}{Z} = I_{eff}^2 \cdot R$$

Die Wirkleistung $\overline{P}$ entsteht ausschließlich im ohmschen Widerstand R, wenn er den Strom I_{eff} führt. Dann ist der Spannungsabfall an ihm $U_{eff} = I_{eff} \cdot R$ ohne Phasenverschiebung zu $I(t)$.

Wirkleistung für $\varphi = 0$: $\overline{P} = U_R I_{eff} = I_{eff}^2 R$

A 5: Man kann durch Parallelschalten eines Kondensators $\cos\varphi = 1$ erzeugen. Dies ändert aber nicht den Wirkungsgrad des Motors. $\cos\varphi$ ist damit nicht der Wirkungsgrad des Motors.

Wirkungsgrad: $\eta = \frac{P_{mech}}{P_{el}}$;

aber: $\cos\varphi = \frac{P_{el}}{U_{eff} I_{eff}} \neq \eta$

A 6: Die Kraft und ihr Drehmoment, die der Wirkstrom erfährt, ist stets dem Drehsinn der Leiterschleife entgegen gerichtet. Es wird keine Energie von einem Wirkwiderstand an den Generator abgegeben.

A 7:

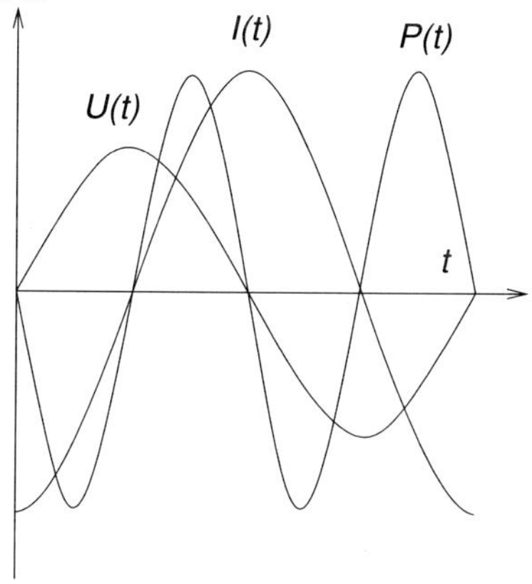

a) Immer wenn I^2 und damit die Energie des Magnetfeldes $W = 1/2LI^2$ abnimmt, ist $P < 0$, d.h. es wird Energie an das E-Werk abgegeben und treibt die Leiterschleife an.

b) Die $P(t)$-Kurve eines induktiven Widerstands ist um $\pi(180°)$ zu der eines kapazitiven Widerstands versetzt, bezogen auf die Spannung $U(t)$. Sie hat das entgegengesetzte Vorzeichen. Schaltet man eine Spule und einen Kondensator parallel, dann kann die Energie zwischen beiden hin und her pendeln (Sperrkreis).

A 8: $\overline{P} = U_{eff} \cdot I_{eff} \cdot \cos\varphi$

$\overline{P_1} = 2208$ W $= \overline{P_2}$: beide Motoren haben die gleiche Wirkleistung. Bezüglich der Netzbelastung ist der Motor mit dem größeren Leistungsfaktor günstiger; er benötigt weniger Blindleistung und gibt weniger Energie an das Elektrizitätswerk zurück, nutzt also die entnommene Leistung besser.

Seite 261

A 1: $U_2 = \frac{n_2}{n_1} U_1 = 10,58$ kV

A 2: a) $n_2 = n_1 \frac{U_2}{U_1} = 52$

b) $I_2 = \frac{P}{U_2} = 4,167$ A; $I_1 = \frac{n_2}{n_1} I_2 = 216,67$ mA

c) Eingriffe auf der Niederspannungsseite sind sicherheitstechnisch immer einfacher. Allerdings hat jeder Transformator Verluste, die man nur verringern kann, indem man die Primärseite stromlos schaltet. Steckernetzteile verbrauchen auch ohne angeschlossenen Verbraucher Strom. Auf der Hochspannungsseite sind die zu schaltenden Ströme niedriger, was bei höheren Stromstärken relevant sein kann.

A 3: a) $R_2 = \rho \frac{l}{A} = 0,11$ mΩ;

$U_2 = \frac{n_2}{n_1} U_1 = 0,23$ V; $I_2 = \frac{U_2}{R} = 2,1$ kA;

Es muss hier der Weg über die Spannungen am Transformator gemacht werden, da dieser nicht ideal ist, er ist beim sekundärseitigen Kurzschluss durch R_2 belastet, was den Sekundärstrom begrenzt. Da der magnetische Fluss Φ, der die eigentliche Übertragung darstellt, über die induzierte Spannung U_{ind} definiert ist, stimmt die Spannungsgleichung auch für den realen (nicht idealen) Transformator.

b) $W_{el} = P_1 \cdot t = 207$ kJ; $W_{therm} = c_w m \Delta\theta = 126$ kJ

Wirkungsgrad: $\eta = \frac{W_{therm}}{W_{el}} \cdot 100\% = 60,9\%$

A 4: U_1 ist die erste Ableitung des magnetischen Flusses nach der Zeit $\dot{\Phi}$. Wenn U_1 eine Rechteckspannung ist, dann ist Φ dreiecksförmig. Die Sekundärspannung ist wiederum als erste Ableitung des magnetischen Flusses nach der Zeit eine Rechteckspannung. Die beiden Windungszahlen sind als Konstanten von der Integration und anschließenden Ableitung unbeeinflusst. Dies gilt für den idealen Transformator im belasteten und unbelasteten Fall.(Vgl. S 89)

Beim realen Transformator bleibt die Rechteckform nur näherungsweise erhalten.

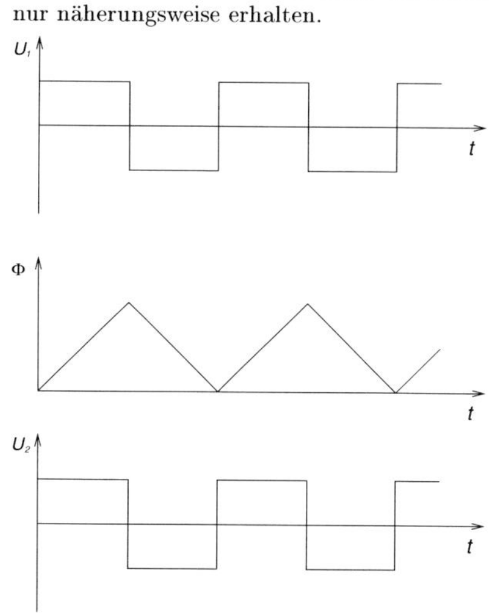

Seite 263

A 1: a) $U_{12} = \sqrt{3}U_{eff} = 398\ \text{V} \approx 400\ \text{V}$

b)

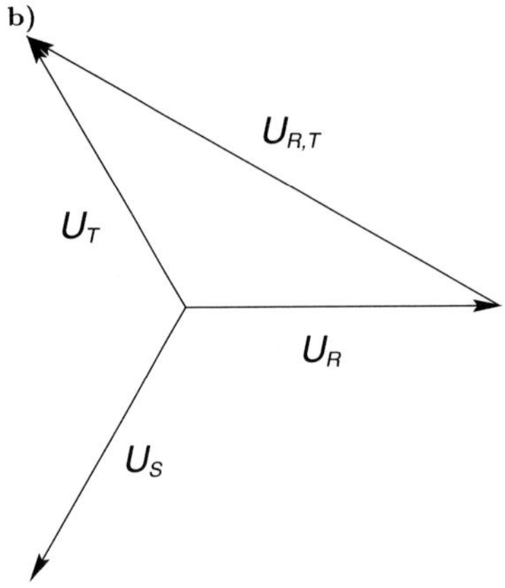

A 2: a) $I_1 = \dfrac{P_1}{U} = 5,22\ \text{A};\ I_2 = \dfrac{P_2}{U} = 4,35\ \text{A}$

mit Kosinussatz: $I^2 = I_1^2 + I_2^2 + I - 1I - 2\cos\alpha$

$I_N^2 = I_1^2 + I - 2^2 - 1/2 I_1 I_2 \quad \Rightarrow \quad I_N = 4,84\ \text{A}$

b) $I_3 = \dfrac{P_3}{U} = 0,87\ \text{A}$

$I_N = 3,92$ A aus Zeigerdiagramm.

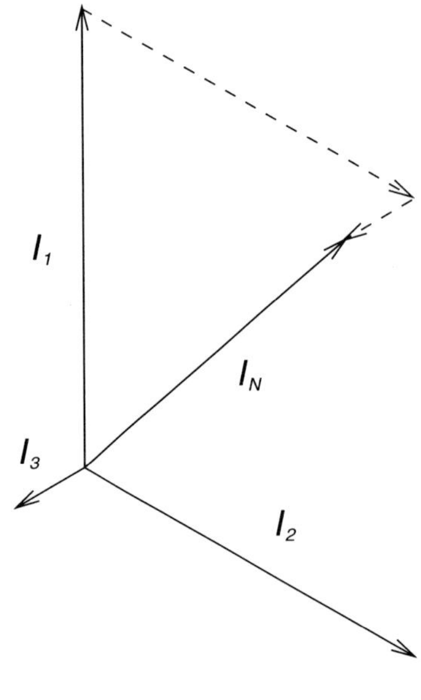

Seite 265

A 1: a) $P_V = I^2 R = 300\ \text{MW} \cdot 6\% = 18\ \text{MW};$

$I = 1341\ \text{A};\ U_2 = \dfrac{P}{I} = 230\ \text{kV}$

b) $\dfrac{n_2}{n_1} = \dfrac{U_2}{U_1} = 11,5$

c) Die Spannung fällt ebenfalls um 6% ab, da der Strom konstant bleibt: $\Delta U = \dfrac{\Delta P}{I} = 13\ \text{kV}$

Seite 268

A 1: a) $U(t) = \hat{U}\sin(\omega t);$ mit $\omega = 2\pi f = 40\pi\ \text{s}^{-1}$

$\hat{U} = nBA\omega = 63\ \text{V};$

$U_{ind}(t) = 63\ \text{V} \cdot \sin\left(\dfrac{40\pi \cdot t}{\text{s}}\right)$

b) $U(t) = nA\dfrac{\Delta B}{\Delta t} = 25\ \text{mV}$

c) $\Phi(t) = B(t) \cdot A(t) = 2,5 \cdot 10^{-5}\ \text{V} \cdot t\cos(\omega t);$

$U = n\dfrac{d\Phi}{dt} = 25\ \text{mV}(\cos(\omega t) - \omega t \cdot \sin(\omega t));$

$\omega = \dfrac{40\pi \cdot t}{s}$

d) Die Winkelgeschwindigkeit $\omega = 2\pi f$ steigt proportional mit t:

$\omega(t) = 2\pi f(t) = 0,2 \cdot \pi\ \dfrac{t}{\text{s}^2}$

In diesem Fall gilt für den Winkel α:

$\dot{\alpha}(t) = \omega(t) \quad$ oder $\quad \alpha(t) = 0,2\pi \cdot \dfrac{t^2}{\text{s}^2}$

Damit folgt für die felddurchsetzte Fläche:

$A(t) = A\cos\alpha(t) = 0,01\ \text{m}^2 \cdot \cos\left(0,1\pi\dfrac{t^2}{\text{s}^2}\right)$

Und für die induzierte Spannung:

$$U_{ind} = -n\dot{\Phi} = nBA\alpha t\sin(1/2\alpha t^2)$$
$$= 0,314\ \dfrac{\text{V}}{\text{s}} \cdot t \cdot \sin\left(0,314 \cdot \dfrac{t^2}{\text{s}^2}\right)$$

A 2: Die Geschwindigkeit v des Rahmens ist null. Die Spannung wird durch das elektrische Wirbelfeld erzeugt, das das zeitlich veränderliche Magnetfeld durchsetzt, nach $F = e \cdot E$.

A 3: a) $L = 2$ H; $I = 16$ mA; die U_{ind} addieren sich bei großem Abstand.

b) Beim Übereinanderliegen verdoppelt sich die Windungszahl n, L wird vervierfacht:

$I = 8$ mA

c) Die Spulen können gleich- oder gegensinnig vom Strom durchflossen werden. Im zweiten Fall geht $L \to 0$ und I wird sehr groß.

A 4: a) Die Anstiegsgeschwindigkeit $\dot{I}$ des Stromes zum Zeitpunkt $t = 0$ ist so groß, dass $U_{ind} = U_1$ wird. Mit $\dot{I} = U_1/L$ bleibt der Anstieg begrenzt.

b) Nach Gleichung (2) auf Seite 239 ist für $I = U/(2R)$ die Anstiegsgeschwindigkeit $\dot{I} = U/(2L)$, also halb so groß, wie bei $I = 0$.

A 5: a) Solange der Dauermagnet noch magnetisch ist, wird er bei jeder Schwingung ebenfalls einmal zu Schwingungen angeregt (einmal angezogen und in der anderen Halbschwingung abgestoßen) $f = 400$ Hz. Wenn der Dauermagnet seine Magnetisierung verloren hat, wird die Membran bei jeder Halbschwingung angezogen, also mit

$f = 2 \cdot 400 \text{ Hz} = 800 \text{ Hz}$.

b) Bei der Schwingung der Membran ändert sich der Luftspalt und damit der magnetische Fluss und der Mikrofonstrom mit der Sprechfrequenz, also hier mit $f = 400$ Hz.

A 6: a) Die Elektronen werden von B nach A getrieben; A ist der Minuspol. (Drei-Finger-Regel; Magnetfeldlinien zeigen nach oben). $U = Bdv = 10$ mV

b) Auch wenn der Magnet sich dreht, bleiben die Feldlinien fest.

c) Am rotierenden Magnet nimmt man genauso eine Spannung ab wie an der rotierenden Hülse. Seine Materieteilchen werden im Bezug auf das Magnetfeld bewegt.

A 7: a) ja; **b)** nein, das Magnetfeld ändert sich nicht; **c)** ja; **d)** ja, nur die Drehfrequenz der Hülse ist relevant.

A 8: a) Definition der Induktivität: $L = -U_{ind}/\dot{I}$. Voraussetzung für die Selbstinduktion ist die zeitliche Änderung des Stromes im Leiterkreis selbst.

b) Nein, das ist allgemeine Induktion.

A 9: Der Effektivwert ist über die Wärmeleistung $P(t) = U^2(t)/R$ definiert. er ist quadratisch von der Spannung abhängig, nicht linear, wie es die Rechteckfläche wäre. Bei einem linearen Zusammenhang wäre der Effektivwert über eine volle Periode null.

A 10 $\hat{I}_C = \hat{U} \cdot \omega C = \hat{I} \sin\varphi$;

$\cos\varphi = 0,8; \quad \Rightarrow \quad \varphi = 0,63$

$\Rightarrow \quad 220 \text{ V} \cdot 314 \text{ s}^{-1} = 3 \text{ A} \cdot \sin(0,63)$

$\Rightarrow \quad C = 26\ \mu\text{F}$

A 11: Kohlekörner: Widerstandsänderung; von außen angelegte Spannung notwendig; nicht umkehrbar.

Kondensator: Strom durch Kapazitätsänderung; von außen angelegte Spannung notwendig; umkehrbar (vgl. Spannungswaage).

Bändchen: Spannung durch Induktion; keine äußere Spannung notwendig; umkehrbar.

Piezo: Spannung durch Druck; keine äußere Spannung notwendig; umkehrbar.

dynamisch: Induktion; keine äußere Spannung notwendig; umkehrbar.

Eisenmembran: Induktion durch Änderung des magnetischen Fluss; keine äußere Spannung notwendig; umkehrbar.

A 12 a) Für die Teilspannung am ohmschen Widerstand gilt: $\hat{U}_R = \hat{I}R$

Maximum von $\hat{U}_R$, wenn

$$\hat{I} = \frac{\hat{U}}{Z} = \frac{\hat{U}}{\sqrt{R^2 + (\omega L - 1/\omega C)^2}} \text{ maximal.}$$

Dies ist der Fall für $f = f_0$ mit $\omega_0 L = \frac{1}{\omega_0 C} = 0$ (Resonanz). Dann ist der Scheinwiderstand Z minimal.

b) $f = \frac{1}{2\pi\sqrt{LC}} \Rightarrow L = \frac{1}{(2\pi f)^2 C} = 31,66$ mH

c) $U_R(t) = I(t)R; \quad U_C(t) = \frac{1}{\omega C} I(t);$

$U_L(t) = \omega L I(t)$

In Resonanz: $U_C = -U_L$; $U_R = U(t) = I_{eff} R$;

$I_{eff}(t) = 0,2$ A

$U_R(t) = 10 \text{ V} \cdot \sqrt{2} \sin(\omega t) = 14,1 \text{ V} \cdot \sin(\omega t)$

$U_C(t) = I(t) \cdot X_C = 11,3 \text{ V} \cdot \sin(\omega t - \pi/2)$

$U(t) = U_R(t)$

d) Es gilt $U_R(t) = U(t) \Leftrightarrow x = y$; d.h. es bildet sich eine Linie mit 45° zur Grundlinie (Winkelhalbierende).

Seite 274

A 1: Aus $T_{1,2} = 2\pi\sqrt{\frac{m_{1,2}}{D}}$ folgt:

$$\frac{T_1}{T_2} = \frac{2\pi\sqrt{\frac{m_1}{D}}}{2\pi\sqrt{\frac{2m_1}{D}}} = \frac{1}{\sqrt{2}} \quad \Rightarrow \quad T_2 = \sqrt{2}T_1$$

Bei der Verdopplung der Masse erhöht sich die Periodendauer um den Faktor $\sqrt{2}$, sie ist aber unabhängig von der Amplitude.

$$f_{1,2} = \frac{1}{T_{1,2}} = \sqrt{\frac{D}{m_{1,2}}}\frac{1}{2\pi} \quad \Rightarrow \quad \frac{f_1}{f_2} = \frac{T_2}{T_1} = \frac{\sqrt{2}T_1}{T_1}$$

$$\Rightarrow \quad f_2 = \frac{1}{\sqrt{2}}f_1$$

Bei der Verdopplung der Masse wird die Frequenz um den Faktor $\frac{1}{\sqrt{2}}$ kleiner, sie ist aber unabhängig von der Amplitude.

$\omega \sim f$, bei der Verdopplung der Masse wird die Winkelgeschwindigkeit um den Faktor $\frac{1}{\sqrt{2}}$ kleiner, sie ist aber unabhängig von der Amplitude.

$v = \omega\hat{s}\cos(\omega t)$ somit ist $v = v_{max}$ für $\cos(\omega t) = 1$. Dies ist z.B. für $\omega t = 0$ erfüllt, so dass $v_{max} = \omega\hat{s}$ ist.

a) Doppelte Masse, gleiche Amplitude:

$$v_{1max} = \omega_1\hat{s} \text{ und } v_{2max} = \omega_2\hat{s} = \frac{1}{\sqrt{2}}\omega_1\hat{s} \quad \Rightarrow$$

$$\frac{v_{1max}}{v_{2max}} = \frac{\omega_1\hat{s}}{\frac{1}{\sqrt{2}}\omega_1\hat{s}} = \sqrt{2} \quad \Rightarrow$$

$$v_{2max} = \frac{1}{\sqrt{2}}v_{1max}$$

b) Doppelte Masse, halbe Amplitude:

$$v_{1max} = \omega_1\hat{s} \text{ und } v_{2max} = \omega_2\hat{s}_1 = \frac{1}{\sqrt{2}}\omega_1\frac{\hat{s}_1}{2} \quad \Rightarrow$$

$$\frac{v_{1max}}{v_{2max}} = \frac{\omega_1\hat{s}_1}{\frac{1}{\sqrt{2}}\omega_1\frac{\hat{s}_1}{2}} = 2\sqrt{2} \quad \Rightarrow$$

$$v_{2max} = \frac{1}{2\sqrt{2}}v_{1max}$$

A 2: a) In der Gleichgewichtslage ($\omega t = 0$) hat der Pendelkörper die maximale Geschwindigkeit $v_{max} = \omega\hat{s}$, da der Cosinus zu Eins wird. Somit folgt:

$$v_{max} = 2\pi f\hat{s} = 2\pi\frac{1}{2}\ \mathrm{s}^{-1} \cdot 0,2\ \mathrm{m} = 0,63\ \mathrm{m/s}$$

b) Für eine Masse von $m = 300$ g ergibt sich als Richtgröße

$$D = m\omega^2 = 0,3\ \mathrm{kg}\left(2\pi\frac{1}{2}\ \mathrm{s}^{-1}\right)^2$$
$$= 2,96\ \frac{\mathrm{kg}}{\mathrm{s}^2} = 2,96\ \frac{\mathrm{N}}{\mathrm{m}}$$

c) Nein, die konstante Kraft $F = m \cdot g$ hat keinen Einfluss auf die Rückstellkraft und die Richtgröße D. Die Periodendauer T ist nur abhängig von der Masse m und der Richtgröße D, die beide wiederum unabhängig von der Fallbeschleunigung sind.

Seite 276

A 1: $T = 2\pi\sqrt{\frac{l}{g}} = 2\pi\sqrt{\frac{67\ \mathrm{m}}{9,81\ \mathrm{m/s}^2}} = 16,4\ \mathrm{s}$

A 2: $T = 2\pi\sqrt{\frac{l}{g}} \quad \Leftrightarrow \quad \frac{T^2}{4\pi^2} = \frac{l}{g} \quad \Leftrightarrow \quad l = \frac{gT^2}{4\pi^2}$

$$l = \frac{9,81\ \frac{\mathrm{m}}{\mathrm{s}^2} \cdot 1\ \mathrm{s}^2}{4\pi^2} = 0,25\ \mathrm{m}$$

A 3: $T_{1,2} = 2\pi\sqrt{\frac{l_{1,2}}{g}} \quad \Leftrightarrow \quad T^2 = 4\pi^2\frac{l_{1,2}}{g}$

$$T_2^2 - T_1^2 = 4\pi^2\frac{l_2}{g} - 4\pi^2\frac{l_1}{g} = \frac{4\pi^2}{g}(l_2 - l_1)$$

(mit $\Delta l = l_2 - l_1$)

$$g = \frac{4\pi^2\Delta l}{T_2^2 - T_1^2} = \frac{4\pi^2 \cdot 0,8\ \mathrm{m}}{(2,80\ \mathrm{s})^2 - (2,15\ \mathrm{s})^2} \approx 9,82\ \frac{\mathrm{m}}{\mathrm{s}^2}$$

Seite 279

A 1: Nein, da die Rückstellkraft auf dem ganzen Weg in der Luft konstant, also nicht proportional zur Auslenkung ist.

A 2: a) $D = \frac{0,4\ \mathrm{kg} \cdot 9,81\ \frac{\mathrm{m}}{\mathrm{s}^2}}{0,1\ \mathrm{m}} = 39,24\ \frac{\mathrm{N}}{\mathrm{m}}$

$$T = 2\pi\sqrt{\frac{m}{D}} = 2\pi\sqrt{\frac{0,4\ \mathrm{kg}}{39,24\ \frac{\mathrm{N}}{\mathrm{m}}}} = 0,63s$$

$$f = \frac{1}{T} \approx 1,6\ \mathrm{s}^{-1}$$

b) $W = \frac{1}{2}Ds^2 = \frac{1}{2} \cdot 39,24\ \frac{\text{N}}{\text{m}} \cdot (0,05)^2 = 0,05\ \text{Nm}$

c)

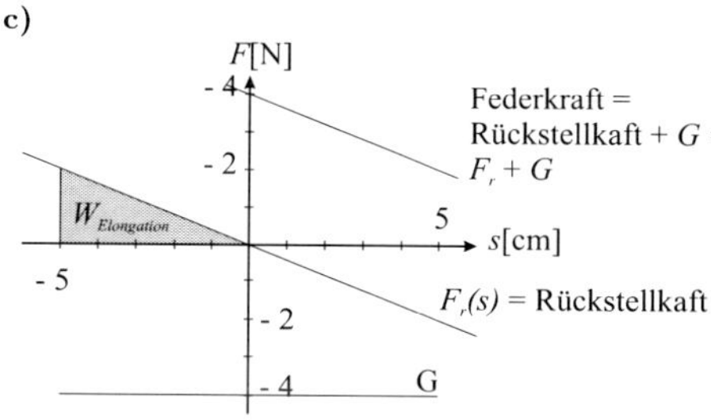

A 3: Die Geschwindigkeit in der Gleichgewichtslage ($t = 0$) beträgt:

$v = \omega\hat{s}\cos(\omega t) = 2\pi f\hat{s} = 2\pi \cdot 0,8\ \text{s}^{-1}\text{m} = 0,50\ \frac{\text{m}}{\text{s}}$

Die Elongation s, bei der die Geschwindigkeit $v = 0,25$ m/s beträgt kann aus der Phase ωt berechnet werden:

$cos(\omega t) = \frac{v}{\omega\hat{s}} = \frac{0,25\ \text{ms}^{-1}}{2\pi \cdot 0,8\ \text{s}^{-1} \cdot 0,1\ \text{m}} = 0,497 \quad \Rightarrow$

$\omega t = 1,05$; für die Elongation ergibt sich damit

$s = \hat{s}\sin(\omega t) = 10\ \text{cm} \cdot \sin(1,05) = 8,7\ \text{cm}$

A 4: a) $T = 2\pi\sqrt{\frac{m}{D}} = 2\pi\sqrt{\frac{0,8\ \text{kg}}{100\ \frac{\text{N}}{\text{m}}}} = 0,56\ \text{s}$

$f = \frac{1}{f} = 1,78\ \text{Hz}$ bzw. $\omega = \sqrt{\frac{D}{m}} = 11,2\ \text{s}^{-1}$

b) $\sin(\omega t) = \frac{s}{\hat{s}} = \frac{3}{4} \quad \Rightarrow \quad \omega t = 0,848$

$v = 2\pi \cdot 1,78\ \text{Hz} \cdot 0,04\ \text{m} \cdot \cos(0,848) = 0,30\ \frac{\text{m}}{\text{s}}$

$a = -\omega^2\hat{s}\sin(\omega t) = -(2\pi 1,78\ \text{s}^{-1})^2 \cdot 0,04\ \text{m} \cdot \frac{3}{4}$

$= -3,75\ \frac{\text{m}}{\text{s}^2}$

Für die Strecke vom unteren Umkehrpunkt bis zur Gleichgewichtslage benötigt der Körper die Zeit $t_1 = \frac{T}{4}$. Hinzu kommt die Zeit t_2 für die Bewegung von der Gleichgewichtslage bis zur Auslenkung $s = 3$ cm. Mit $s = 4\ \text{cm} \cdot \sin(\omega t_2) = 3$ cm folgt $\sin(\omega t_2) = \frac{3}{4}$ und $\omega t_2 = 0,848$, also $t_2 = \frac{0,848}{\omega} = 0,076\ \text{s}^{-1} \quad \Rightarrow$

$t_{ges} = 0,08\ \text{s} + \frac{0,56\ \text{s}}{4} = 0,22\ \text{s}.$

A 5: a) Die Amplitude ist gleich der maximalen Auslenkung $\hat{s} = 5$ cm $= 0{,}05$ m.

$v_{max} = \omega\hat{s}\underbrace{\cos(\omega t)}_{=1} = \omega\hat{s} = 2\pi f \cdot 0,62\ \text{s}^{-1} \cdot 0,05\ \text{m}$

$= 0,19\ \frac{\text{m}}{\text{s}}$

b) Die maximale Beschleunigung bei $\hat{s}$ beträgt:

$a_{max} = -\omega^2\hat{s}\underbrace{\sin(\omega t)}_{=1}$

$= -\omega^2\hat{s} = (2\pi \cdot 0,62\ \text{s}^{-1})^2 \cdot 0,05\ \text{m} = 0,76\ \frac{\text{m}}{\text{s}^2}$

Annahme: Der Beobachter wiegt 1 kg

$F_0 = 1\ \text{kg} \cdot \quad 9,81\ \frac{\text{m}}{\text{s}^2} = \quad 9,81\ \text{N}$

$F_1 = 1\ \text{kg} \cdot (9,81 + 0,76)\ \frac{\text{m}}{\text{s}^2} = 10,57\ \text{N}$

$F_2 = 1\ \text{kg} \cdot (9,81 - 0,76)\ \frac{\text{m}}{\text{s}^2} = \quad 9,05\ \text{N}$

$\Delta\text{F} = \quad 1,52\ \text{N}$

Das Gewicht schwankt um $\frac{1,52\ \text{N} \cdot 100\%}{9,81\ \text{N}} = 15,49\%.$

c) Der Moment des Abreißens entspricht der maximalen Auslenkung. Die maximale Geschwindigkeit besteht im Nulldurchgang, d.h. $T/4$ später. $\Rightarrow$

$t = \frac{T}{4} = \frac{1}{4} \cdot \frac{1}{f} = \frac{1}{4} \cdot 0,62\ \text{s} = 0,40\ \text{s}$ und

$v = 0,1\ \frac{\text{m}}{\text{s}} = \omega\hat{s}\cos(\omega t) \quad \Rightarrow$

$\frac{v}{\omega\hat{s}} = 0,5184 \quad \Rightarrow \quad \omega\hat{s}t = 1,032 \quad \Rightarrow \quad t = 0,26\ \text{s}$

Die Geschwindigkeit $v = 0,1\ \frac{\text{m}}{\text{s}}$ wird $t = 0,26$ s vor oder nach dem Durchgang durch die Gleichgewichtslage erreicht. Erstmals geschieht dies nach $t = 0,40\ \text{s} - 0,26\ \text{s} = 0,14$ s.

d) Vom Abreißen bis zum Nulldurchgang sind es 0,40 s. Der Beobachter bewegt sich noch 0,20 s weiter.

$s = \hat{s} \cdot \sin(\omega t) = 0,05\ \text{m} \cdot \sin(2\pi \cdot 0,26\ \text{s}^{-1} \cdot 0,2\ \text{s})$

$= 0,35\ \text{m}$

e) Gesamtenergie der Brücke beträgt $W = W_{Elong} + W_{Bew} = \frac{1}{2}D\hat{s}^2$, da zum Zeitpunkt des Abreißens ($v = 0, s = \hat{s}$) die Brückenenergie nur aus der Elongationsenergie $\frac{1}{2}D\hat{s}^2$ besteht.

$W = \frac{1}{2}F\hat{s} = \frac{1}{2}m \cdot g \cdot \hat{s} = \frac{1}{2}10^5\ \text{kg} \cdot 9,81\ \frac{\text{m}}{\text{s}^2} \cdot 0,05\ \text{m}$

$\approx 25\ \text{kJ} \quad (24,53\ \text{kJ})$

A 6: a) Nein, denn die Richtgröße $D = m\frac{g}{l}$ verändert sich während einer Periode. Während der Faden den Stab berührt, ist die Pendellänge halbiert, D dann folglich doppelt so groß.

b)

$$T = \frac{2\pi\sqrt{\frac{l}{g}}}{4} + \frac{2\pi\sqrt{\frac{\frac{l}{2}}{g}}}{2} + \frac{2\pi\sqrt{\frac{\frac{l}{2}}{g}}}{4}$$

$$= \pi\sqrt{\frac{l}{g}} + \pi\sqrt{\frac{\frac{l}{2}}{g}} = \pi\sqrt{\frac{l}{g}}\left(1 + \frac{1}{\sqrt{2}}\right)$$

$$= \pi\sqrt{\frac{1\ \text{m}}{9,81\ \frac{\text{m}}{\text{s}^2}}}\left(1 + \frac{1}{\sqrt{2}}\right) = 1,71\ \text{s}$$

c) Der Pendelkörper erreicht die gleiche Höhe auf verschiedenen Kreisbögen. Die Rückstellkraft im Umkehrpunkt ist dabei umso größer, je kleiner der Krümmungsradius und damit der Winkel zwischen Rückstellkraft und Gewichtskraft ist. Die Kräftezerlegung in der Zeichnung zeigt, dass der Betrag von F_1 größer ist als der von F_2.

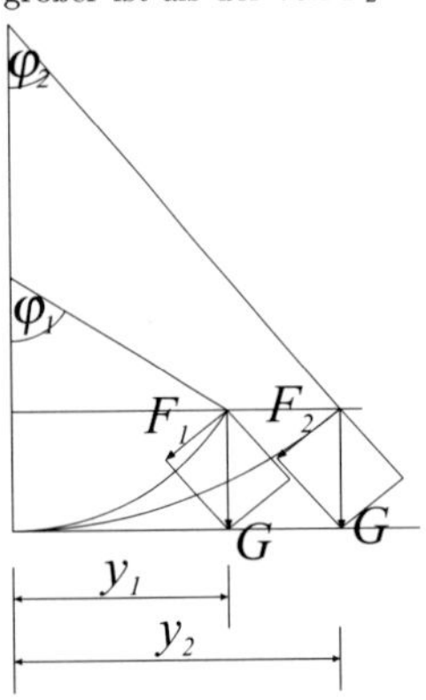

Für kleine Auslenkungen gilt:

$\frac{F_2}{G} = \sin\varphi_2 = \frac{y_2}{l}$ und $\frac{F_1}{G} = \sin\varphi_1 = \frac{y_1}{\frac{l}{2}}$

daraus folgt $D_1 = \frac{F_1}{y_1} = \frac{G}{\frac{l}{2}} = 2\frac{G}{l} = 2\frac{F_2}{y_2} = D_2$

Oder kürzer: $D1 = \frac{mg}{\frac{1}{2}l} = 2\frac{mg}{l} = 2D_2$

Bei kleiner Auslenkung gilt für die Umkehrpunkte außerdem: $\frac{1}{2}D_1 y_1^2 = \frac{1}{2}D_2 y_2^2$

Mit $D_1 = 2D_2$ folgt $y_1 = \frac{1}{\sqrt{2}}y_2$ und damit

$$F_1 = D_1 y_1 = 2D_2 \cdot \frac{1}{\sqrt{2}y_2} = \sqrt{2}D_2 y_2 = \sqrt{2}F_2$$

A 7: a) Das Reagenzglas wird um die Strecke s ($s < 0$) in das Wasser eingetaucht, so erfährt es den zusätzlichen Auftrieb $F = -V \cdot \rho \cdot g = -A \cdot \rho \cdot g \cdot s > 0$, diese Rückstellkraft ist proportional zur Auslenkung. Die Richtgröße ist $D = A \cdot \varrho \cdot g$. Das Reagenzglas schwingt demnach harmonisch.

b) Die Periodendauer beträgt

$$T = 2\pi\sqrt{\frac{m}{D}} = 2\pi\sqrt{\frac{m}{A\rho \cdot g}}$$

$$= 2\pi\sqrt{\frac{15 \cdot 10^{-3}\ \text{kg}}{2 \cdot 10^{-4}\ \text{m}^2 \cdot 1000\ \frac{\text{kg}}{\text{m}^3} \cdot 9,81\ \frac{\text{m}}{\text{s}^2}}} = 0,55\ \text{s}$$

c) $v_{max} = \omega\hat{s} = \sqrt{\frac{D}{m}}\hat{s} = \sqrt{\frac{A \cdot \rho \cdot g}{m}} = 0,35\ \frac{\text{m}}{\text{s}}$

A 8: a) $T = 2\pi\sqrt{\frac{m}{D}}$ mit: $D = D_1 + D_2 \quad \Rightarrow$

$$D_2 = 4\pi^2\frac{m}{T^2} - D_1 = 4\pi\frac{0,6\ \text{kg}}{(1\ \text{s})^2} - 9,5\ \frac{\text{N}}{\text{m}} = 14,19\ \frac{\text{N}}{\text{m}}$$

b) $T_1 = 2\pi\sqrt{\frac{m}{D}}$; $T_2 = 2\pi\sqrt{\frac{2m}{D}}$

Wegen $T = 2\pi\sqrt{\frac{m}{D}} \sim \sqrt{m}$, ist die Periodendauer bei doppelter Masse um den Faktor $\sqrt{2}$ größer.

c) Durch das Schrägstellen wirkt auf den Wagen zusätzlich eine konstante Hangabtriebskraft. Dadurch verschiebt sich die Gleichgewichtslage. Die konstante Kraft ändert jedoch nicht die Richtgröße D des Systems, also auch nicht die Periodendauer.

A 9: a) Die beiden Wagen schwingen symmetrisch zu dem in der Mitte der Feder liegenden Schwerpunkt des Systems. Jeder Wagen schwingt mit der Amplitude $\hat{s} = 5$ cm.

b) Bei der Auslenkung $\hat{s}$ erfährt jeder Wagen die Rückstellkraft vom Betrag $F = D \cdot 0,1\ \text{m} = 10$ N. Seine Periodendauer ergibt sich somit aus der Richtgröße $D_W = \frac{10\ \text{N}}{0,05\ \text{m}} \cdot 200\ \frac{\text{N}}{\text{m}}$ und der Wagenmasse $m_W = 0,2$ kg zu $T = 2\pi\sqrt{\frac{m_W}{D_W}} = 2\pi\sqrt{\frac{0,2\ \text{kg}}{200\ \frac{\text{N}}{\text{m}}}} = 0,20$ s

hieraus folgt die Frequenz $f = \frac{1}{T} = 5{,}0$ Hz.

c) Die Schwingungsenergie beträgt

$$W = \frac{1}{2}D\hat{s}^2 = \frac{1}{2} \cdot 100\ \frac{\text{N}}{\text{m}} \cdot 0,1\ \text{m} = 5,0\ \text{J}$$

d) Mit $\omega = \sqrt{\frac{D_W}{m_W}} = \sqrt{\frac{200\ \frac{\text{N}}{\text{m}}}{0,2\ \text{kg}}} = \sqrt{1000}\ \frac{1}{\text{s}}$ und $\hat{s} = 0,05$ m beträgt die maximale Geschwindigkeit des Wagens: $v_{max} = \omega\hat{s} = 1,58\ \frac{\text{m}}{\text{s}}$.

Seite 283

A 1: a) $T = 2\pi\sqrt{LC} = 2\pi\sqrt{20\ \text{mH} \cdot 0,5\ \mu\text{F}} = 628,3\ \mu\text{s} = 0,628\ \text{ms}$

$$f = \frac{1}{T} = 1,59\ \text{kHz}$$

b) $\hat{U} = 100$ V $\Rightarrow$ $U_{eff} = \frac{\hat{U}}{2} = 70,7$ V

$$\hat{I} = \hat{U}\sqrt{\frac{C}{L}} = 500\ \text{mA} \quad \Rightarrow \quad I_{eff} = \frac{\hat{I}}{\sqrt{2}} = 354\ \text{mA}$$

c) $Q(t=0) = C \cdot U(t=0) = 0,5\ \mu\text{F} \cdot 100\ \text{V} = 50\ \mu\text{C}$ (1 Coulomb = 1 As)

$$\cos(\omega t)_{t=\frac{T}{8}} = \cos\left(2\pi f \cdot \frac{T}{8}\right) = \cos\left(2\pi\frac{1}{T} \cdot \frac{T}{8}\right) = \cos\left(\frac{\pi}{4}\right) = \frac{1}{2}\sqrt{2}$$

$$Q\left(t = \frac{T}{8}\right) = \hat{Q}\cos(\omega t)_{t=\frac{T}{8}} = \hat{Q} \cdot \frac{1}{2}\sqrt{2} = 80\ \mu\text{C} \cdot \frac{1}{2}\sqrt{2} = 35,4\ \mu\text{C}$$

$$W(0) = \frac{1}{2} \cdot C \cdot \hat{U}^2 = \frac{1}{2} \cdot 0,5\ \mu\text{F} \cdot (100\ \text{V})^2 = 2,5\ \text{mJ}$$

$$W\left(\frac{T}{8}\right) = \frac{1}{2} \cdot C \cdot U\left(\frac{T}{8}\right)^2 = 1,25\ \text{mJ}$$

A 2: Aus $\omega = \frac{1}{\sqrt{LC}}$ folgt:

$$C = \frac{1}{\omega^2 L} = \frac{1}{4\pi^2(10\ \text{s}^{-1})^2 \cdot 200\ \text{H}} = 1,27\ \mu\text{F}$$

Seite 285

A 1: a) $T = 2\pi\sqrt{\frac{m}{D}} = 2\pi\sqrt{\frac{0,1\ \text{kg}}{5\ \frac{\text{N}}{\text{m}}}} = 889$ ms

$$W(t=0) = \frac{1}{2}D \cdot s_0^2 = \frac{1}{2} \cdot 5\ \frac{\text{N}}{\text{m}} \cdot (0,1\ \text{m})^2 = 25 \cdot 10^{-3}\ \text{nm}$$

b) Die Amplitude verringert sich in der Zeit T um $4\frac{F_{gl}}{D} = 1,6$ cm auf $\hat{s}(T) = 10\ \text{cm} - 1,6\ \text{cm} = 8,4$ cm.

Energieverlust nach T:

$$\Delta W = 25\ \text{mJ} - \frac{1}{2} \cdot 5\ \frac{\text{N}}{\text{m}} \cdot (0,084)^2 = 25\ \text{mJ} - 17,6\ \text{mJ} = 7,4\ \text{mJ}$$

Energieverlust nach $2T$:

$$\Delta W = 25\ \text{mJ} - \frac{1}{2} \cdot 5\ \frac{\text{N}}{\text{m}}(0,10\ \text{m} - 0,032\ \text{m})^2 = 11,6\ \text{mJ}$$

c)

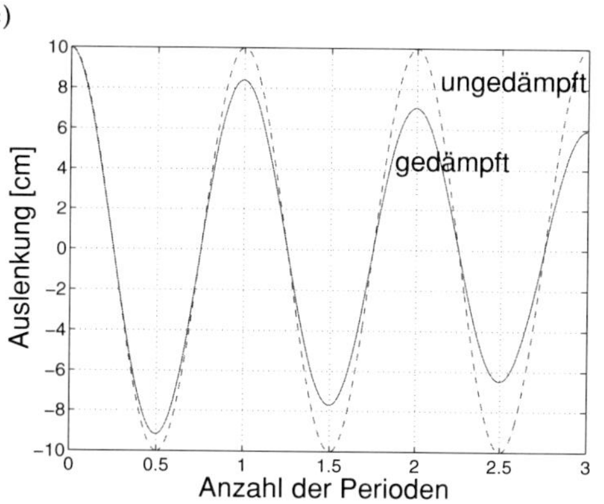

A 2: a) $q_0 = \frac{\hat{s}_1}{\hat{s}_0} = \frac{9\ \text{cm}}{10\ \text{cm}} = 0,9$

$q_1 = \frac{\hat{s}_2}{\hat{s}_1} = \frac{8,1\ \text{cm}}{9\ \text{cm}} = 0,9$

Hieraus folgt q = konst., d.h. die Dämpfung erfolgt durch eine zur Geschwindigkeit proportionale Kraft.

$$q_2 = \frac{\hat{s}_3}{\hat{s}_2} = 0,9 \quad \Rightarrow \quad \hat{s}_3 = 7,29\ \text{cm}$$

Nach $3T$ beträgt die Auslenkung $\hat{s}_3 = 7,29$ cm.

b) Die Schwingungsenergie beträgt

$$W_0 = \frac{1}{2}D\hat{s}_0^2 = 25 \cdot 10^{-3}\ \text{Nm}$$

$$W_1 = \frac{1}{2}D\hat{s}_1^2 = 20,25 \cdot 10^{-3}\ \text{Nm}$$

$$W_2 = \frac{1}{2}D\hat{s}_2^2 = 16,4 \cdot 10^{-3}\ \text{Nm}$$

Energieverlust nach T:

$\Delta W_{01} = W_0 - W_1 = 4,75 \cdot 10^{-3}$ Nm

Energieverlust nach $2T$:

$\Delta W_{12} = W_1 - W_2 = 3,85 \cdot 10^{-3}$ Nm $\Rightarrow$

$\Delta W = W_0 - W_2 = 8,60 \cdot 10^{-3}$ J

c)

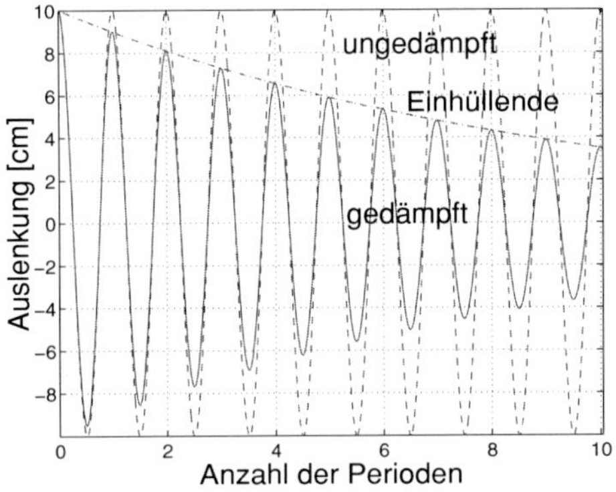

Seite 287

A 1: Bei kleiner Amplitude schwingt der untere Magnet oberhalb der Spule mit 23000 Wdg. (der obere Magnet oberhalb der Spule mit 500 Wdg.). Er bewegt sich nicht durch die Spule hindurch. Das Lämpchen leuchtet einmal pro Periode und zwar dann, wenn er sich von oben auf die Spule mit 23000 Wdg. zu bewegt und die induzierte Spannung das Gate des Transistors positiv aufläd.

Bei großer Amplitude schwingt er durch die Spule (23000 Wdg.) hindurch und taucht nun während einer Periode einmal von oben kommend und einmal von unten kommend in sie ein.

Bei jedem Eintauchen (von oben oder unten) hat $\dot{B}$ dasselbe Vorzeichen und folglich die in der Spule induzierte Spannung dieselbe Polarität. Deshalb wird der Transistor zweimal pro Periode leitend. Das Glühlämpchen leuchtet also, wenn sich der Magnet von oben oder von unten auf die Spule zu bewegt.

Der obere Magnet erfährt dabei jedes Mal vom Feld der oberen Spule (500 Wdg.) eine Kraft in Richtung seines Geschwindigkeitsvektors. Die Leistung $P = F \cdot v$ ist positiv, dem Pendel wird zweimal pro Periode Energie zugeführt.

Seite 289

A 1: Mit $\omega = \sqrt{\frac{D}{m}} = \sqrt{\frac{2\ \frac{\text{N}}{\text{m}}}{0,08\ \text{kg}}} = 5\ \frac{1}{\text{s}}$ folgt:

$\hat{v} = \hat{s} \cdot \omega = 0,2\ \text{m} \cdot 5\ \text{m}\ \frac{1}{\text{s}} = 1\ \frac{\text{m}}{\text{s}}$

$\hat{a} = \hat{s} \cdot \omega^2 = 5\ \text{m}\ \frac{1}{\text{s}^{-2}}$

In der Position B hat der Wagen maximale Geschwindigkeit ($\hat{v} = 1\ \frac{\text{m}}{\text{s}}$), also hat dort auch die Reibungskraft ihren maximalen Betrag $|-kv|$.

In B ist die Beschleunigung $a = 0$, folglich ist die (parallel zur Fahrbahn) am Wagen angreifende Gesamtkraft $F = F_1 - kv = 0$. Der Exzenter befindet sich in diesem Augenblick in Position 2. In dieser ist die Erregerkraft $F_1 = \hat{F}_1 = 0,1$ N und somit die Reibungskraft $-kv = -\hat{F}_1 = -0,1$ N.

Exzenterst.	Wagenpos.	v	$-kv$	a
1	A	0	0	$5\ \frac{\text{m}^2}{\text{s}}$
2	B	$1\ \frac{\text{m}^2}{\text{s}}$	$-0,1$ N	0
3	C	0	0	$-5\ \frac{\text{m}^2}{\text{s}}$
4	B	$-1\ \frac{\text{m}^2}{\text{s}}$	$0,1$ N	0

Seite 290

A 1: a)

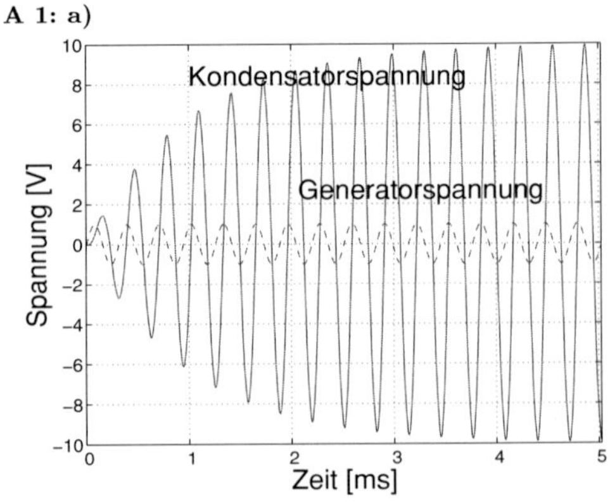

Einschwingverhalten der Kondensatorspannung mit:

$\hat{U}_G = 1$ V $\quad R = 5\ \Omega$

$L = 5$ mH $\quad C = 2\ \mu$H

b1) Einschwingverhalten der Kondensatorspannung mit:

$\hat{U}_G = 1$ V $\quad R = 1\ \Omega$

$L = 5$ mH $\quad C = 2\ \mu$H

$\omega = 10000\ \text{s}^{-1} = 10000$ Hz $= 10$ MHz

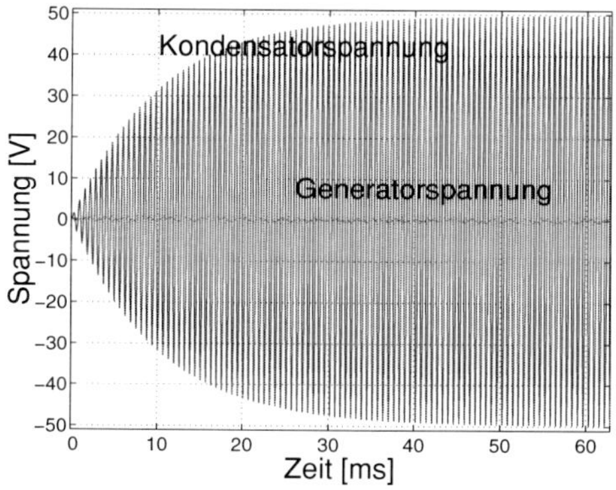

Ab $n = \dfrac{40\ \text{ms}}{T} \approx 64$ Perioden ist $\hat{U} > 49$ V. Der Unterschied zum Endwert $\hat{U}(\rightarrow \infty) = 50$ V wird kleiner 2%. Das Einschwingverhalten ist beendet, die Berechnung erfolgt nun unter dem Gesichtspunkt des eingeschwungenen Falles (Reihenschaltung):

$$\hat{U}_c(t \rightarrow \infty) = X_c \cdot \hat{I} = \frac{\hat{I}}{\omega C} \text{ mit } \hat{I} = \frac{\hat{U}_1}{Z} \text{ und}$$

$$Z = \sqrt{R^2 + (\omega L - \frac{1}{\omega C})^2}$$

Mit $Z = \sqrt{R^2} = \sqrt{1\ \Omega^2} = 1\ \Omega$ folgt $\hat{I} = \dfrac{1\ \text{V}}{1\ \Omega} = 1$ A und $\hat{U}_c(t \rightarrow \infty) = \dfrac{1}{\omega C} \cdot \hat{I} = 50\ \Omega \cdot 1\ \text{A} = 50$ V.

b2) Einschwingverhalten der Kondensatorspannung mit:

$\hat{U}_G = 1$ V $\quad R = 2\ \Omega$

$L = 5$ mH $\quad C = 2\ \mu$H

$\omega = 10000\ \text{s}^{-1} = 10000$ Hz $= 10$ MHz

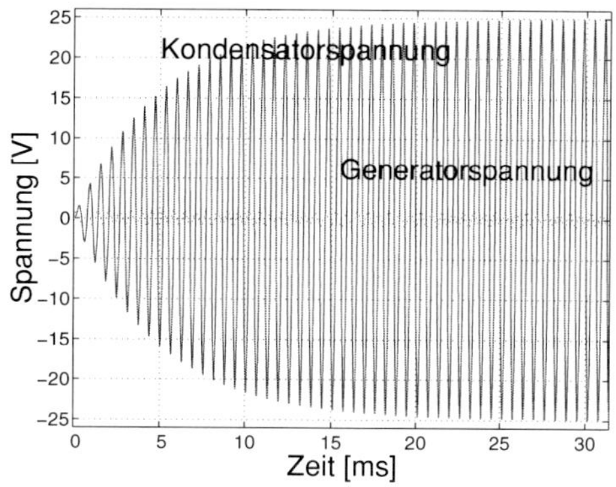

Ab $n = \dfrac{20\ \text{ms}}{6,28 \cdot 10^{-4}\ \text{s}} \approx 32$ Perioden ist $\hat{U} > 24,5$ V. Der Unterschied zum Endwert $\hat{U}(\rightarrow \infty) = 25$ V ist kleiner als 2%, das Einschwingverhalten ist somit beendet. Die Berechnung erfolgt nun unter dem Gesichtspunkt des eingeschwungenen Falles (Reihenschaltung):

$$\hat{U}_c(t \rightarrow \infty) = X_c \cdot \hat{I} = \frac{\hat{I}}{\omega C} \text{ mit } \hat{I} = \frac{\hat{U}_1}{Z} \text{ und}$$

$$Z = \sqrt{R^2 + (\omega L - \frac{1}{\omega C})^2}$$

Mit $Z = \sqrt{R^2} = \sqrt{4\ \Omega^2} = 2\ \Omega$ folgt $\hat{I} = \dfrac{1\ \text{V}}{2\Omega} = 0.5$ A und $\hat{U}_c(t \rightarrow \infty) = \dfrac{1}{\omega C} \cdot \hat{I} = 50\ \Omega \cdot 0,5\ \text{A} = 25$ V.

c)

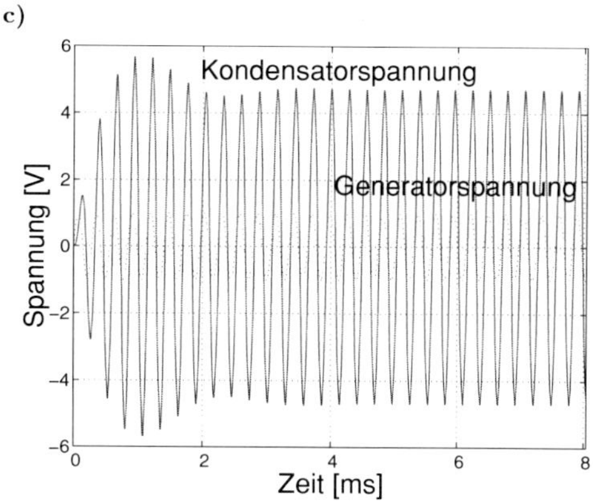

Einschwingverhalten der Kondensatorspannung mit:

$\hat{U}_G = 1$ V $\quad R = 5\ \Omega$

$L = 5$ mH $\quad C = 2\ \mu$H

$\omega = 9000\ \text{s}^{-1} = 9000$ Hz $= 9$ MHz

Ab $n = \dfrac{10\ \text{ms}}{T} \approx 14$ ändert sich die Amplitude kaum noch. Der Einschwingvorgang ist praktisch beendet.

Seite 291

A 2: a) Mit den aus der Wechselstromlehre bekannten Gesetzen der Reihenschaltung: $\hat{U}_c = X_c \hat{I} = \frac{\hat{I}}{\omega C}$ mit $\hat{I} = \frac{\hat{U}_1}{Z}$ und $Z = \sqrt{R^2 + \left(\omega L - \frac{1}{\omega C}\right)^2}$ ergeben sich nach Einsetzen von $\hat{U}_1 = 1$ V; $f = 1500$ Hz und $R = [1, 2, 5]$ Ω folgende Werte:

R [Ω]	1	2	5
$\hat{U}_c$ [V]	8,83	8,48	6,84

b1)

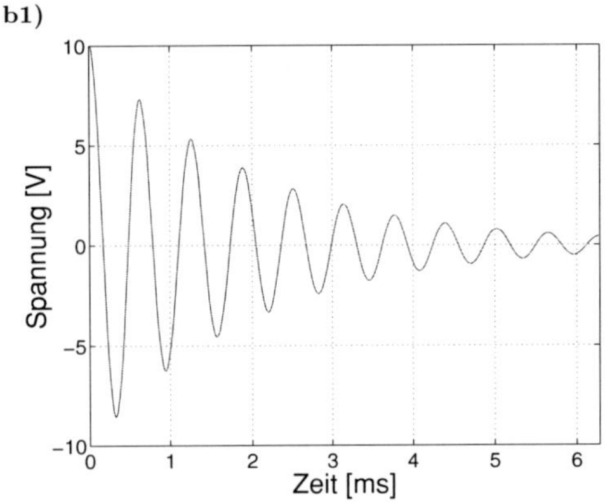

Gedämpfte elektrische Schwingung mit:

$U_c(0) = 10$ V $R = 5$ Ω

$L = 5$ mH $C = 2$ μH

b2)

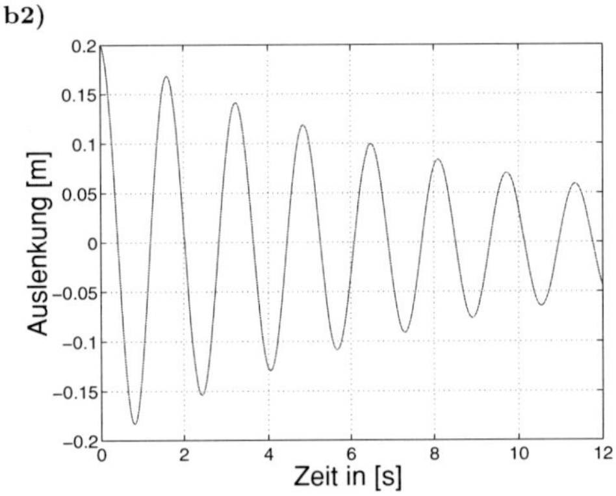

Gedämpfte mechanische Schwingung mit:

$s(0) = 0,2$ m $F_{gl} = 0,05$ N

$m = 0,1$ kg $D = 1,5$ N/m

Seite 293

A 1: Bei einem $U(t)$- bzw. $I(t)$-Diagramm wird die Spannung bzw. der Strom gegenüber der Zeit aufgetragen. Da die Zeit eine kontinuierliche Größe ist, erfolgt die Auftragung kontinuierlich von links nach rechts. Durch eine geeignete Steuerelektronik wird dieses 'endlose' Diagramm auf Stücke in der Breite des Oszilloskopschirms geschnitten. Diese Teilstücke werden nun nacheinander so dargestellt, dass sie übereinander zu liegen kommen, und wir den Eindruck eines stehenden Bildes haben.

Bei einer Phasendarstellung wird die Zeitachse zu einer periodischen Phasenachse. Der Strahl wandert kontinuierlich von links nach rechts und wieder zurück. Bei einer Sinus-Schwingung liefert diese Auftragung einen Kreis (sofern die Frequenz richtig gewählt wurde). Weicht die Schwingung von einem reinen Sinus ab, so wird dieser Kreis deformiert. Solange es sich dabei um periodische Vorgänge handelt, bleibt die Kurve geschlossen; bei einem chaotischen Verhalten entsteht eine offene Kurve, die auf dem Oszilloskop verschmiert erscheint.

Hinweis: Da ein Oszilloskop keine Ströme sondern nur Spannungen messen kann, wird der Strom durch einen Widerstand geleitet und die darüber abfallende Spannung gemessen.

Seite 296

A 1: a) Die Gleichungen lauten:

$s(t) = \hat{s} \cdot cos\omega T$

$v(t) = \dot{s}(t) = -\hat{s}\omega \cdot sin\omega t$ mit: $\omega = \frac{1}{\sqrt{L \cdot C}}$

b) Mit den Ersetzungen

$s(t) \to Q(t)$ und $v(t) \to I(t)$

$\hat{s} \to \hat{Q}$

$L \to m$

$C \to \frac{1}{D}$

folgt:

$\omega = \sqrt{\frac{D}{m}}$ und $T = \frac{1}{f} = \frac{2\pi}{\omega} = 2\pi\sqrt{\frac{m}{D}}$

$Q(t) = \hat{Q} \cdot \cos \omega t$

$U(t) = \frac{Q(t)}{C} \cos \omega t = \frac{\hat{Q}}{C} \cdot \cos \omega t = \hat{u} \cdot \omega t$

$I(t) = -\hat{Q}\omega \cdot \sin \omega t = -C\hat{U} \cdot \sin \omega t$

A 2: a)

$$\frac{1}{2}CU^2 = \frac{1}{2}C\hat{U}^2 \cdot \cos^2\omega t + \frac{1}{2}L\hat{I}^2 \cdot \sin^2\omega t$$
$$= \frac{1}{2}C\hat{U}^2 \cdot \cos^2\omega t + \frac{1}{2}L \cdot \left(\frac{C}{U}\hat{U}^2\right) \cdot \sin^2\omega t$$
$$= \frac{1}{2}C\hat{U}^2 \left(\cos^2\omega t + \sin^2\omega t\right) = \frac{1}{2}C\hat{U}^2$$

b) $\frac{1}{2}CU^2 + \frac{1}{2}LI^2 = \frac{1}{2}C\hat{U}^2 \quad \Rightarrow$

$$I^2 = \frac{C}{L}\left(\hat{U}^2 - U^2\right)$$
$$= \frac{80 \cdot 10^{-6}\ \text{F}}{0,2\ \text{H}}(100^2\ \text{V}^2 - 50^2\ \text{V}^2) = 3\ \text{A}^2$$

Die Stromstärke beträgt somit $I = \sqrt{3}$ A.

A 3: a)

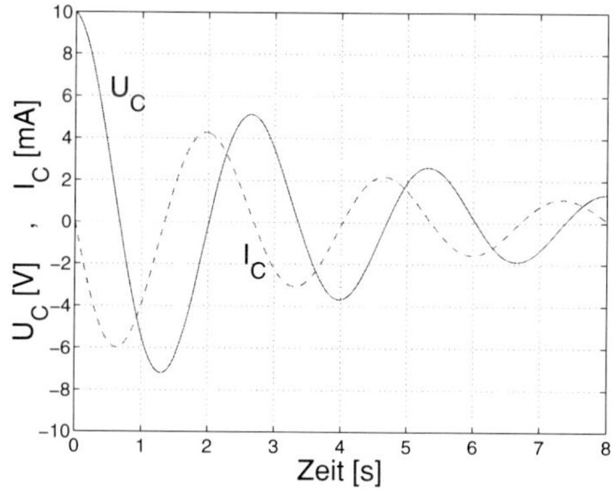

Verlauf der Kondensatorspannung und des Kondensatorstromes mit:

$U_c(0) = 10$ V $R = 300\ \Omega$

$L = 600$ H $C = 300\ \mu$H

b) $a = \frac{U\left(\frac{1}{2}\right)}{\hat{U}} = \frac{|-7,1534|}{10\ \text{V}} \approx 0,715$

$$U(T) = a \cdot U\left(\frac{1}{2}\right) = 0,715 \cdot 7,15\ \text{V} = 5,11\ \text{V}$$

Das entspricht ungefähr dem Tabellenwert für $T \approx 2,67$ s.

Formel für $U(t_n)$: $\quad U\left(n \cdot \frac{T}{2}\right) = a^n \cdot 10$ V

c) $W(0) = \frac{1}{2}C\hat{U}^2 = \frac{1}{2} \cdot 3 \cdot 10^{-4}\ \text{F} \cdot (10\ \text{V})^2 = 15,0$ mJ
Mit $U(T) = a^2 \cdot 10$ V folgt: $W(T) = a^4 \cdot W(0) = 0,715^4 \cdot 15\ \text{mJ} = 3,92\ \text{mJ} = 26,1\ \% \cdot W(0)$

Für $L = 1800$ H und $C = 100\ \mu$F ($\hat{U} = 10$ V; $R = 300\ \Omega$) liefert das Programm: $U(T) \approx 8,01$ V (T unverändert)

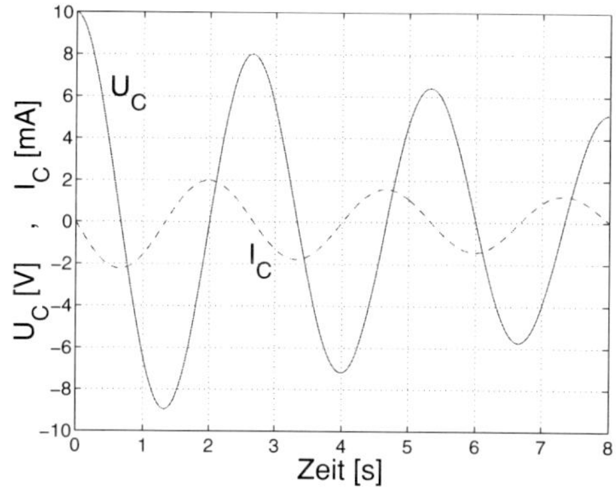

Verlauf der Kondensatorspannung und des Kondensatorstromes mit:

$U_c(0) = 10$ V $R = 300\ \Omega$

$L = 1800$ H $C = 100\ \mu$H

$$W(T) = \frac{1}{2}C \cdot (8,01\ \text{V})^2 = 3,21\ \text{mJ}$$
$$W(0) = \frac{1}{2}C \cdot (10\ \text{V})^2 = \frac{1}{2} \cdot 10^{-4}\ \text{F} \cdot 100\ \text{V}^2 = 5\ \text{mJ}$$
$$\frac{W(T)}{W(0)} = \frac{3,21}{5,0} \approx 64\%$$

Begründung für die geringe Dämpfung (bei $L = 1800$ H und $C = 100\ \mu$F): Wegen $W_{magn} = \frac{1}{2}L\hat{I}^2$ führt eine größere Induktivität L zu einer kleineren Stromstärke beim Übernehmen der Kondensatorenergie $W_{el} = \frac{1}{2}C\hat{U}^2$. Dadurch wird auch die Verlustleistung $R \cdot I^2$ geringer.

Dies ist der Schwingfall bei dem der Dämpfungsgrad D kleiner 1 ($D < 1$) ist, d.h. die Kreisfrequenz des gedämpften Schwingers ω_d ist kleiner als die Kreisfrequenz des ungedämpften Schwingers ω_0 (Entsprechend größer ist die Periodendauer des gedämpften Schwingers T_d im Vergleich zur ungedämpften Schwingung T_0)

d)

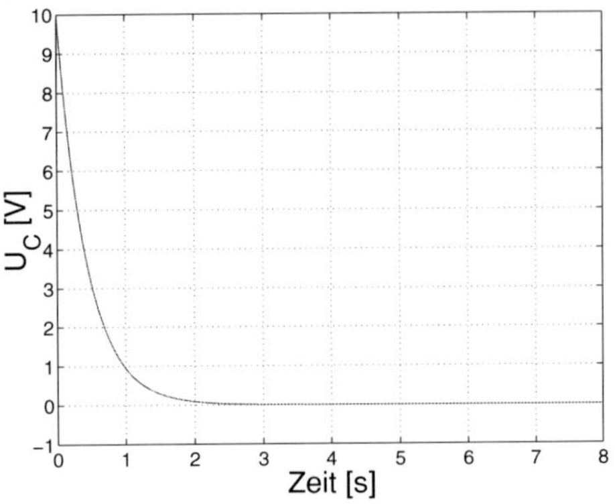

Verlauf der Kondensatorspannung mit:

$U_c(0) = 10$ V $\qquad R = 2 \cdot \sqrt{\frac{L}{C}} \approx 2828\ \Omega$

$L \quad = 600$ H $\qquad C = 300\ \mu$H

Dies ist der aperiodische Grenzfall bei dem der Dämpfungsgrad D gerade gleich 1 ($D = 1$) ist. Beim aperiodischen Grenzfall tritt gerade eben keine Schwingung mehr auf. Er spielt für viele Messgeräte eine wichtige Rolle, wenn Schwingungen vermieden und trotzdem die Messwerte möglichst schnell eingestellt werden müsse.

A 4: a) Die im Magnetfeld gespeicherte Energie beträgt $W_{magn} = \frac{1}{2}L\hat{I}^2$. Am Widerstand wird beim Umladen die Energie $W_R = \frac{T}{4} \cdot U_{eff} \cdot I_{eff} = \frac{T}{4} \cdot R \cdot I_{eff}^2 = \frac{T}{8} \cdot R \cdot \hat{I}^2$ in Wärme umgewandelt ($I_{eff} = \frac{\hat{I}}{\sqrt{2}}$)

$$\frac{W_R}{W_{magn}} = \frac{\frac{T}{8} \cdot R \cdot \hat{I}^2}{\frac{1}{2}L\hat{I}^2}$$

$$= \frac{T}{4}\frac{R}{L} = \frac{2\pi\sqrt{LC}}{4L}R = \frac{\pi}{2}\sqrt{\frac{C}{L}}R$$

$$= \frac{\pi}{2}\sqrt{\frac{300 \cdot 10^{-1}\ \text{F}}{600\ \text{H}}} \cdot 100\ \Omega = 0{,}11 = 11{,}1\%$$

b) $\frac{W_R}{W_{magn}} = \frac{\pi}{2}\sqrt{\frac{10^{-4}\ \text{F}}{1800\ \text{H}}} \cdot 100\ \Omega = 0{,}037 = 3{,}7\%$

Es ist nicht egal, welche Kombination von C und L bei gegebener Frequenz gewählt wird. Die Wärmeverluste steigen, je kleiner die Induktivität L (und je größer die entsprechende Kapazität C) gemacht wird. Vergrößert man z.B. $l \sim n^2$ (schlanke Spule) auf $n' = 10n$, so erhält man für $C' = \frac{1}{100}C$ dieselbe Frequenz und bei unverändertem Widerstand $R' = R$ wird $\frac{W_R'}{W_{mag}'} = \frac{1}{100}\frac{W_R}{W_{magn}}$. Selbst wenn der Drahtwiderstand R bei n-facher Länge auf $R' = 10R$ vergrößert wird, verringert sie die Dämpfung. Es ist $\frac{W_R'}{W_{magn}'} = \frac{\pi}{2}\sqrt{\frac{C'}{L'}} \cdot R' = \frac{1}{10}\frac{\pi}{2}\sqrt{\frac{C}{L}} \cdot R = \frac{1}{10}\frac{W_R}{W_{magn}}$

A 5:

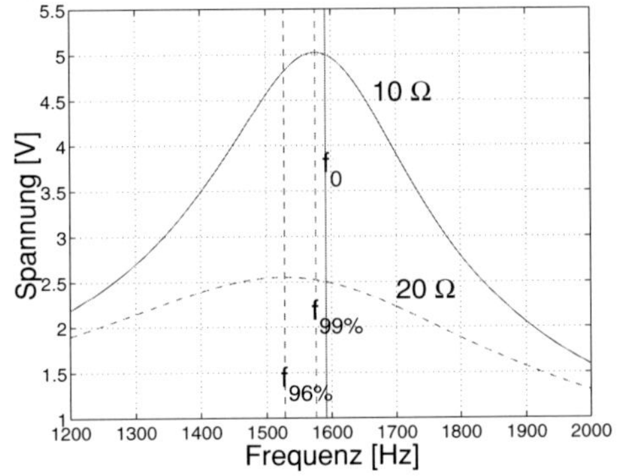

Verlauf der Kondensatorspannungen im eingeschwungenen Zustand mit:

$R_1 = 10\ \Omega \qquad R_2 = 20\ \Omega$

$L \ = 5$ mH $\qquad C \ = 2\ \mu$H

Dargestellt sind die Punkte der Resonanzfrequenz

$f_0 \ = \frac{1}{2 \cdot \pi \cdot \sqrt{L \cdot C}} \approx 1592$ Hz

$f_{99\%} = 1576$ Hz

$f_{96\%} = 1528$ Hz

Seite 305

A 1: a)

φ	$\frac{3\pi}{6}$	$\frac{4\pi}{6}$	$\frac{5\pi}{6}$	$\frac{6\pi}{6}$	$\frac{7\pi}{6}$	$\frac{8\pi}{6}$
t	$\frac{3T}{12}$	$\frac{4T}{12}$	$\frac{5T}{12}$	$\frac{6T}{12}$	$\frac{7T}{12}$	$\frac{8T}{12}$

mit $\frac{t}{T} = \frac{\varphi}{2\pi}$

b) Zur Bestimmung der Schnelle wird noch die Amplitude benötigt.

A 2: $f = \frac{15}{3\text{ s}} = 5\text{ Hz}$; $\lambda = \frac{12\text{ m}}{15} = 0,8\text{ m}$

$c = \lambda f = 4\ \frac{\text{m}}{\text{s}}$

A 3: Die Welle hat eine um π erhöhte Phase.

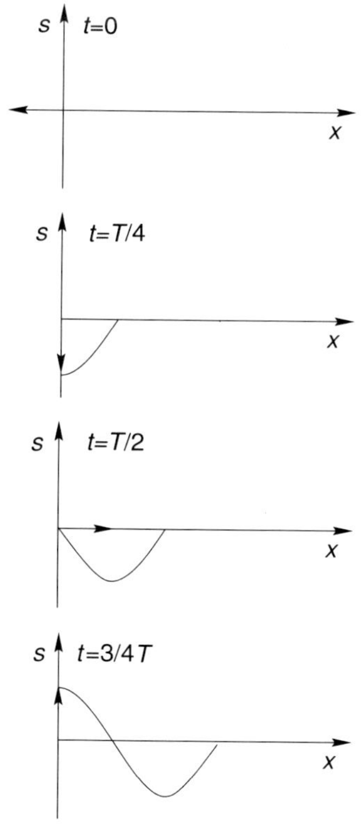

A 4: a) Nach $t_1 = 0,05$ s ist die Welle um $x_1 = t_1 \cdot c = 12,5$ cm fortgeschritten, nach $t_2 = 0,055$ s um $x_2 = t_2 \cdot c = 13,75$ cm.

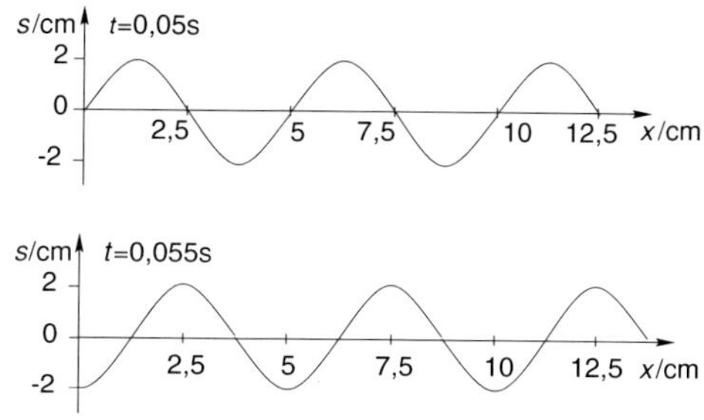

Beim Zeichnen beginnt man zweckmäßig rechts, am Kopf der Welle mit einer wachsenden Elongation nach oben.

b) Am Ort $x_3 = 3,75$ cm ist die Welle nach $t_3 = x_3/c = 0,015$ s angelangt. Ab diesem Zeitpunkt schwingt das Teilchen mit $f = 50$ Hz, also $T = 0,02$ s.

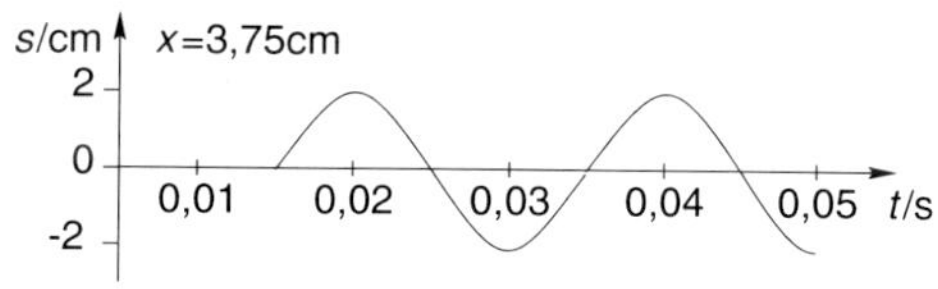

c) Die ersten beiden Bilder zeigen Momentaufnahmen aller Teilchen der Welle. Das Bild für Teilaufgabe b) zeigt den zeitlichen Verlauf der Bewegung eines Teilchens der Welle an einem bestimmten Ort.

A 5: Mikrofon 1: $x = 5 \cdot \lambda$

Mikrofon 2: $x = 21/4 \cdot \lambda$

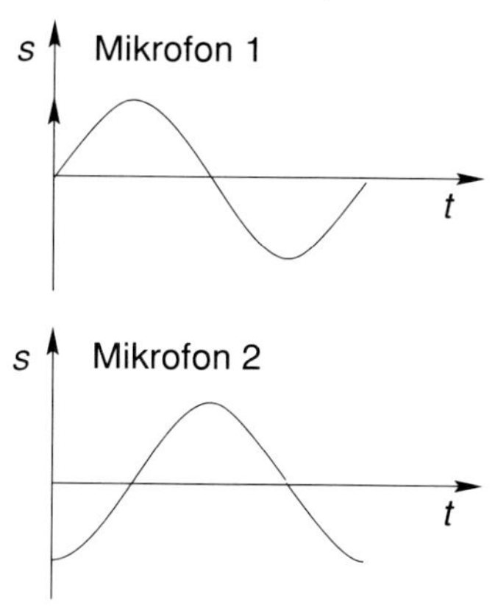

A 6: a) $s(t) = s(t+T)$:

$$s(t+T,x) = \hat{s}\cdot\sin\left[2\pi\left(1+\frac{t}{T}-\frac{x}{\lambda}\right)\right]$$
$$= \hat{s}\cdot\sin\left(\frac{t}{T}-\frac{x}{\lambda}\right) = s(t,x)$$

$s(x) = s(x+\lambda)$:

$$s(t,x+\lambda) = \hat{s}\cdot\sin\left[2\pi\left(\frac{t}{T}-1-\frac{x}{\lambda}\right)\right]$$
$$= \hat{s}\cdot\sin\left(\frac{t}{T}-\frac{x}{\lambda}\right) = s(t,x)$$

wegen: $\sin(\varphi) = \sin(\varphi+2\pi) = \sin(\varphi-2\pi)$

b) $s(x,t) = \hat{s}\cdot\sin\left[\omega\left(t-\frac{x}{c}\right)\right] = \hat{s}\cdot\sin\left[\omega t-\frac{\omega x}{c}\right]$
$= \hat{s}\cdot\sin\left[2\pi\left(\frac{t}{T}-\frac{x}{\lambda}\right)\right]$

wegen: $\omega = 2\pi f = \frac{2\pi}{T}$

und $\frac{\omega}{c} = \frac{2\pi f}{c} = \frac{2\pi}{\lambda}$ mit $c = \lambda f$

Seite 307

A 1: a) $\pi/3 \hat{=} 60°$; $\hat{s} = 6{,}3$ cm; $\varphi = 0{,}75$

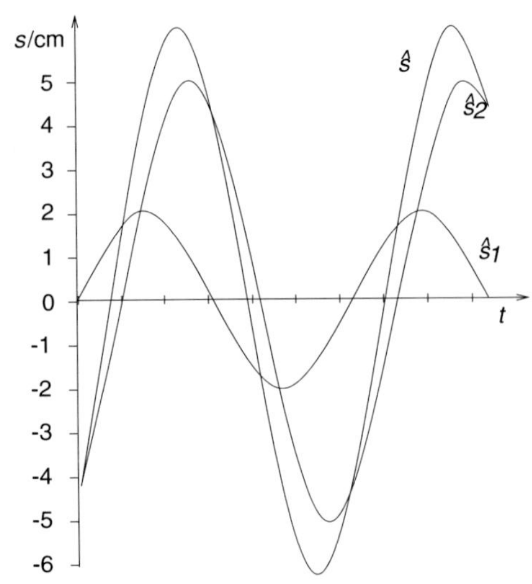

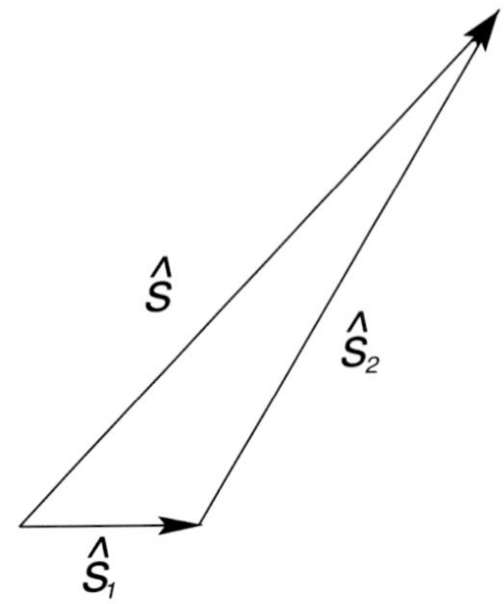

A 2: a) $\hat{s_1} = \hat{s_2} = \hat{s}$; $\omega_1 = \omega_2 = \omega$

$s(t) = s_1 + s_2 = \hat{s}\,[\sin(\omega t) + \sin(\omega t + \varphi_0)]$

mit $\sin x + \sin y = 2\cos\left(\frac{x-y}{2}\right)\sin\left(\frac{x+y}{2}\right)$:

$$s(t) = 2\hat{s}\cos\left[\frac{\omega t-\omega t-\varphi_0}{2}\right]\sin\left[\frac{\omega t+\omega t+\varphi_0}{2}\right]$$
$$= 2\hat{s}\cos\left[-\frac{\varphi_0}{2}\right]\sin\left[\frac{2\omega t+\varphi_0}{2}\right]$$
$$= 2\hat{s}\cos\left(\frac{\varphi_0}{2}\right)\sin\left(\omega t+\frac{\varphi_0}{2}\right)$$

wegen $\cos(-x) = \cos(x)$

b) $\varphi_0 = 0$: $s(t) = 2\hat{s}\sin(\omega t)$: doppelte Amplitude; die beiden Schwingungen haben zur selben Zeit die selbe Elongation. Die Amplituden werden addiert.Die Zeiger haben die gleiche Richtung.

$\varphi_0 = \pi$: $s(t) = 0$: Die Elongationen haben zu jedem Zeitpunkt denselben Betrag, aber umgekehrte Vorzeichen, sie löschen sich aus.Die Zeiger haben entgegen gesetzte Richtungen.

$\varphi_0 = \pi/2$: $s(t) = \sqrt{2}\hat{s}\sin(\omega t + \pi/4)$: Die Amplitude der resultierenden Schwingung ist kleiner als die algebraische Summe der Einzelschwingungen. $\hat{s}^2 = \hat{s_1}^2 + \hat{s_2}^2$ (Satz des Pythagoras), da der Phasenunterschied $\pi/2(\hat{=}90°)$ beträgt. Die Zeiger stehen senkrecht zueinander.

A 3: a) Schwebungsfrequenz $f = 2$ Hz

$\Rightarrow$ $f_1 = 442$ Hz; $f_2 = 438$ Hz

b) Vorgehensweise: 3 Spalten; Die mit $\sin(f_0\cdot x)$, $\sin(f_1\cdot x)$ und $\sin(f_2\cdot x)$ gefüllt werden. Nun lässt man die Summen der Spalten 1 und 2 bzw. 1 und 3 rechnen und grafisch darstellen. Es ergibt sich in beiden Fällen eine Schwingung mit der Frequenz 2 Hz: $\sin(2\text{ Hz}\cdot x)$

Seite 311

A 1: a) Eine stehende Welle ist die Überlagerung zweier Wellen mit der selben Amplitude und Frequenz aber entgegengesetzter Ausbreitungsrichtungen. Dies bedeutet, dass sich die Zeiger an jedem Ort mit der selben Geschwindigkeit in die selbe Richtung drehen. Die Phase zwischen den beiden Zeigern eines Ortes bleibt deshalb konstant. Die einzelnen Teilchen der resultierenden Welle schwingen also mit der Auslenkung, die sich aus der geometrischen Summe der beiden Zeiger der Ausgangeswellen ergeben. Da beide Zeiger darüber hinaus auch noch die selbe Amplitude haben, ergeben sich so Punkte, an denen die Summe der Zeiger null ist. Dies sind die Schwingungsknoten. Dazwischen schwingt jedes Teilchen mit der maximalen Auslenkung die durch die geometrische Zeigersumme gegeben ist. Es ergeben sich Maximale Amplituden, die einer Sinusfunktion folgen.

$$\begin{aligned} s(t,x) &= \hat{s}\sin\left[2\pi\left(\frac{t}{T}-\frac{x}{\lambda}\right)\right] \\ &\quad + \hat{s}\sin\left[2\pi\left(\frac{t}{T}+\frac{x}{\lambda}+\varphi_0\right)\right] \\ &= 2\hat{s}\cos\left[2\pi\frac{x}{\lambda}-\frac{\varphi_0}{2}\right]\sin\left[2\pi\frac{t}{T}+\frac{\varphi_0}{2}\right] \end{aligned}$$

Separation von Zeit (t) und Ort (x); d.h. es ergibt sich eine Schwingung ohne Ausbreitungsgeschwindigkeit aber mit ortsabhängiger Amplitude:

$$s(t,x) = A\cdot\sin\left(\omega t+\frac{\varphi_0}{2}\right)$$

mit $A = 2\hat{s}\cos\left(2\pi\frac{x}{\lambda}-\frac{\varphi_0}{2}\right)$

b) Bei der nach rechts laufenden Welle nimmt längs der x-Achse die Phase ab, bei der nach links laufenden nimmt die Phase zu. Daraus folgt, dass es Stellen geben muss, bei denen dauerhaft $\Delta\varphi = 0$ gilt. ebenso muss es Stellen geben, für die dauerhaft gilt: $\Delta\varphi = \pi$ Die Stellen, bei denen die Elongation dauerhaft null ist, sind die Nullstellen der Kosinusfunktion:

$$\cos\left(2\pi\frac{x}{\lambda}-\frac{\varphi_0}{2}\right) = 0 \Rightarrow 2\pi\frac{x}{\lambda}-\frac{\varphi_0}{2} = \frac{\pi}{2}(2n+1)$$

Abstand der Knoten:

$$\frac{2\pi}{\lambda}(x_1-x_2) = \pi \Rightarrow x_1-x_2 = \frac{\lambda}{2}$$

c) Zwischen zwei Knoten haben alle Teilchenschwingungen die selbe Phase, zwischen zwei Bäuchen ändert sich die Phase, weil die Wellen sich ja in entgegengesetzte Richtungen ausbreiten.

Seite 313

A 1: Wasseroberflächen verhalten sich näherungsweise wie Querwellen. Solange die Elongation senkrecht zur Oberfläche des Wasser verläuft, ist die Ufermauer ein freies Ende. Ein Wellenberg läuft als Wellenberg zurück. (Versuch in der Badewanne oder im Wasserbecken).

A 2:

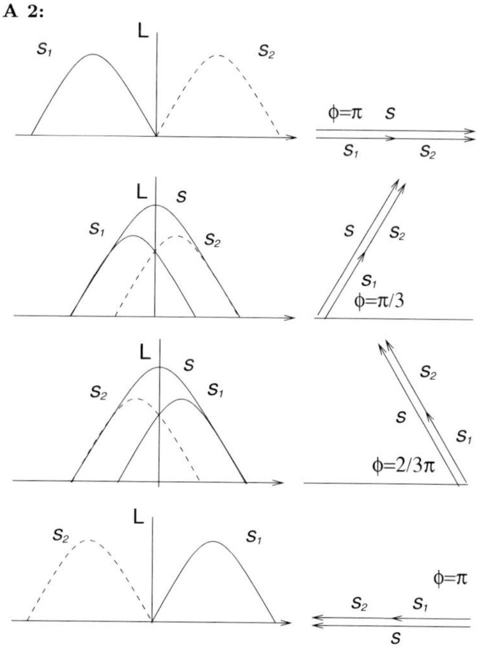

Die beiden Wellen sind im Punkt L zu jedem Zeitpunkt in Phase ($\varphi_1 - \varphi_2 = 0$), deshalb ist die resultierende Amplitude gleich der Summe der beiden Einzelauslenkungen: $\hat{s} = \hat{s_1} + \hat{s_2}$

Seite 315

A 1: a) Am Ort der Wand muss die Schnelle null sein, deshalb kann die Wand durch eine gegenläufige Welle mit einer Phasenveschiebung von $\varphi_0 = \pi$ ersetzt werden. Da Schallwellen longitudinal sind, können Teilchen direkt an der Grenzfläche nicht ausgelenkt werden, es entsteht ein Schnelle- und Elongationsknoten. Teilchen in der Nähe der Wand bewegen sich aber phasengleich auf die Wand zu oder von ihr weg. An der Wand entsteht so die größte Dichteschwankung, also ein Druckbauch.

b) Am offenen Ende eines Rohres wird die longitudinale Elongation des Schalls nicht behindert. Durch das Wegfallen der seitlichen Einschränkung hinter dem Röhrende kann dort (idealerweise) kein zusätzlicher (Schall-)Druck aufgebaut werden, es herrscht ein Druckknoten; dies entspricht einem Phasensprung bei der Reflektion. Für Elongation und Schnelle entsteht ein Bauch.

A 2: An der Wand ist die Elongation bei jeder Frequenz exakt null. Dies entspricht einer gegenläufigen Welle, die punktgespiegelt ist, also die selbe Frequenz und Wellenlänge besitzt. Beide überlagern sich zu einer stehenden Welle. Für den Druck ist die gegenläufige Welle nicht punkt- sondern an der Grenzfläche gespiegelt. Sie ist also in Phase mit der einlaufenden Welle dies ergibt in der Überlagerung eine stehende Welle mit einem Schwingungsbauch an der Wand.

A 3: a) $f = 1$ Hz; $c = 4$ cm/s

$\Rightarrow \quad \lambda = 4$ cm; $\hat{s} = 1,5$

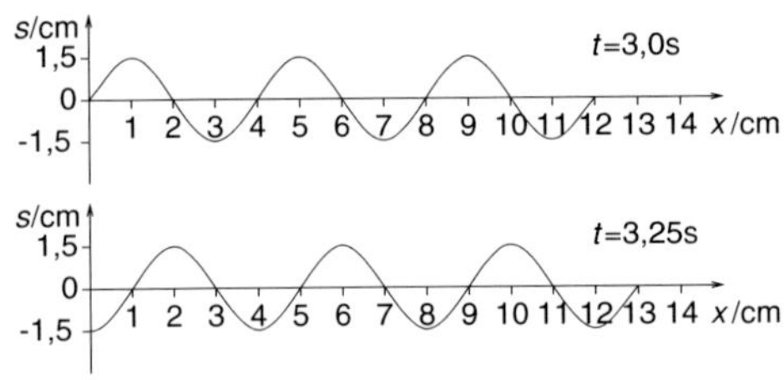

b) $t = 5$ s $\quad \Rightarrow \quad$ fortlaufender Weg $\quad l = 20$ cm

$\Rightarrow \quad$ reflektierte Welle: $l = 5$ cm

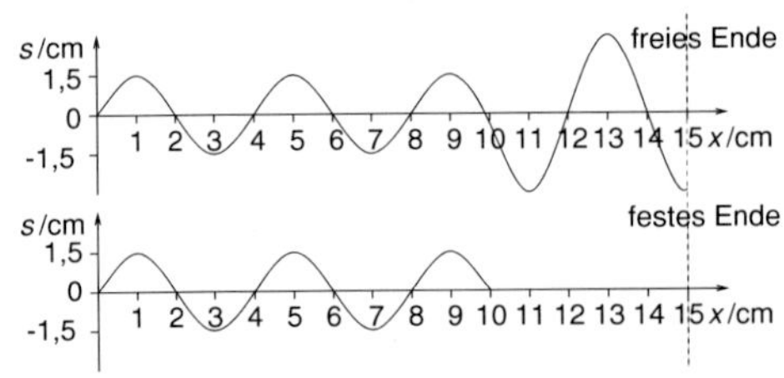

A 4: Es hat sich eine stehende Welle zwischen E_1 und E_2 gebildet. $\lambda = c/f = 5$ cm

$t = 0,65$ s $\quad \Rightarrow \quad$ bei E_1 und E_2 sind 3,25 Periodendauern vergangen. $\Rightarrow$ dort ist die Auslenkung nach oben maximal.

$t = 0,7$ s $\quad \Rightarrow \quad$ 3,5 Schwingungen: Auslenkung immer null.

$t = 0,75$ s $\quad \Rightarrow \quad$ 3,75 Schwingungen: Auslenkung nach unten maximal in E_1 und E_2.

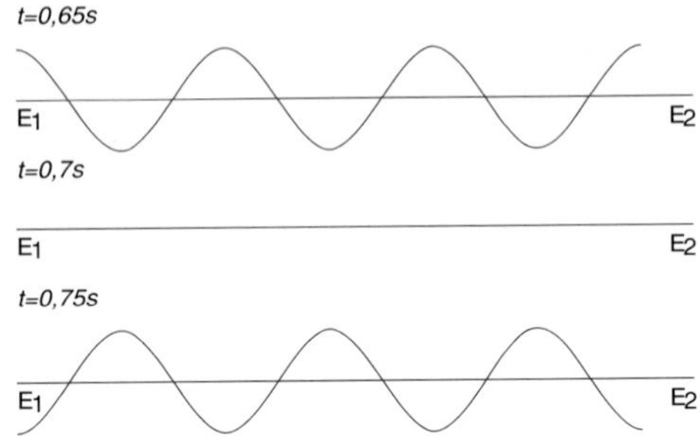

A 5: a) Ja, wenn die stehende Welle gerade im Nulldurchgang ist.

b) Doch, die Energie liegt als Bewegungsenergie vor. Die Teilchen haben ihre maximale Geschwindigkeit, wenn ihre Momentanauslenkung null ist.

Seite 317

A 1: $c = 2\ \frac{\text{m}}{\text{s}}$; $l = 2$ m

1. Harmonische: $\lambda_1 = 4$ m $\quad f_1 = 0,5$ Hz
2. Harmonische: $\lambda_2 = 2$ m $\quad f_2 = 1$ Hz
3. Harmonische: $\lambda_3 = 4/3$ m $\quad f_3 = 1,5$ Hz

A 2: a) $\lambda_2 = 1,2$ m; $\quad f_2 = 8$ Hz $\quad \Rightarrow$

$c = f_2 \cdot \lambda_2 = 9,6\ \frac{\text{m}}{\text{s}}$

b) $\lambda_3 = 0,8$ m $\quad \Rightarrow \quad f_3 = \frac{c}{\lambda_3} = 12$ Hz

A 3: $\lambda_1 = 0,5$ m; $\quad \lambda_2 = 0,4$ m; $\quad f_2 = f_1 + 15$ Hz

$$\Rightarrow \quad \frac{c}{\lambda_2} = \frac{c}{\lambda_1} + 15\text{ Hz} \quad \Rightarrow \quad c = \frac{15\text{ Hz} \cdot \lambda_2}{\left(1 - \frac{\lambda_2}{\lambda_1}\right)} = 30\ \frac{\text{m}}{\text{s}}$$

$f_2 = \frac{c}{\lambda_2} = 75$ Hz; $\quad f_1 = 60$ Hz

oder: $5\, l_1 = 4\, l_1 + 15$ Hz $\quad \Rightarrow \quad f_1 = 15$ Hz

A 4: Die untere Reihe der resultierenden Welle wird durch Vektoraddition der hinlaufenden und vervollständigten reflektierten Welle gebildet.

A 5: a) Am freien Ende bildet sich bei jeder Eigenfrequenz ein Schwingungsbauch.

b) Es bilden sich für $l = \frac{2k-1}{4}\lambda$ stehende Wellen.

c) $f = \frac{c}{\lambda} = \frac{(2k-1)c}{4l}$

Seite 319

A 1: $c = 340\ \frac{\text{m}}{\text{s}}$; $l = 34$ cm

a) $f_k = k \cdot \frac{c}{2l}$

$\Rightarrow \quad f_1 = 500$ Hz; $\quad f_2 = 1000$ Hz; $\quad f_3 = 1500$ Hz

b) $f_k = \frac{2k-1}{4} \cdot \frac{c}{2l}$

$\Rightarrow \quad f_1 = 250$ Hz; $\quad f_2 = 750$ Hz; $\quad f_3 = 1250$ Hz

A 2: $c = \lambda \cdot f$; durch die warme Atemluft und die Handwärme erhöht sich die Temperatur der Luftsäule. Dadurch vergrößert sich die Schallgeschwindigkeit und damit die Frequenz. Um wieder die ursprüngliche Frequenz zu erreichen, muss die Flöte länger werden: $f = \frac{c}{\lambda}$ und $l = k \cdot \lambda/2$

A 3: Das Rohr ist beidseitig offen.

$\Rightarrow \quad k \cdot \frac{c}{2l} \quad \Rightarrow \quad k = 2$;

es ist die 2. Harmonische der Luftsäule des Staubsaugerrohrs zu hören.

Seite 321

A 1: $f_{Luft} = 400$ Hz; $c_{luft} = 340\ \frac{\text{m}}{\text{s}}$;

$f_{He} = 1185$ Hz; $c_{He} = 1007\ \frac{\text{m}}{\text{s}}$

einseitig offen $\Rightarrow f_k = \frac{(2k-1)c}{4l}$

$\Rightarrow \quad l_{Luft} = l_{He} = 21{,}25$ cm $= l_1$

$l_2 = \frac{3c_{Luft}}{4f_{Luft}} = 63{,}75$ cm $= \frac{3c_{He}}{4f_{He}}$

A 2: $f = \frac{c}{\lambda} = 228{,}15$ Hz

2 freie Enden ($l = \lambda_1/2$) $\Rightarrow l = \frac{c_{Stahl}}{2f} = 11{,}33$ m

A 3: • durch Verkürzen der Saitenlänge.

- durch Vorspannen.
- durch Umwickeln mit z.B. Kupferband

Seite 323

A 1: Querflöte: 2 freie Enden;

$l = c/(2f_1) = 38{,}75$ cm

Oboe: 1 freies Ende;

$l = c/(4f_1) = 19{,}375$ cm

A 2: $\frac{l_1}{l_2} = \frac{f_2}{f_1} \quad \Rightarrow \quad l_2 = l_1\frac{f_1}{f_2} = 25$ cm;

$l_1 - l_2 = 8$ cm

A 3: Das Fehlstimmen rührt von der Erwärmung der Instrumente durch Hände und Atemluft her. Saiteninstrumente spielen tiefer, Blasinstrumente höher, d.h. Saiten müssten nachgespannt werden und Luftsäulen verlängert.

Seite 327

A 1: a) $f_1 = 400$ Hz

b) $f_2 = 399$ Hz

A 2: $\frac{f_1}{f_2} = \frac{f(1+v/c)}{f(1-v/c)} = \frac{c+v}{c-v}$

aus: $f_1 = 2f_2$; $\quad \Rightarrow \quad v = \frac{c}{3} = 113{,}3\ \frac{\text{m}}{\text{s}} \mathrel{\hat{=}} 408\ \frac{\text{km}}{\text{h}}$

A 3: $f' = f\left(1 + \frac{v}{c}\right)$;

$\Delta f = f - f' = f + f\frac{v}{c} - f = f\frac{v}{c}$

Seite 329

Anmerkung zur Dopplerformel:

Wenn die Schüler und Schülerinnen zur Verwechslung mit der ersten und zweiten Ableitung neigen, dann sollte man statt f' und f'' die Bezeichnungen f^* bzw. f^{**} benutzen.

A 1: Am Gegenstand: $f' = f\left(1 + \frac{v}{c}\right)$

Am Beobachter:

$$f'' = f'\left(\frac{1}{1 - v/c}\right) = f\frac{1 + v/c}{1 - v/c} = f\frac{c + v}{c - v}$$

$$\begin{aligned}\Delta f &= f'' - f = f\left(\frac{c+v}{c-v} - 1\right)\\ &= f\left(\frac{c + v - c + v}{c - v}\right) = f\left(\frac{2v}{c-v}\right)\\ &\simeq f\left|\frac{-2v}{c}\right| = 2f\frac{v}{c}\end{aligned}$$

A 2: $\Delta f = 50$ Hz $\Rightarrow$ $f = \frac{\Delta f \cdot c}{2v} = 3.93$ MHz

Seite 331

A 1: Beim t-s-Diagramm wird der zeitliche Verlauf der Auslenkung eines Wellenteilchens an einem Ort dargestellt. Beim x-s-Diagramm wird die Elongation aller Teilchen zu einem bestimmten Zeitpunkt dargestellt.

A 2: a)

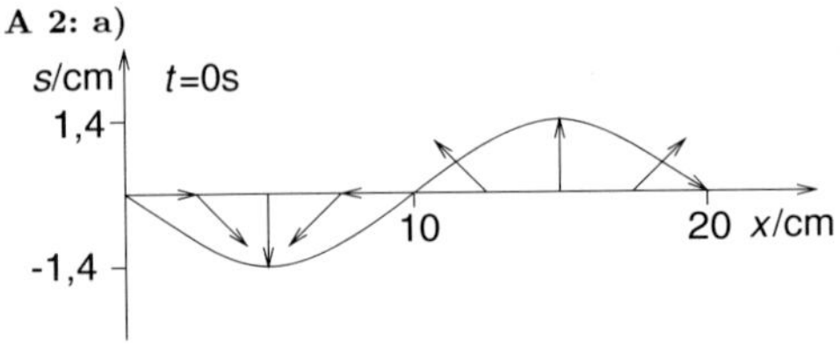

b)

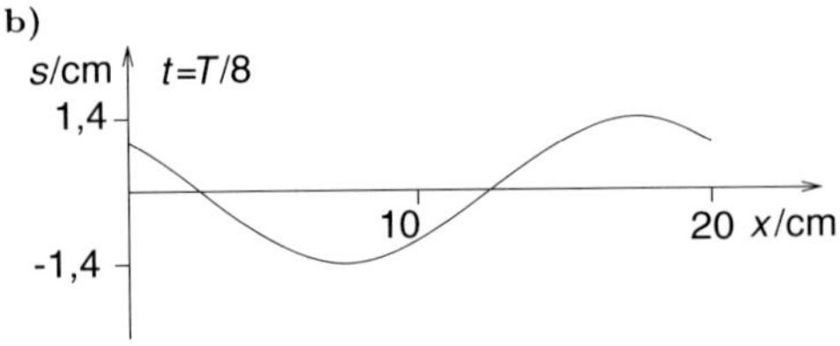

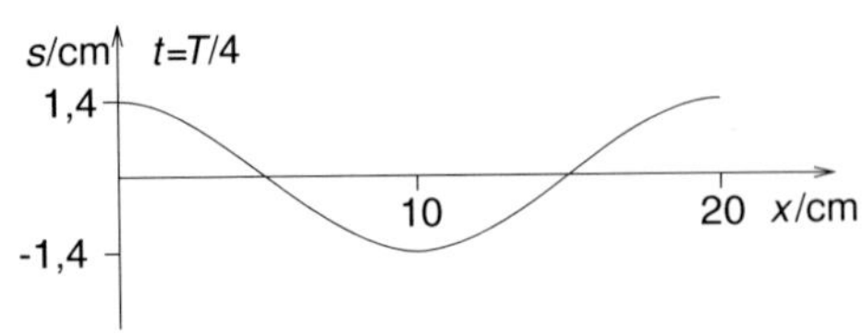

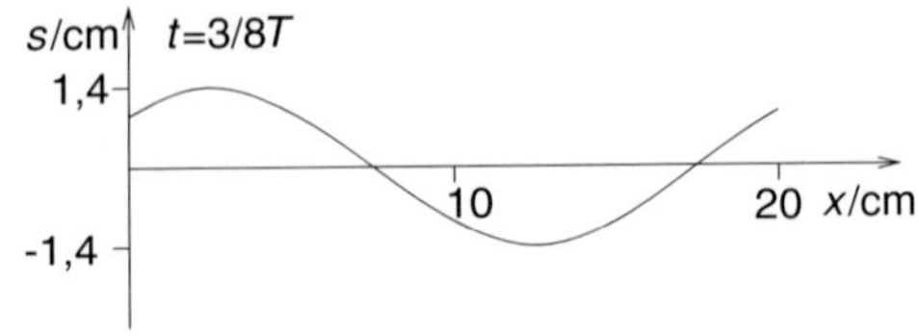

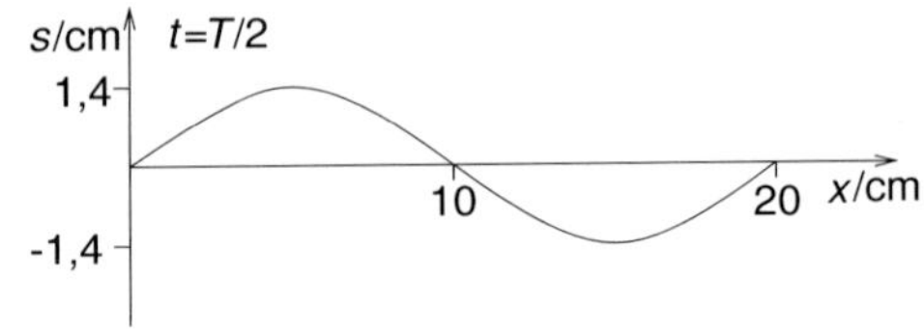

c) $\varphi = \frac{\delta}{\lambda} \cdot 2\pi = \pi/2$

d)

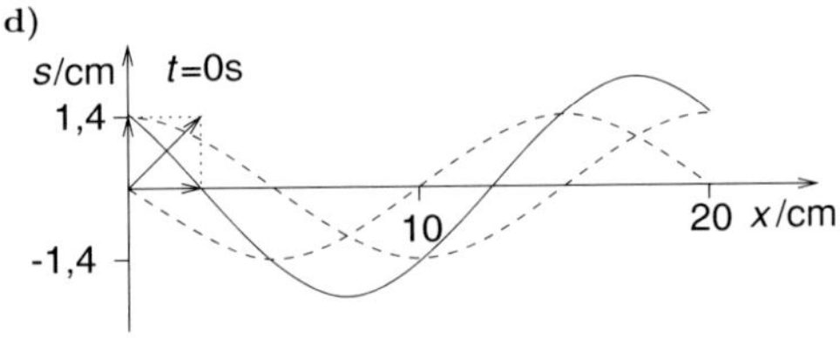

A 3: $\lambda = \frac{c}{f} = 0,3$ m

A 4: Wellengleichung:

$$\begin{aligned}s(t,x) &= \hat{s}\sin\left[2\pi\left(\frac{t}{T} - \frac{x}{\lambda}\right)\right]\\ &= \hat{s}\sin\left[2\pi\left(ft - \frac{x}{\lambda}\right)\right]\\ &= \hat{s}\sin\left[2\pi f\left(t - \frac{x}{c}\right)\right]\end{aligned}$$

In der Tabellenkalkulation diese Formel in einem Intervall von z.B. $0 \leq x \leq 3$ berechnen und grafisch auftragen lassen. Dann durch fortlaufende Erhöhung von t zeigen, wie die Welle wandert.

A 5: Eine stehende Welle bildet sich bei der Überlagerung zweier Wellen mit gleicher Amplitude und Frequenz aber entgegengesetzter Ausbreitungsrichtung. Der Abstand der Knoten ist $\frac{\lambda}{2}$, durch Messung der Frequenz kann die Wellengeschwindigkeit nach $c = f\lambda$ bestimmt werden. Am festen Ende bildet sich ein Schwingungsknoten, am freien Ende ein Schwingungsbauch. Bei zwei Randbedingungen (an den Enden) sind bei gegebener Geometrie (Abmessungen) die Eigenfrequenzen festgelegt.

A 6: 2 freie Enden; 5. Harmonische

$$f = \frac{5c}{2l} \quad \Rightarrow \quad l = \frac{5}{c}2f = 0{,}1325 \text{ mm} = 132{,}5\ \mu\text{m}$$

A 7: a) Es handelt sich um die Zeigerbilder von zwei Wellen, die jeweils von dem Punkt ausgehen, an dem der zugehörige rote Erregerzeiger sitzt. Zu einem Erregerzeiger gehören diejenigen Zeiger, die im selben Abstand zu diesem links und rechts in die selbe Richtung zeigen, also die selbe Phase besitzen. Im Einzelnen bedeutet dies, dass zum linken Erregerzeiger die grünen Zeiger gehören, die die x-Achse als Fußpunkt besitzen, die anderen grünen Zeiger beschreiben die Wellen die vom rechten Erregerzeiger ausgeht. Beide Wellen haben die gleiche Elongation, Frequenz und Wellenlänge. Die Erreger haben einen Abstand von $\Delta x = \lambda$. Dargestellt ist die Überlagerung beider Wellen. Es hat sich zwischen den Erregern eine stehende Welle ausgebildet.

b) Zum Zeitpunkt $t = T/4$ haben sich alle Zeiger um $\varphi = \pi/2(90°\circ)$ gegen den Uhrzeigersinn gedreht. Zwischen den Erregern ist die Auslenkung jetzt null. Außerhalb ist die Elongation wieder die Summe der Elongationen der Einzelwellen.

c) Die Auslenkung der resultierenden Welle ist überall null, da die Zeiger einen konstanten Phasenunterschied von $\Delta\varphi = \pi(180°)$ aufweisen.

A 8: • Laufzeit eines Geräusches (Knall) messen, bei definierter Laufstrecke.

• Eigenschwingung bei definierter Strecke oder Länge erzeugen.

A 9: einseitig geschlossen:

$$l = \frac{2k-1}{4}\lambda = \frac{(2k-1)c}{4f}$$

a) $l_1 = 19{,}3$ cm; $l_2 = 57{,}95$ cm; $l_3 = 96{,}59$ cm

b) $l_1 = 15{,}2$ cm; $l_2 = 45{,}5$ cm; $l_3 = 75{,}85$ cm

A 10: Lautstärke: Amplitude der Eigenschwingung

Tonhöhe: Frequenz der Eigenschwingung

Klang: Anzahl, Auswahl und Amplitude der höheren Harmonischen, die ebenfalls mit anschwingen.

A 11: einseitig geschlossene Röhre:

$$f_1 = \frac{c}{4l} = 2{,}43 \text{ kHz}$$

Biologische Bedeutung: Die Resonanzfrequenzen (auch höhere Harmonische) sind besonders gut wahrnehmbar. Dies bedeutet, dass hohe Frequenzen vom Menschen als lauter wahrgenommen werden als tiefe. Zum Beispiel ist der Schrei eines Kleinkindes wegen des großen Anteils an Oberschwingungen besonders gut wahrnehmbar.

A 12: $\dfrac{3c}{4l} = \dfrac{c}{4l} + 400$ Hz

$\Rightarrow \quad \dfrac{c}{4l} = 200 \text{ Hz} \quad \Rightarrow \quad l = 42{,}5 \text{ cm}$

$f_1 = 200$ Hz; $\quad f_2 = 600$ Hz

A 13 a) $f' = f\left(\dfrac{1}{1-\dfrac{v}{c}}\right) = 446{,}55$ Hz

b) • keine Schwebung, von der Wand wird ebenfalls f' reflektiert $\Rightarrow \Delta f = 0$; die Person bleibt stehen!

• Stimmgabel zwischen Person und Wand:

$\Delta f = 446{,}55 \text{ Hz} - 443{,}62 \text{ Hz} = 2{,}93 \text{ Hz}$

A 14: a) $f' = f\left(\dfrac{1}{1-v_1/c}\right) = 425$ Hz

b) $f' = f\left(\dfrac{1+v_2/c}{1-v_1/c}\right) \quad \Rightarrow \quad v_2 = 24\ \dfrac{\text{m}}{\text{s}} = 86{,}4\ \dfrac{\text{km}}{\text{h}}$

A 15: $f = \dfrac{c}{2l} = 213$ Hz; $\quad v_{max} = l \cdot \omega = 12\ \dfrac{\text{m}}{\text{s}}$

a) $f_1 = f\dfrac{1}{1+v_{max}/c} = 205{,}8$ Hz

b) $f_2 = f\dfrac{1}{1-v_{max}/c} = 220{,}8$ Hz

A 16: a) $v_1 = 36\ \dfrac{\text{km}}{\text{h}} = 10\ \dfrac{\text{m}}{\text{s}}$

$\Rightarrow \quad c_1 = c - v_1 = 330\ \dfrac{\text{m}}{\text{s}}$

c_1: Schallgeschwindigkeit durch Eigenbewegung

Tonhöhe im Polizeiauto: $f_1 = f\dfrac{1}{1-v/c} = 495$ Hz.

direkt neben dem Polizeiauto hört man f, da $v_{rel} = 0 \Rightarrow v = 20\ \dfrac{\text{m}}{\text{s}} = 72\ \dfrac{\text{km}}{\text{h}}$; der Fahrer hat nicht recht.

Alternative: Polizei ist bewegter Beobachter mit $f' = f(1+v/c)$

b) $c_2 = c + v_1 = 350\ \dfrac{\text{m}}{\text{s}}$; $\quad f_2 = f\dfrac{1}{1+v/c} = 466{,}7$ Hz

Seite 337

A 1: $\lambda/4 = 10$ cm; $f = c/\lambda = 750$ MHz

Seite 343

A 1: Weil $\vec{E_S}$ eine waagerechte elektrische Komponente hat vom Betrag $E_S \cdot \sin\alpha$. Der Empfang geht auf null, wenn der Empfangsdipol parallel zu den Gitterstäben steht.

$$\hat{E}_S = \hat{E}\cos\alpha = 26\ \frac{\text{V}}{\text{m}}$$

$$\hat{E}_R = \hat{E}\sin\alpha = 15\ \frac{\text{V}}{\text{m}}$$

Seite 350

A 1: Dipollänge $l = \dfrac{c}{2f} = 8{,}33$ cm

A 2: $\lambda = \dfrac{c}{f} = 2m \quad \Rightarrow \quad$ Grundschwingung

a) $l = 1$ m $= \lambda/2$; In der Mitte Strombauch $I_{eff} = 100$ mA; außen $I_{eff} = 0$

mit $I_{eff} = 100\text{ mA} \cdot \sin\left(\frac{x}{l} \cdot \pi\right)$ folgt für

$x = 25$ cm $\quad : I = 0{,}1\text{ A} \cdot \sin(\pi/4) = 70{,}71$ mA

$x = 12{,}5$ cm $: I = 0{,}1\text{ A} \cdot \sin(\pi/8) = 38{,}27$ mA

b) 1. Oberschwingung $\Rightarrow$ in der Mitte ist ein Stromknoten $\Rightarrow I = 0$

A 3: a) $\omega = 2\pi f = \dfrac{1}{\sqrt{LC}} \Rightarrow f = 132{,}63$ Hz;

$\lambda = c/f = 2{,}26\text{ m} \Rightarrow l = \lambda/2 = 1{,}13$ m

b) $l_{min} = 0{,}22\text{ m} = \lambda_{Alk}/2 \quad \Rightarrow \quad \lambda_{Alk} = 0{,}44$ m;

$c = \lambda_{Alk} f = 58{,}36 \cdot 10^6\ \frac{\text{m}}{\text{s}} = 5{,}8 \cdot 10^7\ \frac{\text{m}}{\text{s}}$

c) $\varepsilon_r = \left(\dfrac{\lambda}{\lambda_{Alk}}\right)^2 = 26{,}4$

A 4: a) Wie bei der fortschreitenden elektromagnetischen Welle gibt es auch bei der fortschreitenden Schallwelle zwei physikalische Größen, die gleichphasig von der Quelle wegwandern, die Schnelle und den Überdruck.

Erzeugt man eine stehende elektromagnetische Welle durch Reflektion an einer Metallwand, so findet man an diesem 'festen' Ende einen Knoten des $\vec{E}$-Felds und einen Bauch den $\vec{B}$-Felds. In einem analogen Versuch mit einer Schallwelle entsteht am festen Ende ein Schnelleknoten und ein Druckbauch.

b) Demnach entsprechen sich die elektrische Feldstärke und die Schnelle sowie die magnetische Flussdichte und der Überdruck.

A 5:

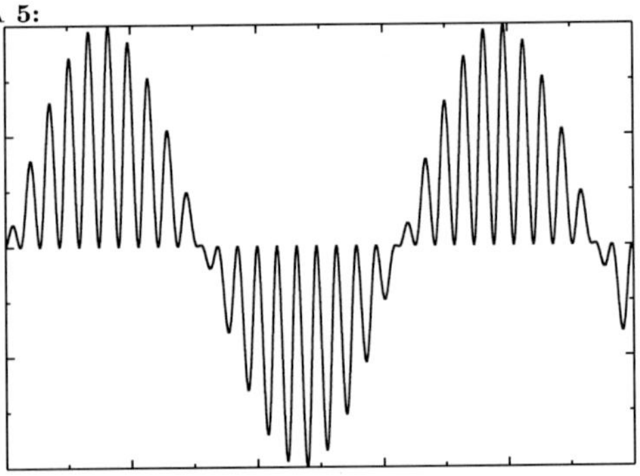

Amplitudenmodulation (laut)

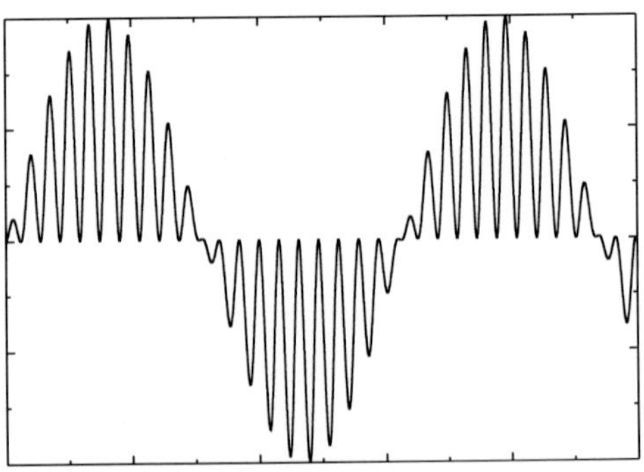

Amplitudenmodulation (leise)

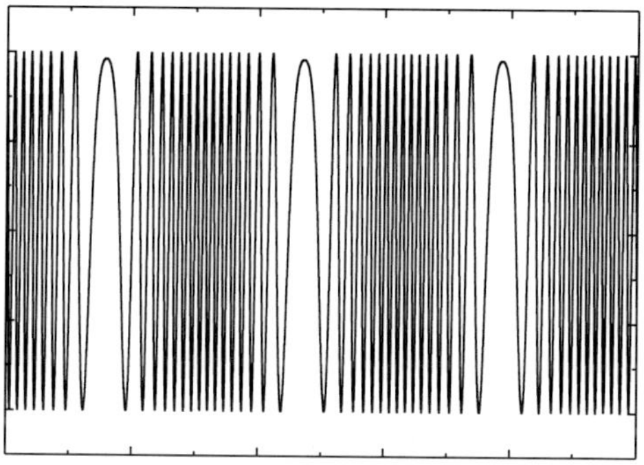

Frequenzmodulation (laut)

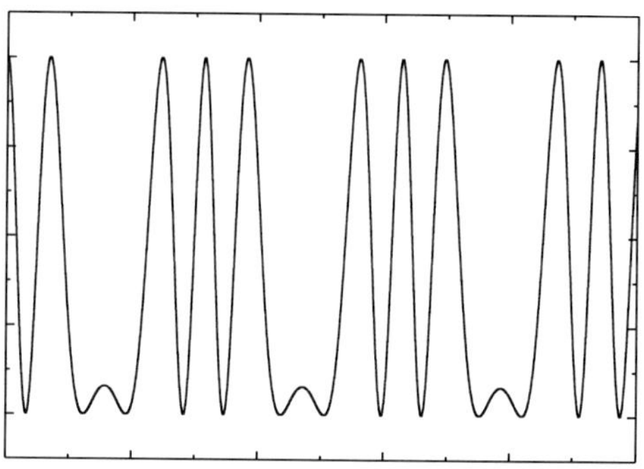

Frequenzmodulation (leise)

A 6: Bei der Amplitudenmodulation AM bestimmt die Größe der Amplitudenänderung (Amplitudenhub) die Lautstärke. Nimmt wegen schlechter Empfangsbedingungen die Amplitude des Trägersignals ab (durch überlagertes Rauschen verringert sich der Amplitudenhub), so verringert sich deshalb bei AM auch die Lautstärke.

Bei der Frequenzmodulation FM wird die Lautstärke durch die Größe der Frequenzänderung (Frequenzhub) bestimmt. Die durch schlechtere Empfangsbedingungen verursachte Verringerung des Amplitudenhubs hat deshalb keinen Einfluss auf die Lautstärke. Erst bei sehr schlechten Empfangsbedingungen, also sehr kleinen Amplituden stört das Rauschen.

Wird die Lautstärke durch die Amplitudenänderung des Trägersignals übertragen. Bei schlechten Empfangsbedingungen ist dem Signal viel Rauschen überlagert, dadurch verringert sich der Amplitudenhub des Trägersignals und damit die Lautstärke. Bei FM spielen nur die Frequenzen um die Trägerfrequenz eine Rolle als Störung. Dadurch kann nur ein Teil des Rauschens stören, der Rest wird herausgefiltert.

A 7: $\lambda = 12,2$ cm; stehende Wellen für $l = k\dfrac{\lambda}{2}$

da in der Regel Mikrowellengeräte Kantenlängen größer 6 cm haben, können sich stehende Wellen bilden. Die wirklich aufbreitungsfähigen Moden sind sehr komplex, da auch Richtung quer in den Raum die passende Länge habe können. Das Problem wird dreidimensional.

A 8: a) Die Addition zweier solcher Schwingungen ist in der folgenden Abbildung oben gezeigt, unten zum Vergleich eine Amplitudenmodulation:

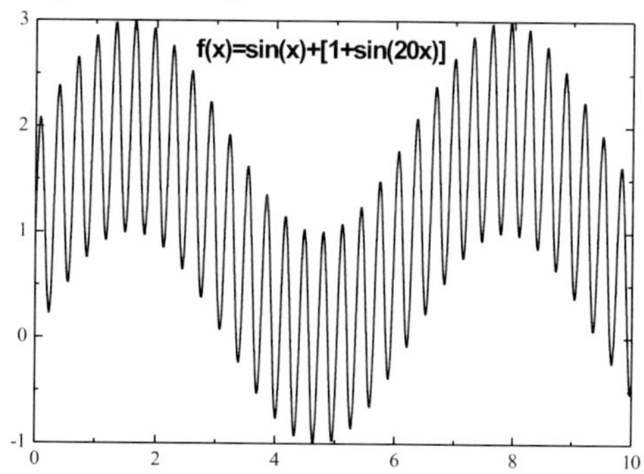

Addition

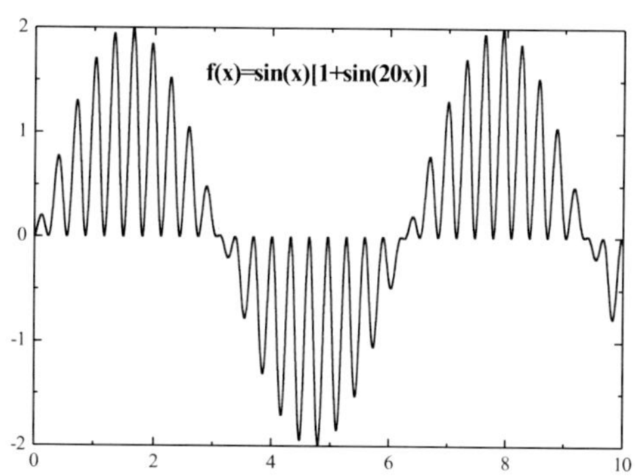

Amplitudenmodulation AM

b)
$$\begin{aligned} I(t) &= \hat{I}(1+\sin\omega_T t)\sin\omega t \\ &= \hat{I}\sin\omega t + \hat{I}\sin\omega_T t\cdot\sin\omega t \\ &= \hat{I}\sin\omega t + \frac{1}{2}\hat{I}\left[\cos(\omega-\omega_T)t - \cos\left(\omega+\omega_T\right)t\right] \end{aligned}$$

Seite 353

A 1:

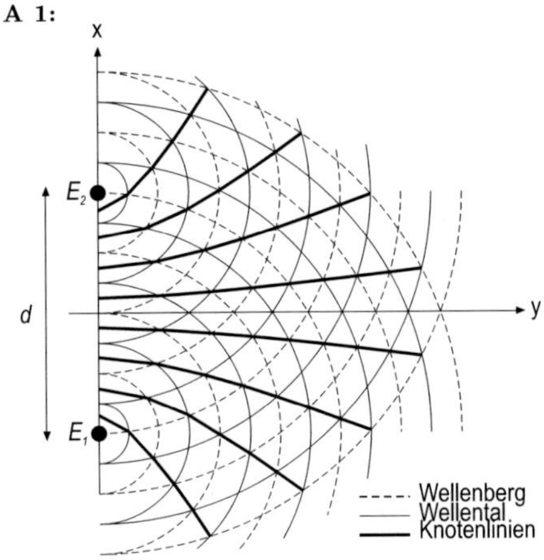

An den Stellen mit einem Wegunterschied von $(2n-1)\cdot\frac{\lambda}{2}$ tritt Auslöschung auf (hier: An den Stellen, wo sich Maxima und Minima kreuzen). Es entstehen 3 Knotenlinien verschiedener Ordnung.

A 2: Von M bis Z sind es $d = 8$ cm, wenn Z ein Interferenzminimum ist (siehe Bild 2). Das nächste Maximum ist von M $d+x$ weit entfernt. Wir vermuten $x \approx d$ und rechnen nach:

von Q_1 : $s_1 = \sqrt{a^2 + (d+x+l)^2} = 151,33$ cm

von Q_2 : $s_2 = \sqrt{a^2 + (d+x-l)^2} = 150,48$ cm

Daraus ergibt sich eine Wegdifferenz von $s_1 - s_2 = 0,848$ cm. Zum Vergleich $\lambda = 0,86$ cm. Durch weiteres Probieren finden wir den Wert $x = 8,2$ cm (siehe Tabelle).

x in cm	s_1 in cm	s_2 in cm	$s_1 - s_2$ in cm
8,00	151,327	150,479	0,848
8,05	151,334	150,483	0,851
8,10	151,341	150,487	0,853
8,15	151,347	150,491	0,856
8,20	151,354	150,495	0,859
8,25	151,361	150,499	0,861

A 3: Bei Verringerung des Abstandes der Quellen rücken die Knotenlinien näher zusammen, es gibt mehr Knotenlinien. Eine Frequenzveränderung bedeutet eine Änderung der Wellenlänge. Je größer die Frequenz ist, desto kleiner ist die Wellenlänge. Die Verkleinerung der Wellenlänge wirkt sich auf das Interferenzbild genauso aus wie eine Verkleinerung des Quellenabstandes bei fester Wellenlänge.

Seite 355

A 1: Die Wellenlänge der Mikrowellenstrahlung kann wie folgt bestimmt werden:

Wegdifferenz: $(2n-1)\cdot\frac{\lambda}{2}$

1. Minimum:

$d = 50 \text{ cm} \cdot (\tan 10°) = 8,82 \text{ cm}$

$$\begin{aligned} s_1 &= \sqrt{(50 \text{ cm})^2 + (8,82 \text{ cm} + \frac{8,5}{2} \text{ cm})^2} \\ &= 51,68 \text{ cm} \end{aligned}$$

$$\begin{aligned} s_2 &= \sqrt{(50 \text{ cm})^2 + (8,82 \text{ cm} - \frac{8,5}{2} \text{ cm})^2} \\ &= 50,21 \text{ cm} \end{aligned}$$

$$\frac{\lambda}{2} = s_1 - s_2 = 1,47 \text{ cm} \quad \Rightarrow \quad \lambda = 2,94 \text{ cm}$$

2. Minimum:

$d = 50 \text{ cm} \cdot (\tan 36°) = 36,33 \text{ cm}$

$$\begin{aligned} s_1 &= \sqrt{(50 \text{ cm})^2 + (36,33 \text{ cm} + \frac{8,5}{2} \text{ cm})^2} \\ &= 64,40 \text{ cm} \end{aligned}$$

$$\begin{aligned} s_2 &= \sqrt{(50 \text{ cm})^2 + (36,33 \text{ cm} - \frac{8,5}{2} \text{ cm})^2} \\ &= 59,40 \text{ cm} \end{aligned}$$

$$3\cdot\frac{\lambda}{2} = s_1 - s_2 = 5,00 \text{ cm} \quad \Rightarrow \quad \lambda = 3,33 \text{ cm}$$

A 2: Die Huygens-Zentren sind immer noch kohärente Quellen (gleiche Frequenz), aber nicht mehr in Phase. Wenn man für einen Zielpunkt die zur Wegdifferenz gehörige Phasendifferenz bestimmt hat, muss man noch zusätzlich die Phasendifferenz zwischen den beiden Quellen berücksichtigen. Die Mittelsenkrechte der Geraden $\overline{Q_1Q_2}$ ist nur dann Symmetrieachse des Interferenzfeldes, wenn die Phasendifferenz der beiden Erreger ein Vielfaches von 2π ist. Bei einer Phasendifferenz von π sind im Interferenzfeld Knotenlinien und Linien maximaler Verstärkung vertauscht.

Seite 357

A 1: a) Die Wegdifferenz im Punkt Z beträgt:

$$\delta_Z = g \cdot \sin\alpha_Z \approx g \cdot \tan\alpha_Z \approx g\frac{d_Z}{a}$$
$$= 0,65\ \text{mm} \cdot \frac{6\ \text{mm}}{4,1\ \text{m}} = 951,2\ \text{nm}$$

Da dieser Wert größer als die Wellenlänge des HeNe-Laser von 632,8 nm ist, wird zur Berechnung der Phasendifferenz die Wellenlänge abgezogen, um so einen Wert zu erhalten, der kleiner als die Wellenlänge ist.

$$\Delta\varphi_Z = 2\pi \cdot \frac{\delta_Z - \lambda}{\lambda} = 3,16 \approx \pi \mathrel{\hat{=}} 180^\circ$$

$\Rightarrow$ Die beiden Wellenzüge heben sich auf.

Für den Punkt ZM auf der Hälfte zwischen M und Z folgt analog:

$$\Delta\varphi_{ZM} = 2\pi \cdot \frac{\delta_{ZM}}{\lambda} = 4,72 \approx 1,5\pi \mathrel{\hat{=}} 270^\circ$$

Zum Zeichen der Zeigerbilder wird noch die Phasenbeziehung der Orte ZM und Z für die Welle von Punkt Q_1 benötigt. Sie ergibt sich aus der Differenz der Entfernungen E zum Punkt Q_1.

$$E_Z - E_{ZM} = d_Z \cdot \sin\alpha_Z - d_{ZM} \cdot \sin\alpha_{ZM}$$
$$\approx d_Z \cdot \tan\alpha_Z - d_{ZM} \cdot \tan\alpha_{ZM}$$
$$= d_Z \cdot \frac{d_Z}{a} - d_{ZM} \cdot \frac{d_Z M}{a}$$
$$= \frac{(6\ \text{mm})^2}{4,1\ \text{m}} - \frac{(3\ \text{mm})^2}{4,1\ \text{m}}$$
$$= 6585,4\ \text{nm}$$

Dies ist etwas mehr als das 10fache der Wellenlänge. Für die Phasendifferenz folgt somit:

$$\Delta\varphi = 2\pi \cdot \frac{E_Z - E_{ZM} - 10\lambda}{\lambda} = 2,56 \approx 0,81\pi \mathrel{\hat{=}} 146^\circ$$

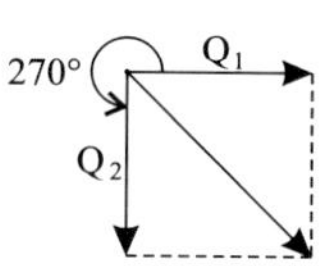

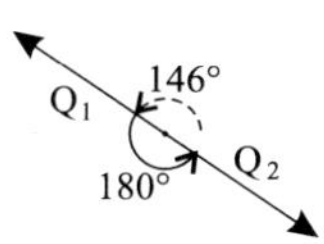

b) Die Phasendifferenzen werden analog zu a) berechnet:

400 nm:

$$\Delta\varphi_Z = 2\pi\frac{951,2\ \text{nm} - 800\text{nm}}{400\ \text{nm}} \mathrel{\hat{=}} 136^\circ$$

$$\Delta\varphi_{ZM} = 2\pi\frac{475,6\ \text{nm} - 400\text{nm}}{400\ \text{nm}} \mathrel{\hat{=}} 68^\circ$$

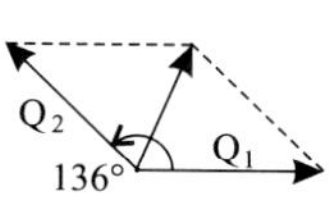

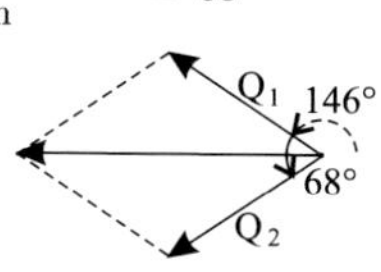

500 nm:

$$\Delta\varphi_Z = 2\pi\frac{951,2\ \text{nm} - 500\text{nm}}{500\ \text{nm}} \mathrel{\hat{=}} 325^\circ$$

$$\Delta\varphi_{ZM} = 2\pi\frac{475,6\ \text{nm} - 500\text{nm}}{500\ \text{nm}} \mathrel{\hat{=}} 342^\circ$$

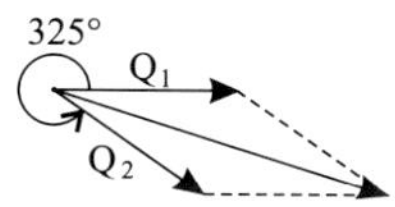

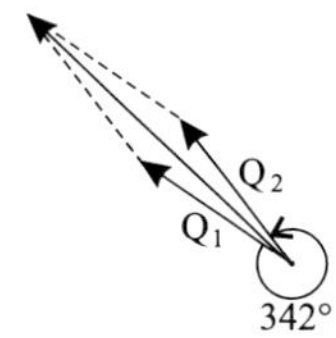

600 nm:

$$\Delta\varphi_Z = 2\pi\frac{951,2\ \text{nm} - 600\text{nm}}{600\ \text{nm}} \mathrel{\hat{=}} 211^\circ$$

$$\Delta\varphi_{ZM} = 2\pi\frac{475,6\ \text{nm} - 600\text{nm}}{600\ \text{nm}} \mathrel{\hat{=}} 285^\circ$$

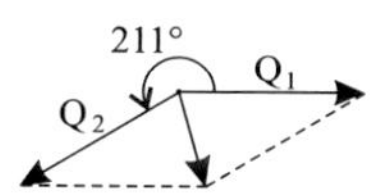

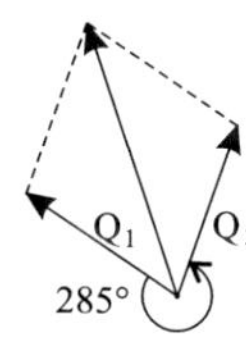

A 2: Eine Drehung des Doppelspalts um 90° bedeutet eine Verkürzung und Verbreiterung des Spalts. In diesem Fall wird die Spaltbreite größer als die Wellenlänge des Laserlichtes (kohärent), es tritt keine Beugung mehr auf und dementsprechend kein Interferenzmuster.

A 3: Die zugehörigen Frequenzen liegen zwischen $7,5 \cdot 10^{14}$ Hz und $3,75 \cdot 10^{14}$ Hz. Dieses Frequenzverhältnis von 2:1 entspricht – akustisch ausgedrückt – dem Umfang einer Oktave.

A 4: Im sichtbaren weißen Licht sind alle Farben, d.h. alle Wellenlängen von 400 nm bis 800 nm enthalten. Da die Richtung zu einem Maximum des Interferenzmusters von der Wellenlänge abhängt, liegt ein solches Maximum für jede einzelne Farbe wieder an einer etwas anderen Stelle des Schirms. Allerdings sind diese Maxima nicht so stark ausgeprägt. An der Stelle, die z.B. das Maximum für Grün ist, treten auch die Nachbarfarben Orange und Blaugrün noch mit einem gewissen Anteil auf. Deshalb entstehen Mischfarben.

Seite 361

A 1: Der Abstand der Spektrallinien ergibt sich aus der Differenz der Positionen der einzelnen Linien:

$$\sin\alpha_k = \frac{k\lambda}{g} \qquad \text{mit:} \quad k = 1, 2, \ldots$$

Hieraus folgt: $\alpha_1 = 23,0°$ und $\alpha_2 = 51,3°$. Der Abstand der Spektrallinien beträgt somit:

$$d = 1,5\text{ m} \cdot (\tan\alpha_2 - \tan\alpha_1) = 1,23\text{ m}$$

A 2: Der Gitterabstand g kann wie folgt aus dem Abstand der Spektrallinien berechnet werden:

$$\tan\alpha_k = \frac{d/2}{a} = \frac{11,8 \cdot 10^{-2}\text{ m}}{2 \cdot 1\text{ m}} \quad \Rightarrow \quad \alpha_1 = 3,38°$$

$$g = \frac{k\lambda}{\sin\alpha_k} \approx 10\ \mu\text{m}$$

A 3: a) Die Gitterkonstante beträgt:

$$g = \frac{1}{5000 \cdot 100}\text{ m} = 2\ \mu\text{m}$$

Glühlichtspektrum: $400\text{ nm} \leq \lambda \leq 800\text{ nm}$

$$1 \geq \frac{k \cdot \lambda}{g} \quad \Rightarrow \quad 1 \geq \frac{k \cdot 800\text{ nm}}{2\ \mu\text{m}} \quad \Rightarrow \quad 2,5 \geq k$$

Das sichtbare Spektrum kann bis zur 2. Ordnung ganz beobachtet werden.

b) $1 \geq \frac{k^* 400\text{ nm}}{2 \cdot 10^{-6}\text{ nm}} \quad \Rightarrow \quad k^* \leq 5$

Die Wellenlänge der höchsten Ordnung beträgt $\lambda_{Grenz} = 400$ nm.

A 4: a) Die Gitterkonstante wird wie folgt berechnet:

$$\alpha_{k1} = \arctan\left(\frac{40,6 \cdot 10^{-2}\text{ m}}{2 \cdot 2,5\text{ m}}\right) = 4,64°$$

$$g = \frac{\lambda}{\sin\alpha_{K1}} = \frac{405\text{ nm}}{\sin(4,64°)} = 5\ \mu\text{m}$$

b) Um den Abstand der Linien zu berechnen werden zunächst die Winkel der Linien bestimmt:

$$\alpha_{2V} = \arcsin\left(\frac{2 \cdot 405\text{ nm}}{5\ \mu\text{m}}\right) = 9,32° \quad \text{und}$$

$$\alpha_{2g} = 12,62°$$

Der Abstand der Spektrallinien beträgt somit

$$d = (\tan(\alpha_{2g}) - \tan(\alpha_{2v})) = 149,1\text{ mm}.$$

c) Die grüne Linie fällt in das Spektrum der nächsthöheren Ordnung, solange gilt:

$$\frac{(k+1)\lambda_v}{g} \leq \frac{k \cdot \lambda_{gr}}{g}$$

$$k + 1 \leq k \cdot \frac{546\text{ nm}}{405\text{ nm}}$$

$$1 \leq 0,348 \cdot k$$

$$2,87 \leq k$$

Ab der dritten Ordnung fällt die grüne Linie erstmals in die nächsthöhere Ordnung.

A 5: Zur Berechnung des Gangunterschied $\delta = \delta_2 - \delta_1$ wird zunächst δ_2 aus der Gleichung $\cos\beta = \frac{\delta_2}{g}$ bestimmt, wobei für den Winkel β gilt:

$$\beta = 90° - (\varphi + \alpha)$$

Somit folgt für δ_2:

$$\delta_2 = g \cdot \cos\beta = g \cdot \cos(90° - (\varphi + \alpha))$$
$$= g \cdot \sin(\varphi + \alpha)$$

Die zweite Strecke δ_1 ergibt sich nun aus $\delta_1 = g \cdot \sin\varphi$. Damit folgt für den Gangunterschied

$$\delta = g \cdot (\varphi + \alpha) - g \cdot \sin\varphi = g \cdot (\sin(\varphi + \alpha) - \sin\varphi)$$

Seite 365

A 1: Aus $\sin\alpha_k = \frac{k\lambda}{l}$ folgt: $\alpha_{1rot} = 0,0871°$ und $\alpha_{1vio} = 0,0458°$

Hieraus folgt:

$$d_{rot} = 2 \cdot \tan(\alpha_{1rot} \cdot 1,5\text{ m}) = 4,56\text{ mm}$$

$$d_{vio} = 2 \cdot \tan(\alpha_{1vio} \cdot 1,5\text{ m}) = 2,40\text{ mm}$$

A 2: Die Wellenlänge des Lichts kann folgendermaßen berechnet werden:

$$\tan\left(\frac{d}{2 \cdot 3\text{ m}}\right) = \tan\left(\frac{10\text{ mm}}{2 \cdot 3\text{ m}}\right) \quad \Rightarrow \quad \alpha = 0,095°$$

$$\lambda = l \cdot \sin(\alpha_k) = 0,3\text{ mm} \cdot \sin(0,095°) = 500\text{ nm}$$

A 3: Die Lage der Dunkelstellen des bei der Beugung am Einfachspalt entstehenden Interferenzmusters hängt von der Wellenlänge ab. An einer Stelle, die z.B. bei rotem Laserlicht als dunkle Streifen auf dem Schirm erscheint, wird in weißem Glühlicht aus der Summe aller Farben nur dieses Rot ausgelöscht (benachbarte Farben werden geschwächt). Das Auge erhält dadurch den Eindruck der Komplementärfarbe Grün. Dieselbe Ordnung gilt auch für alle anderen Farben: Es enstehen Mischfarben.

A 4: a) Der Winkelbereich des zentralen Maximums kann wie folgt berechnet werden:

$$\sin\alpha_1 = \frac{1\cdot\lambda}{l} \quad \lambda = \frac{c}{f} = \frac{1500\ \frac{\text{m}}{\text{s}}}{5\ \text{MHz}} \quad \Rightarrow \quad \alpha = 11,8^\circ$$

Das zentrale Maximum liegt somit im Winkelbereich: $2\alpha = 23,7^\circ$

b) Werden mehrere Quarzstreifen nebeneinander gelegt, so verkleinert sich der Winkel:

$$\sin\alpha^* = \frac{\lambda}{5\cdot l} \quad \Rightarrow \quad \alpha^* = 2,35^\circ \quad \Rightarrow \quad 2\alpha^* = 4,7^\circ$$

A 5: a) Die Position der hellen Streifen kann aus der Gleichung $\sin\alpha_k = \frac{k\lambda}{g}$ bestimmt werden, wobei k die Werte $k = 1...7$ annimmt und $g = 0,3$ mm beträgt.

α_k	$d_k = \tan(\alpha_k)\cdot 2,55$ m
$\alpha_1 = 0,122^\circ$	$d_1 = 0.005$ m $= 5$ mm
$\alpha_2 = 0,225^\circ$	$d_2 = 1$ cm
$\alpha_3 = 0,337^\circ$	$d_3 = 1,5$ cm
$\alpha_4 = 0,450^\circ$	$d_4 = 2$ cm
$\alpha_5 = 0,562^\circ$	$d_5 = 2,5$ cm
$\alpha_6 = 0,675^\circ$	$d_6 = 3$ cm
$\alpha_7 = 0,787^\circ$	$d_7 = 3,5$ cm

b) Die Minima eines einzelnen Spaltes ergeben sich aus:

$$\sin\alpha_k = \frac{k\cdot\lambda}{l} = k\cdot\frac{589\cdot 10^{-9}\ \text{m}}{5\cdot 10^{-5}\ \text{m}} = k\cdot 0,01178$$

Für die 1. und 2. Ordnung folgt somit

$\alpha_1 = 0,675^\circ \quad d_1 = 3$ cm

$\alpha_2 = 1,35^\circ \quad d_2 = 6$ cm

c) Das Maximum mit d_6 = 0,03 m kann nicht beobachtet werden.

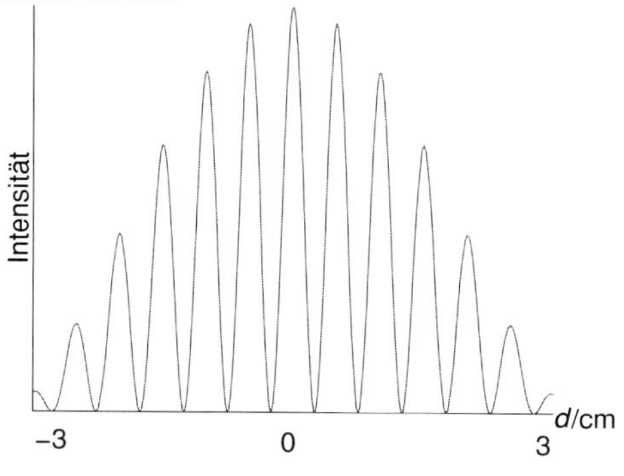

A 6:

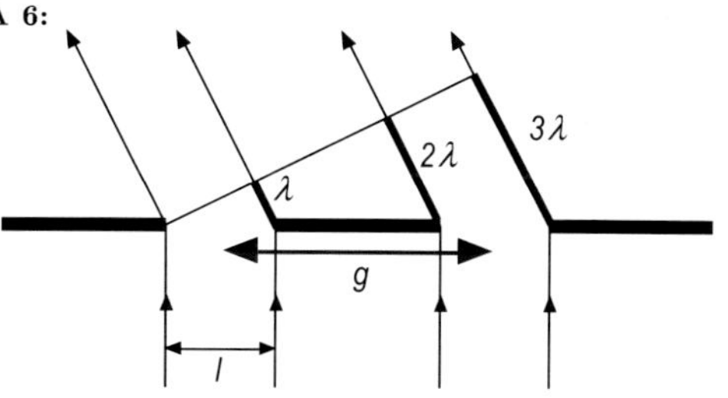

Die Spaltbreite l des Gitters ist hier halb so groß wie die Gitterkonstante g. Nach dem Bild wird jedes zum Maximum 2. Ordnung hinführende Lichtbündel für sich ausgelöscht, da seine Randstrahlen jeweils den Gangunterschied $\delta = \lambda$ haben. Dasselbe geschieht für $\delta = 2\lambda, 3\lambda, \ldots$, also auch für die Maxima 4., 6., ... Ordnung des Gitters.

Seite 372

A 1: Aus dem Brechungsgesetz $\frac{\sin\alpha}{\sin\beta} = n$ folgt:

$$\frac{0,5}{\sin\beta} = 1,535 \quad \Rightarrow \quad \beta = 19,07^\circ.$$

A 2: Mit den im Bild zu Versuch 3 bestimmten Winkeln von $\alpha = 45^\circ$ und $\beta = 22^\circ$ ergibt sich

$$n = \frac{\sin 45^\circ}{\sin 45^\circ} = 1,89.$$

Seite 373

A 3:

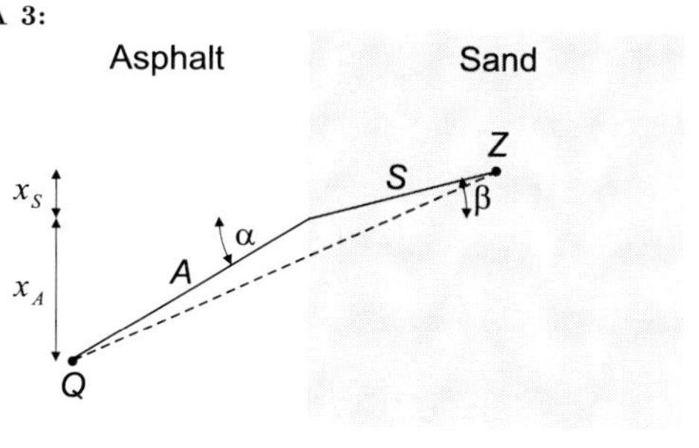

Der kürzeste Weg zwischen zwei beliebigen Punkten Q und Z ist stets eine Gerade, da auf dem Platz – außer dem Sand – keine weiteren Hindernisse vorhanden sind. Die kürzeste Laufzeit hingegen hängt auch von der Bodenbeschaffenheit ab, da die Geschwindigkeit auf dem Sand kleiner ist als auf dem Asphalt. Die Laufzeit kann daher auf einem geknickten Weg kürzer sein als auf der direkten Verbindung.

Um das Problem mathematisch zu lösen wird zunächst die Wegstrecke berechnet:

$$A = \frac{x_A}{\sin\alpha} \quad \text{und} \quad S = \frac{x_S}{\sin\beta} = \frac{x - x_A}{\sin\beta}$$

Mit den unterschiedlichen Geschwindigkeiten v_A und v_S folgt daraus die Laufzeit

$$t = \frac{A}{v_A} + \frac{S}{v_S} = \frac{x_A}{v_A \sin\alpha} + \frac{x - x_A}{v_S \sin\beta}.$$

Die minimale Laufzeit ergibt sich hieraus durch Nullsetzen der Ableitung nach x_A:

$$\frac{\partial t}{\partial x_A} = \frac{1}{v_A \sin\alpha} - \frac{1}{v_S \sin\beta} = 0$$

Durch Umstellen folgt hieraus

$$\frac{\sin\alpha}{\sin\beta} = \frac{v_S}{v_A}.$$

Diese Gleichung entspricht dem Brechungsgesetz aus der Optik, da in beiden Fällen die Wegoptimierung nach dem Prinzip von Fermat durchgeführt wird.

A 4: In der Rechenschleife des Computerprogramms (Vertiefung auf Seite 367) muss der Weg s in zwei Teilstücken berechnet werden: Bis zur Fensteröffnung und ab der Fensteröffnung. Damit wird aus Zeile (1):

(1a) s1 = SQR(XQ^2 + (Y-YQ)^2)

(1b) s2 = SQR(XZ^2 + (Y-YZ)^2)

Die Phase errechnet man dann als Summe aus s1/LA1 und s2/LA2. Aus Zeile (2) wird somit:

(2neu) P = s1/LA1 + s2/LA2

A 5:

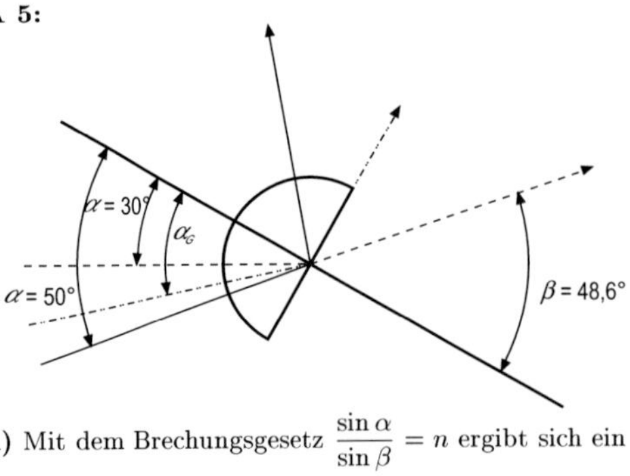

a) Mit dem Brechungsgesetz $\frac{\sin\alpha}{\sin\beta} = n$ ergibt sich ein Ausfallswinkel α von $48,6°$.

b) Bei einer erneuten Anwendung des Brechungsgesetzes $\frac{\sin\alpha}{\sin\beta} = n$ stellt man nach umstellen fest, dass der $\sin\alpha = \sin 50° \cdot 1,5 > 1$ wird was natürlich nicht möglich sein kann da der Sinus nur Werte zwischen -1 und 1 annimmt. Beim Übergang von einem dichteren Medium in ein dünneres Medium kann der Einfallswinkel daher einen bestimmten Grenzwinkel α_G nicht überschreiten und es tritt dann Totalreflexion auf.

Hier: $\sin\alpha_G = \left(\frac{1}{1,5}\right) \quad \Rightarrow \quad \alpha = 41,8°$

A 6:

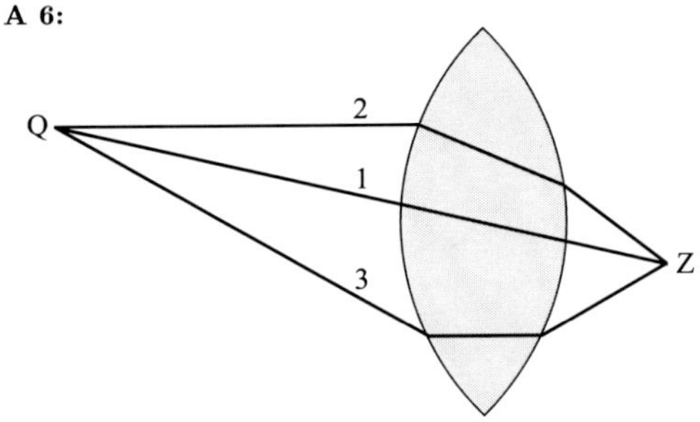

Der Weg 1 führt gerade zum Ziel. Die Wege 2 und 3 sind länger, verlaufen dafür aber weniger weit durchs Glas, wo die Lichtgeschwindigkeit kleiner ist. Dies deutet darauf hin, dass die Laufzeiten von der Quelle zum Ziel für alle Wege gleich sind. In der Tat gilt in der geometrischen Optik das Fermat-Prinzip überall, auch bei Linsen.

Seite 375

A 1:

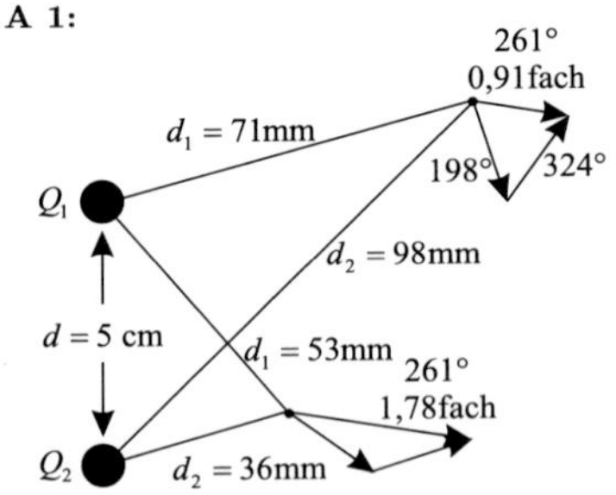

Die Überlagerung der Wellen soll laut Aufgabe zeichnerisch bestimmt werden. Rechnerisch ist dies natürlich auch möglich. Für die Phasen φ_1 (φ_2) an einem beliebigen Punkt im Abstand d_1 (d_2) von Q_1 (Q_2) ergibt sich:

$$\varphi_{1,2} = 2\pi \cdot \frac{d_{1,2} - n \cdot \lambda}{\lambda},$$

wobei n so gewählt wird, dass $d_{1,2} - n \cdot \lambda$ kleiner als λ ist. Da beide Wellen die gleiche (ortsunabhängige) Amplitude haben ergibt sich als Phase der resultierenden Welle:

$$\varphi = \frac{1}{2}(\varphi_1 + \varphi_2)$$

Zur Berechnung der Amplitude A_{ges} wird die Differenz der Phasen $\Delta\varphi = |\varphi_1 - \varphi_2|$ benötigt. Aus dem Sinussatz folgt dann:

$$\frac{A_{ges}}{\sin(180° - \Delta\varphi)} = \frac{A}{\sin\frac{\Delta\varphi}{2}} \quad \Rightarrow \quad \frac{A_{ges}}{A} = \frac{\sin\Delta\varphi}{\sin\frac{\Delta\varphi}{2}}$$

A 2: Die Phasen der Wellenbäuche drehen sich um 180°.

A 3: Der Gangunterschied benachbarter Spalten errechnet sich mit: $\delta = \sqrt{a^2 + g^2} - a$, zu $\delta = 1\ \mu$m. Konstruktive Interferenz (maximal Intensität) ergibt sich immer dann, wenn die δ ein vielfaches der Wellenlänge ist. Im sichtbaren Spektralbereich (400 nm bis 800 nm) tritt dies auf für die Wellenlängen 400 nm (violett), 500 nm (blau-grün) und 667 nm (orange).

Destruktive Interferenz (minimale Intensität) tritt auf, wenn δ ein halbzahliges Vielfaches der Wellenlänge ist. Im sichtbaren Spektralbereich tritt dies auf für die Wellenlängen 444 nm (blau), 571 nm (gelb) und 800 nm (rot). Die Intensität verschwindet dabei jedoch nicht vollständig, da sich nur die Intensität von zwei Spalten gegenseitig vollständig auslöschen können, die Intensität des dritten Spalts bleibt somit übrig.

A 4: Ein Lichtjahr ist die Entfernung, die das Licht in einem Jahr zurücklegt. Lichtgeschwindigkeit beträgt $c_0 = 2,99792458 \cdot 10^8\ \frac{m}{s}$. Für die einzelnen Längen ergeben sich somit folgende Entfernungen:

Zeit	Entfernung
1 Lichtjahr	$9,46 \cdot 10^{15}$ m
1 Lichtstunde	$1,078 \cdot 10^{12}$m
1 Lichtsekunde	299792458 m $\approx 3 \cdot 10^8$ m

Abstand Erde – Mond:
384400 km $\hat{=}$ 1,28 Lichtsekunden

Abstand Erde – Sonne:
$149,6 \cdot 10^6$ km $\hat{=}$ $4,74 \cdot 10^3$ Lichtsekunden
Dies entspricht 8 Lichtminuten und 19 Lichtsekunden.

A 5: Es tritt links und rechts vom Hauptmaximum je ein Minimum auf, da $\frac{(2k-1)}{2} \cdot \frac{l}{g}$ ab $k = 2$ größer als 1 wird. Hieraus folgt: $\sin\alpha_1 = 0,4 \quad \Rightarrow \quad \alpha_1 = 23,58°$.

A 6

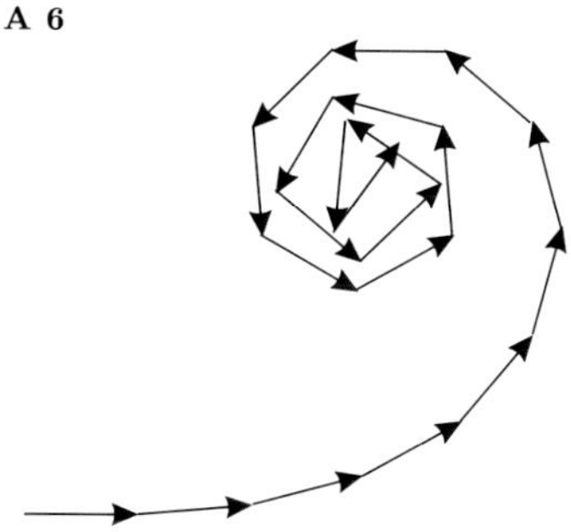

Wird für den Versuch ein Rad mit kleinerem Radius verwendet, so vergrößert sich der Winkelunterschied zwischen benachbarten Zweigen der Cornu-Spirale, d.h. die Spirale wird enger.

A 7: Wenn man die Beugungsversuche am Spalt und am Gitter in Wasser ausführt, ändert sich in den Formeln die Wellenlänge. Da Wasser eine Brechungszahl größer als Eins besitzt, wird die Wellenlänge gemäß $\frac{\lambda}{n}$ reduziert.

A 8: Das Sonnenlicht ist inkohärent und setzt sich aus vielen verschiedenen Wellenlängen zusammen. Dadurch verschmieren die Interferenzstreifen so stark, dass sie nicht mehr beobachtet werden können.

Seite 376

A 1: Das Hauptmaximum, das von B erzeugt wird, fällt auf das 1. Minimum von A, wenn gilt:

$$\frac{l}{\frac{1}{2}\Delta d} = \frac{b}{a} \quad \text{(Strahlensatz)}$$

Für kleine Winkel ist $\Delta d \approx a\frac{\lambda}{g}$, also $\frac{l}{\frac{1}{2}a\frac{\lambda}{g}} = \frac{b}{a}$.

Hieraus folgt $l = \frac{b \cdot \lambda}{2g}$.

Für kleine Winkel ist $g \approx \epsilon \cdot b \quad \Rightarrow \quad l \approx \frac{\lambda}{2 \cdot \epsilon}$.

Die Ausdehnung l der Lichtquelle muss kleiner sein, als in diesem Fall, also $l \cdot \epsilon < \frac{\lambda}{2}$.

Seite 389

A 1: Die Schichtdicke von Kryolith muss $\frac{\lambda_S}{4}$ sein, also $d = \frac{\lambda}{4 \cdot n} = \frac{540 \text{ nm}}{4 \cdot 1,33} \approx 102 \text{ nm}.$

A 2: Die Phasensprünge bei der Reflexion am Kerosin und am Wasser heben sich auf. Die Schichtdicke muss also $\frac{1}{2}\lambda$; λ; $\frac{3}{2}\lambda$ sein.

Der Gangunterschied ist jeweils λ_S, $2\lambda_S$, $3\lambda_S$, ...

Hieraus folgt $d_k = k \cdot \frac{\lambda_S}{2} = k \cdot 225$ nm mit $k = 1, 2, 3, \ldots$

Seite 393

A 1: Berechnung der Wellenlängen nach der Reflexionsbedingung von Bragg (S. 392):

$2 \cdot d \cdot \sin\varphi = k \cdot \lambda$ mit $k = 1, 2, 3...$

k	φ_1	φ_2	λ_1	λ_2
1	15°	16°	0,15 nm	0,16 nm
2	32°	35°	0,30 nm	0,32 nm
3	53°	58°	0,45 nm	0,48 nm

A 2: Mit den Werten $d = 201$ pm und $\lambda = 72$ pm folgt für den Glanzwinkel

$$\sin\varphi = \frac{\lambda \cdot k}{2 \cdot d} \quad \Rightarrow \quad \varphi = \arcsin\left(\frac{\lambda \cdot k}{2 \cdot d}\right)$$

$$\Rightarrow \quad \varphi = 10,32°;\ 20,99°;\ 32,50°;\ 45,76°;\ 63,58°$$

A 3: Diese Versuchsanordnung ist als Drehkristallmethode zur Strukturforschung an Einkristallen bekannt.

Ist der Film nur ein schmaler Streifen, so erhält man eine Reihe von schwarzen Flecken, entsprechend einem Durchmesser des Debye-Scherrer-Bildes. Es erscheinen aber nur die Maxima derjenigen Netzebenen, die im Bild zu Versuch 1, S. 392 senkrecht zur Papierebene stehen.

Bei einem zweidimensional ausgedehnten Film liefern auch die übrigen Netzebenen Schwärzungspunkte, jedoch sind in der Regel nicht alle Debye-Scherrer-Ringe vertreten, denn dazu müsste der Kristall alle Stellungen im Raum annehmen.

Seite 396

A 1: Anmerkung: Leider ist im Buch irrtümlich ein Prismenspektrum eingebaut worden. Beim Gitterspektrum gilt für das Spektrum 1. Ordnung und bei kleinen Winkeln (hier erfüllt) ungefähr, dass der Abstand einer Linie zum Hauptmaximum proportional zur Wellenlänge ist. Dies ist hier offensichtlich nicht erfüllt. Daher lässt sich auch Teilaufgabe c) nicht sinnvoll lösen.

a)

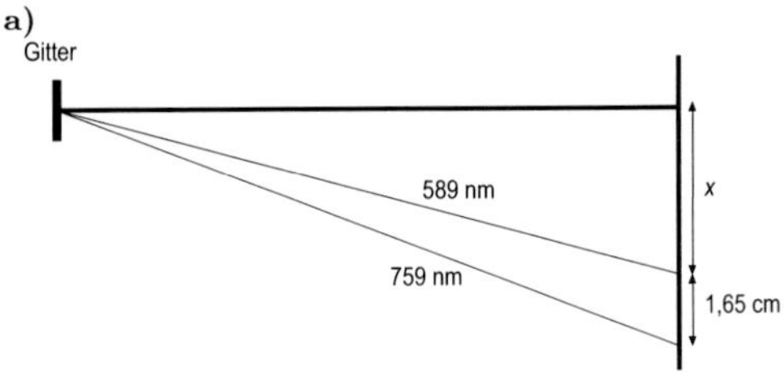

Für die Winkel, unter denen die Linien erscheinen, gilt: $\sin\alpha = \frac{\lambda_1}{g}$, $\sin\alpha^* = \frac{\lambda_2}{g}$.

Für kleine Winkel α gilt: $\tan\alpha \approx \sin\alpha$, also

$$\tan\alpha = \frac{x}{a} = \sin\alpha = \frac{\lambda_1}{g} \text{ bzw.}$$

$$\tan\alpha^* = \frac{x + 0,0165 \text{ m}}{a} = \sin\alpha^* = \frac{\lambda_2}{g}.$$

Mit $x = \frac{\lambda_1}{g} \cdot a$ und $(x + 0,0165 \text{ m}) = \frac{\lambda_2}{g} \cdot a$ erhält man durch Differenzbildung (oder Einsetzen)

$$g = \frac{(\lambda_2 - \lambda_1) \cdot a}{0,0165 \text{ m}} = 1,55 \cdot 10^{-5} \text{ m}.$$

(Eine Überprüfung zeigt, dass die Winkel tatsächlich klein sind und die Näherung $\tan\alpha^* = \sin\alpha^* = 0,049$ berechtigt war.)

b) Für x ergibt sich

$$x = a \cdot \tan\alpha = a \cdot \sin\alpha = a \cdot \frac{\lambda_1}{g} = 0,0572 \text{ m}.$$

Für die Linie **E** erhält man so

$x_E = x - 0,9 \text{ cm} = 0,048 \text{ m}.$

Also $\lambda_E = x_E \cdot \frac{g}{a} = 498$ nm.

Entsprechend für die Linie **G**:

$x_G = x - 3,65 \text{ cm} = 1,92 \text{ cm}$

Also $\lambda_G = \frac{x_G \cdot g}{a} = 198$ nm.

A 2: a) Die Strahlenoptik ist ein Grenzfall der allgemeingültigen Wellenoptik, da typische Wellenerscheinungen wie Interferenz und Beugung z.B. bei Abbildungen durch Linsen, Spiegel, Blenden usw. nur eine untergeordnete Rolle spielen, weil deren Abmessungen groß gegenüber der Wellenlänge des Lichts sind. Eine Quelle Q kann man bei Schall viel schlechter orten als bei Licht, da die Wellenlänge des Schalls sehr viel größer ist als die von Licht und Schall sich deshalb nicht so scharf bündeln lässt.

b) Die Fledermaus benutzt zur akustischen Orientierung Ultraschall kleiner Wellenlänge. Wegen der kurzen Wellenlänge sind Ultraschallwellen wie Licht scharf zu bündeln. Bei Hörschall wäre ihre Orientierung viel schlechter.

c) Annahme: Der Handybesitzer befindet sich im Fernfeld d.h. $\vec{E}$ und $\vec{H}$ stehen senkrecht zur Ausbreitungsrichtung (HEW - Homogene Ebene Welle). Der Besitzer richtet nun sein Handy mit der Antennenrichtung senkrecht von sich weg, dann kommt die Welle aus der Richtung bei der kein Empfang auftritt, da die Antenne in Längsrichtung keinen Empfang hat.

A 3: a) Beim Doppelspalt geht nur wenig Licht durch die beiden engen Spalten. Das Interferenzmuster ist lichtschwach. Zudem sind die Maxima nicht scharf, wodurch die Intensität zusätzlich erheblich geschwächt wird. Die Abstände zwischen den einzelnen Maxima und damit die Wellenlänge des Lichtes kann man nur relativ ungenau ermitteln.

Ein optisches Gitter besteht aus sehr vielen engen Spalten, die in gleichen Abständen nebeneinander angeordnet sind. Die Helligkeitsmaxima sind umso schmaler und lichtstärker, je größer die Zahl der an der Interferenz beteiligten Spalte ist. Je kleiner die Gitterkonstante g, desto größer wird der Abstand der Helligkeitsmaxima und desto genauer kann man die Wellenlänge bestimmen.

b) Ja, sie sind zulässig. Für den Fehler von λ ist nur der relative Fehler $\frac{\Delta d}{d}$ der Schirmentfernung wichtig, z.B. $\frac{\Delta a}{a} = \frac{2 \text{ cm}}{2 \text{ m}} = 0,01 = 1\%$. λ kann so etwa im Bereich $\lambda = (600 \pm 6)$ nm liegen.

A 4: a) Für das Maximum k-ter Ordnung von $\lambda_2 = \lambda_1 + \Delta\lambda$ gilt: $\frac{k \cdot (\lambda_1 + \Delta\lambda)}{g} = \sin \alpha_k$

Für das Minimum $(k+1)$-ter Ordnung von λ_1 gilt: $\frac{(2(k+1)-1) \cdot \lambda_1}{2g} = \sin \alpha_{k+1}$

Im Grenzfall, also $\frac{k(\lambda_1 + \Delta\lambda)}{g} = \frac{(2k+1)\lambda_1}{2g} \Rightarrow$

$$k\lambda_1 + k\Delta\lambda = k\lambda_1 + \frac{\lambda_1}{2} \quad \Rightarrow \quad \frac{\lambda_1}{\Delta\lambda} = 2k$$

b) Mit $\lambda_1 = 580$ nm folgt für die 3. Ordnung $\Delta\lambda = \frac{\lambda_1}{2k} = \frac{580 \text{ nm}}{2 \cdot 3} = 96,7$ nm. Für λ_2 ergibt sich somit $\lambda_2 = \lambda_1 + \Delta\lambda = 676,7$ nm.

A 5: Für den geänderten Aufbau ergibt sich als Gangunterschied:

$$\delta = s \cdot (n-1) = 6,93 \cdot 10^{-3} \text{ mm} \cdot (1,5-1)$$
$$= 3465 \text{ nm} = 5,5 \cdot \lambda$$

Im Intererenzmuster vertauschen sich Maxima und Minima.

A 6: Prinzipiell lassen sich auch für Schallwellen Gitter bauen lassen. Bei einer Wellenlänge von typischerweise $\lambda = \frac{c}{f} \approx \frac{340 \frac{\text{m}}{\text{s}}}{440 \; Hz} = 77$ cm wären hierzu Gitterkonstanten in der Größenordnung von 0,5 m bis 1 m erforderlich. Dies bedeutet aber, dass der Beobachtungsabstand bei mehreren Metern liegen müsste. Die Maxima beim Gitter sind umso schärfer ausgeprägt, je mehr Gitteröffnungen an der Beugung beteiligt sind. Schon bei 10 Öffnungen wäre die Breite des Gitters 7,7 m. Es ist nur schwer möglich für solch eine Breite eine ebene Wellenfront herzustellen.

A 7: Bei Schallwellen gibt es keine Polarisation, da es sich um Längswellen handelt.

In der Fotografie ist Polarisationsfolie sehr nützlich, da störende Lichtreflexe (Sonnenlicht auf Wasseroberfläche) stark vermindert werden.

Vom Herd eines Erdbebens breiten sich mechanische Längs- und Querwellen nach allen Richtungen durch das Erdinnere aus. Die Querkomponente der Erdbebenwelle kann polarisiert sein.

A 8: Hinter der ersten Folie sei die Feldstärke E, hinter der zweiten ist sie dann $E \cdot \cos\alpha$, hinter der dritten $(E \cdot \cos\alpha)\sin\alpha$. Die Intensität ist $I = I_0(\cos\alpha \cdot \sin\alpha)^2$.

A 9: Dazu muss man durch die zu prüfende Folie polarisiertes Licht gehen lassen, von dem die Richtung des $\vec{E}$-Vektors bekannt ist. Ein solches Licht erhält man z.B., wenn man genau senkrecht auf ein Lichtbündel blickt, das durch ein trübes Medium geht. Das daran gestreute Licht ist linear polarisiert; die Richtung seines $\vec{E}$-Vektors geht aus dem Bild zu V1, S. 388 hervor.

Eine weitere Möglichkeit besteht darin, ein Lichtbündel unter dem Brewster-Winkel α=56° auf eine Glasplatte fallen zu lassen. Das reflektierte Licht ist linear polarisiert. Die Schwingungsebene seines $\vec{E}$-Vektors verläuft senkrecht zum reflektierten Strahl und senkrecht zur Ebene, die dieser zusammen mit dem einfallenden Strahl bildet (Bild zu V2, S. 385).

A 10: $g = \frac{1}{5000}$ cm $= 2 \cdot 10^{-6}$ m

k-tes Maximum bei $\sin \frac{k \cdot \lambda}{g}$

$\sin \alpha_k = k \cdot 0,000077 \quad \Rightarrow \quad \alpha_1 = 0,0044^\circ$

Der Streifenabstand ist dann $\Delta d \approx a \cdot \frac{\lambda}{g} = 77\ \mu$m und kann so nicht beobachtet werden.

A 11: Ein Reflexionsgitter reflektiert nur für einen festen Winkel bestimmte Wellenlängen, ein Spiegel reflektiert alle Wellenlängen. Es können auch unter Winkeln, die nicht dem Reflexionsgesetz entsprechen, Intensitäten beobachtet werden.

A 12: a)

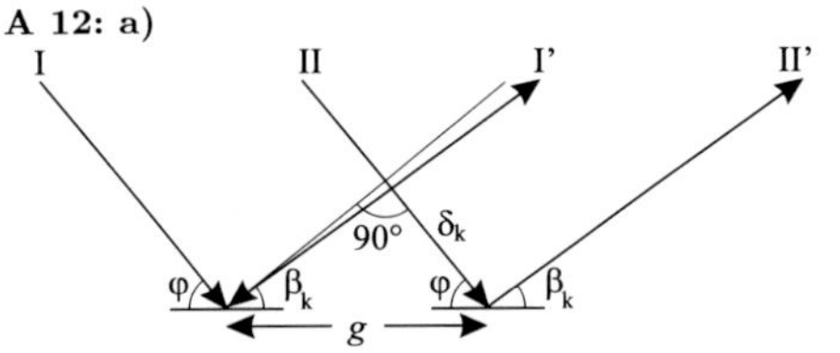

Für $\beta_k < \varphi$ ist der resultierende Wegunterschied $\delta = \delta_k - \delta = g \cos \beta_k - g \cos \varphi$. Beträgt $\delta = k\lambda$ mit $k = 0, 1, 2, \ldots$, so tritt konstruktive Interferenz auf: $g \cos \beta_k - g \cos \varphi = k\lambda$ oder $\cos \beta_k = \cos \varphi + k\lambda/g$. (Achtung: Vorzeichen beachten!)

Entsprechend ergibt sich für $\beta_k > \varphi$: $\cos \beta_k = \cos \varphi - k\lambda/g$.

b) Der Winkel α, d.h. die Differenz der Winkel φ und β_1 beträgt:

$\alpha = \varphi - \beta_1 = \varphi - \arccos(\cos \varphi + \lambda/g)$

Ist z.B. $\varphi = 60^\circ$ und $g = 1,6\ \mu$m, so ergibt sich für $\alpha = 60^\circ - 26,4^\circ = 33,6^\circ$.

c) Durch den streifenden Lichteinfall wird die Gitterkonstante effektiv verkleinert, so dass auch kürzere Wellenlängen stark gebeugt werden können.

A 13: Auch hier gilt die Formel für die Braggsche Reflexionsbedingung:

$2 \cdot d \sin \varphi = k \cdot \lambda \quad (k = 1, 2, 3, \ldots)$

Hieraus folgt: $k = \frac{2 \cdot \sin \varphi}{\lambda}$

Die höchste Ordnung, die noch beobachtet werden kann ist somit

$k_{max} = \frac{2d}{\lambda} = \frac{2 \cdot 2\ \mu\text{m}}{500\ \text{nm}} = 8$

In der Regel ist die Lichtstärke gering, weil die 'Gitterstäbe' sehr viel Fläche einnehmen bzw. abschatten.

A 14: Aus der Braggschen Reflexionsbedingung

$2 \cdot d \sin \varphi = k \cdot \lambda \quad (k = 1, 2, 3, \ldots)$ folgt:

$\sin \varphi = \frac{k \cdot \lambda}{2 \cdot d} = k \cdot \frac{3,2\ \text{cm}}{8\ \text{cm}}$

Die Glanzwinkel (Reflexionsmaxima) betragen somit $\varphi = 23,58^\circ \quad (k = 1)$ und $\varphi = 53,13^\circ \quad (k = 2)$.

Seite 399

A 1: Ist die Geschwindigkeit des Zuges konstant, so bildet der Zug ebenso ein Inertialsystem wie der Bahndamm. Nach dem Relativitätsprinzip gelten in beiden Bezugssystemen die gleichen Naturgesetze. Damit sind die Ballspiele im Zug identisch zu denen am Bahndamm.

Beispiel: Wirft ein Reisender R im Zug (bei konstanter Geschwindigkeit) einen Ball senkrecht hoch, so sieht es für ihn (R) genau so aus, wie der entsprechende Wurf des am Bahndamm ruhenden Beobachters B für diesen selbst (für B). – Den senkrechten Wurf des Reisenden R registriert aber der außen stehende B als schiefen Wurf. Nach der Galilei-Transformation $x = v \cdot t + x'$ wird zu jedem x' noch ein $v \cdot t$ addiert.

A 2: Zwei Beobachter können den *Zeitnullpunkt* ihrer Uhren synchronisieren, indem sie beide das gleiche Ereignis beobachten. Dabei ist es wichtig, dass beide Beobachter einen identischen, konstanten geometrischen Abstand vom Ort des Ereignisses haben, da anderenfalls Signallaufzeiten berücksichtigt werden müssen.

Die *Uhrensynchronisation* beruht auf der Invarianz der Lichtgeschwindigkeit und darauf, dass die Blitze von der Mitte M zwischen A und B ausgehen. Um dies zu prüfen, braucht man die Blitze nur in A und B nach M zurück zu reflektieren. Dort müssen sie gleichzeitig eintreffen.

Sollen die Uhren auch gleich schnell laufen, so dürfen sich die Beobachter relativ zu einander nicht bewegen, da anderenfalls jeder beim anderen eine Dilatation mit gleichem Faktor k beobachten würde.

A 3: a) Nach der vorrelativistischen Gleichung unter B3, nämlich nach $t_N = L'/(c - v_E)$ bei Nacht, bzw. $t_T = L'/(c + v_E)$ bei Tag folgt mit $c = 299792,458$ km/s:

bei Nacht	: t_N	$=$	8000 km/299762,458 km/s
		$\approx$	0,02668780 s.
bei Tag	: t_T	$=$	$L'/(c + v_E) \approx 0,02668246$ s.
Unterschied	: Δt	$\approx$	$0,00000534 \text{ s} = 5,34\ \mu\text{s}$.

Bei der relativistischen Lösung von Seite 404 ist nur L' mit $k = 0,999999995$ zu multiplizieren. Dies spielt hier keinerlei Rolle.

b) Wäre diese Schubs-Theorie richtig, so wären für außenstehende Beobachter die Laufzeiten der Signale bei Tag und Nacht gleich groß (siehe c). Erdbeobachter dagegen beachten den 'Schubs' nicht (falls sie sich als ruhend betrachten!). Relativ zu diesen hätte dann das Licht stets die gleiche Geschwindigkeit; die Laufzeit wäre dann bei Tag und Nacht $t = L'/c$. Würden sie die Erdgeschwindigkeit beachten, so hätten sie den Standpunkt der grünen Männchen eingenommen, der in (c) besprochen wird. Allerdings widerspricht die Schubs-Theorie der klassischen Wellenvorstellung, nach der die Geschwindigkeit einer jeden Welle nur vom Träger abhängt, nie von der Quelle. Man denke an den Doppler-Effekt bei Schall, Seite 326. Zudem wurde diese aus Verzweiflung aufgestellte Hypothese von T. Alväger 1966 experimentell widerlegt (siehe (d)).

c) Für die grünen Männchen hätten die Signale bei Nacht die größere Geschwindigkeit $c' = c + v_E$. Statt $ct = v_E t + L'$ würden sie rechnen: $(c + v_E)t = v_E t + L'$, also $t = L'/c$, genau wie die Erdbewohner, für die c bestehen bleibt. Bei Tag würde gelten: $(c - v_E)t = L' - v_E t$, also wieder $t = L'/c$.

d) π-Mesonen, die sich relativ zum Labor mit $v = 99,975c$ bewegen, senden in und gegen die Laufrichtung je ein γ-Quant aus. Beide fliegen – wieder relativ zum Labor – mit $v = (2,9977 \pm 0,0004) \cdot 10^8$ m/s, im Rahmen der Messfehler mit c. Dies widerlegt die Schubs-Theorie. Hier ist der Beobachter in der gleichen Lage wie die grünen Männchen in (c).

Anmerkungen zu den Äthertheorien:

Im 19. Jahrhundert sah man lange Zeit das Licht als mechanische Welle in einer noch unbekannten, geheimnisvollen Trägersubstanz an, Äther genannt. Sie sollte den ganzen Himmelsraum erfüllen und galt als absolut ruhendes Bezugssystem. Da Licht sich als Querwelle erwies (Buch Seite 398) und mechanische Querwellen sich nur in festen Stoffen ausbreiten (Seite 303), sollte dieser Äther noch härter als Stahl, für die Sternbewegungen dagegen so durchlässig wie Vakuum sein. Einstein ging auf die zahlreichen, verworrenen Äthertheorien nicht ein, sondern bezog sich auf Maxwells Lichttheorie. Nach dieser ist das Licht ein periodischer Vorgang in elektrischen und magnetischen Feldern. Diese Felder werden als Zustände des materiefreien Raums angesehen und vom jeweiligen Beobachter gemessen. Damit konnte Einstein auch die Lichtgeschwindigkeit $c = 1/\sqrt{\varepsilon_0 \mu_0}$ als für den jeweiligen Beobachter gültig betrachten und deren Invarianz in seinem 2. Postulat zur Grundlage seiner Theorie erheben. Äthertheorien sind danach Anachronismen. Bei Schülern, die den Feldbegriff erfasst haben, lösen sie erfahrungsgemäß Kopfschütteln aus.

Seite 401

A 1: a) Die Relativgeschwindigkeit v beträgt $v = \frac{L}{t} = \frac{12 \text{ m}}{60 \text{ ns}} = 2 \cdot 10^8 \ \frac{\text{m}}{\text{s}}$. Mit $k = \sqrt{1-\beta^2} = 0,745$ misst U′ dafür die Zeit $t' = k \cdot t = \sqrt{1 - \frac{v^2}{c^2}} \cdot t = 44,7$ ns. Die Strecke U_1U_2 beträgt im System S′: $L \cdot k = 8,94$ m.

b) Die Relativgeschwindigkeit v beträgt

$$v = \frac{L}{t} = L \cdot \frac{\sqrt{1 - \frac{v^2}{c^2}}}{t'}.$$

Quadrieren und Auflösen dieser Gleichung nach v liefert:

$$v = \frac{\frac{L}{t'}}{\sqrt{1 + \frac{L^2}{c^2 t'^2}}} = 2,4 \cdot 10^8 \ \frac{\text{m}}{\text{s}} = 0,8c.$$

Daraus folgt $k = \sqrt{1-\beta^2} = 0,6$. U_2 misst die Zeit $t = \frac{t'}{k} = \frac{30 \text{ ns}}{0,6} = 50$ ns.

A 2: Bei $v = 1000$ km/s ist $k = \sqrt{1 - \frac{v^2}{c^2}} = 0,999994$. Für $v = 99,9\% \cdot c$ folgt $k = 0,045$. Auflösen von k nach v liefert $v = c \cdot \sqrt{1-k^2}$. Für $k = 0,001$ folgt damit $v = 99,99995\%$ von c und für $k = 0,999$ gilt $v = 4,47\%$ von c, also $v = 13404 \ \frac{\text{km}}{\text{s}}$.

Seite 403

A 1: Die beiden Lampen 1 und 2 im S'-Zug erzeugen für S' gleichzeitig einen Lichtblitz und zwar:

Lampe 1 bei $t'_1 = 3$ s am S′-Ort $x'_1 = 0$ und

Lampe 2 bei $t'_2 = 3$ s bei $x'_2 = 10^8$ m.

Zwei S'-Beobachter, die am Bahndamm stehen, registrieren diese beiden Ereignisse zu verschiedenen S'-Zeiten:

S'-Beobachter I nach Gleichung 2 und Gleichung 4 mit $k = \sqrt{1-\beta^2} = 0,6$ und $\beta = 0,8$ bei

$$x_1 = (x'_1 + vt'_1)/k$$
$$= (0 + 0,8 \cdot 3 \cdot 10^8 \ \frac{\text{m}}{\text{s}} \cdot 3 \text{ s})/0,6 = 12 \cdot 10^8 \text{ m}$$

zur Zeit $t_1 = (t'_1 + \beta x'_1/c)/k = \frac{3 \text{ s} + 0}{0,6} = 5$ s

S'-Beobachter II bei

$$x_2 = (x'_2 + vt'_2)/k$$
$$= (10^8 \text{ m} + 0,8 \cdot 3 \cdot 10^8 \ \frac{\text{m}}{\text{s}} \cdot 3 \text{ s})/0,6$$
$$= 13,67 \cdot 10^8 \text{ m}$$

zur Zeit

$$t_2 = (t'_2 + \beta x'_2/c)/k$$
$$= \frac{3 \text{ s} + 0,8 \cdot 10^8 \text{m}/3 \cdot 10^8 \frac{\text{m}}{\text{s}}}{0,6} = 5,44 \text{ s}.$$

Anmerkungen:

S'-Beobachter registrieren den S'-Abstand $\Delta x' = x'_2 - x'_1 = 1,67 \cdot 10^8$ m mit dem Faktor k auf $k \cdot 1,67 \cdot 10^8 \text{ m} = 1,0 \cdot 10^8$ m kontrahiert, da sie gleichzeitig ablesen können.

A 2: Da die Physik in allen Inertialsystemen identisch ist, können sämtliche Überlegungen und Gleichungen aus Ziff. 8c für einen S′-Beobachter übernommen werden, wobei aus allen gestrichenen Größen ungestrichene Größen und aus allen ungestrichenen Größen gestrichene Größen werden. Da sich S für einen S′-Beobachter nach links mit $-v$ bewegt, verwendet dieser Gl. (2) und schreibt dort $x = (x' - vt')/k$: Weil die S-Uhr U_1 im S-System bei $x_1 = 0$ ruht, rechnet S mit Gl. (2) und $-v$:
$x_1 = 0 = (x'_1 - vt'_1)/k$ und für $x_2 = L$ entsprechend $x_2 = L = (x'_2 - vt'_2)/k$.
Wegen der wichtige Bedingung $t'_2 = t'_1$ folgt

$$\Delta x = L = x_2 - x_1 = (x'_2 - x'_1)/k.$$

Also ist L für S'-Beobachter geschrumpft von L auf $\Delta x' = x'_2 - x'_1 = kL < L$. Denn die S'-Beobachter messen an Ihrem, für sie gültigen S'-Maßstab die x'-Werte ab, nicht die x-Werte von S.

Warnung: Wer hier Gleichung (3) benutzt, muss Gl. (4), also die Relativität der Gleichzeitigkeit mit beachten, was die Rechnung erschwert. Er muss nämlich $t'_2 = t'_1$ beachten; $t_2 = t_1$ würde ein völlig falsches Ergebnis liefern, nämlich eine Dilatation der Länge, keine Kontraktion.

Seite 405

A 1: a) Man benutze die Gleichung (1) für die Geschwindigkeitsaddition. Dort ist die Lichtgeschwindigkeit relativ zur Rakete $u' = -c$. Es gilt für deren Geschwindigkeit $v < c$: Wir messen in der Rakete die Geschwindigkeit des Lichts zu

$$u = (u' + v)/(1 + vu'/c^2) = (-c + v)/(1 - v/c)$$
$$= -c(c - v)/(c - v) = -c$$

Der Lichtblitz bleibt für keinen Beobachter stehen!

b) Man kann den Vorgang für die Gl. (1) wie folgt einkleiden: Einstein sendet auf der (ruhend gedachten) Erde einen Lichtblitz mit der Geschwindigkeit $u = +c$ ab. Dann setzt er sich in eine mit $v = +c/2$ dem Licht nacheilende Rakete. Dort findet er die Geschwindigkeit 'seines Lichtblitzes' relativ zur Rakete zu u'. Also gilt nach Gl. (1): $u = c = (u' + v)/(1 + vu'/c^2)$. Es folgt $c + cvu'/c^2 = u' + v$ oder $u'(v/c - 1) = v - c$, das heißt $u' = c(v - c)/(v - c) = c$. Der Lichtblitz enteilt Einstein mit voller Lichtgeschwindigkeit!

Seite 407

A 1: Bewegen sich zwei Inertialsyteme relativ zueinander in x-Richtung, so sind die Impulse aller Objekte in der hierzu senkrechten Ebene, d.h. in y- bzw. z-Richtung, in beiden Bezugssystemen gleich. Wäre dies nicht der Fall, so wäre auch die Wirkung der Impulse bei einem Stoß in beiden Systemen unterschiedlich, was der Beobachtung an der Lochtiefe widersprechen würde.

Senkrecht zur Bewegung hat man vieles einfacher: So behalten quer stehende Lichtuhren ihre Länge $L = L'$ bei. Auch die messbare Lochtiefe beim Stoß in Bild 2 hat für S und S' die gleiche Tiefe. Also liegt es nahe, die Querimpulse $p = m \cdot v$ und $p' = m' \cdot v'$ gleich zu setzen. Da aber $t > t'$ ist, muss $v = L'/t$ kleiner sein. Also spricht der ruhende Beobachter dem bewegten Körper eine größere Masse zu. Der tiefere Grund ist folgender: Die Trägheit von Körpern wird durch deren (sog. träge) Massen gekennzeichnet und diese wird bei Beschleunigungsexperimenten bestimmt, die mit Zeitmessungen zusammenhängen: Träge Körper brauchen zum Beschleunigen auf eine bestimmte Geschwindigkeit längere Zeit. Also muss sich die Zeitdehnung auf die Bestimmung des Trägseins auswirken. Den genauen Zusammenhang verdeutlicht Bild 2.

A 2: In Gl. (1) zur Geschwindigkeitsaddition wird gesetzt: Raketengeschwindigkeit $v = 0,6c$ und für den Flug nach rechts: $v'_{El} = 0,8c = u'$. Dann folgt $u = (0,8c + 0,6c)/(1 + 0,8c \cdot 0,6c/c^2) = +0,946c$. Flug nach links: $v'_{El} = -0,8c = u'$. Es folgt $u = (-0,8c + 0,6c)/(1 - 0,48) = -0,385c$.

A 3: Aus der Lorentz-Transformation
$t = (t' + \beta x'/c)/k$
folgt für eine am Ort $x' = 0$ in S' ruhende Uhr die als Zeitdilation bekannte Gleichung
$$t = \frac{t'}{k} = \frac{t'}{\sqrt{1 - \beta^2}} > t'.$$
Ein S'-Beobachter beobachtet unsere bei $x = 0$ ruhende S-Uhr. Mit Vorteil benutzt er die Gleichung $t' = (t - v \cdot x/c^2)/k$, weil sie x enthält. Er folgert $t' = t/k > t$ und sagt, unsere S-Uhr tickt für ihn langsamer; seine Uhr zeigt wegen $t' > t$ beim Vergleich an seiner synchronisierten Uhrenreihe mehr an als unsere.

A 4: Wegen $W_0 = m_0c^2$ ist $p = m \cdot v = m_0v/k = W_0v/(c^2k)$, also – wie angegeben $c^2p^2 = W_0^2v^2/(c^2k^2)$. Daraus folgt mit $W_0^2/k^2 = W^2$ und $v^2/c^2 = \beta^2 = 1 - k^2$ (da $k = \sqrt{1 - \beta^2}$)
$c^2p^2 = W^2\beta^2 = W^2 - k^2W^2 = W^2 - W_0^2$.

Das Ergebnis $W^2 = W_0^2 + c^2p^2$ lässt sich nach Pythagoras grafisch darstellen:

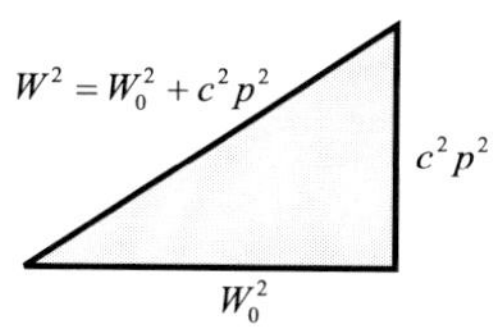

Einführung in die Quantenphysik

a) Die in Theoriebüchern übliche *Quantisierung des Teilchenbildes* durchläuft, überaus mühsam, mehrere Stufen: Klassische Mechanik → Hamilton-Prinzip → Wirkungsfunktion → Operatoren → Schrödingers Wellenmechanik. Statt dessen legen wir die auf *Dirac* und *Feynman* zurückgehende *Quantisierung des Wellenbildes* zugrunde. Dazu bringen wir beim Fotoeffekt quantisierte Energieportionen in die Welle ein, die Photonen. *H. Paul* schreibt in 'Photonen', S. 140: "Die [bei der Interferenz] erwähnte geradezu ideale Korrespondenz zwischen quantenmechanischer und klassischer Beschreibung zeigt, dass die klassische Elektrodynamik der Quantenmechanik viel näher steht als die klassische Mechanik ... das liegt daran, dass die klassische Elektrodynamik ja schon eine *Wellentheorie* ist und ... bei Interferenz ... das gleiche zu leisten vermag, wie die Wellenmechanik, sprich Quantentheorie. Dieser Sachverhalt hat ... etwas verblüffendes an sich, jedenfalls für einen quantenmechanisch vorbelasteten Physiker."

b) Es gilt also, 'abzählbare Teilchen' in die Welle einzubringen. Dazu deuten wir das *Huygens-Prinzip* von tatsächlichen Wellen- auf mögliche *Quantenbahnen* um. So erhalten wir, ohne Formalismus, nur durch Umdeuten, als zentrale Aussagen der Quantenphysik:

- Die Superposition von Quantenmöglichkeiten, nach Dirac *"one of the most fundamental and most drastic law"*; (Buch S. 423 f und 431 f).
- Diese zwingt, den exakt bestimmten, klassischen Bahnbegriff aufzugeben und zeigt
- fundamentale Unbestimmtheiten Δx; Δp_x klassischer Messgrößen (nicht von Ψ), die der klassischen Physik selbst fremd sind und nach dem Knallertest (S. 422) nicht von vielleicht klassisch verständlichen 'Störungen' des Messgeräts rühren. Mit der Unbestimmtheitsrelation $\Delta x \cdot \Delta p_x \approx h$ wurde es Tag in der Quantentheorie (S. 430).

c) Die Folgen sind radikal: Die Quantenphysik ist *universell*, weil sie mit weniger exakten Daten auskommt als die klassische, mit weniger Voraussetzungen; sie hat Modellballast abgeworfen. Wer der klassischen Physik nachtrauert und scharf bestimmte Bahnen fordert, muss am Verhalten von Elektronen oder gar Fullerenbällen beim Doppelspalt verzweifeln. Von Weizsäcker nennt das Trauerarbeit (Aufbau d. Physik, S. 539 und S. 567). *P. Mittelstaedt* schreibt (Phys. Blätter, Dez. 2000): "Es geht heute nicht mehr darum, Quantenphänomene aus Sicht der klassischen Physik verständlich zu machen. Das ungelöste heutige Problem ist die klassische Physik selbst." Wir gehen darauf auf Seite 464 ff ein.

d) Zugegeben: Dieses Umdenken fällt an bekannten Körperchen, an Fullerenbällen und Elektronen schwer, leicht dagegen am 'Neuling' *Photon*. Aber nur, falls man dieses nicht gemäß der Kontroverse *Newton* ⇔ *Huygens* als fliegendes Teilchen eingeführt hat, als 'dualistisches' Gegenstück zur Welle. Dieses beliebte Photonenbild geht leicht ein und haftet fest. Deshalb blockiert es nach Aussage von Experten das tiefere Eindringen – man verharrt in Widersprüchen. Vielmehr ist das Photon Bestandteil der elektromagnetischen Welle, deren quantisierte Energiestufe $\Delta W = h \cdot f$ (S. 457). Niemand betrachtet z.B. die Energiestufen des H-Atoms oder eines Schallfeldes (Phononen) als lokalisierte Kügelchen! Am vorsichtig eingeführten Photon lässt sich leichter der Begriff des interferenzfähigen *Quantenobjekts* entwickeln als am Elektron oder gar am Fullerenball (S. 420 f).

Seite 409

A 1: a) $W_{max} = h \cdot f - W_A$. Mit $W_A^{Na} = 2{,}28$ eV und $f = \frac{c}{\lambda} = 3{,}0 \cdot 10^{15}$ Hz folgt: $W_{max} = 10{,}15$ eV. Aus $W_{max} = e \cdot U = \frac{1}{2} \cdot m_e \cdot v_{max}^2$ folgt: $v_{max} = 1{,}89 \cdot 10^6\ \mathrm{ms}^{-1}$. Bei halber Wellenlänge ist die Energie $W_{max}(\frac{\lambda}{2}) = 2 \cdot h \cdot f - W_A = 22{,}58$ eV.

b) $f_{gr}^{Na} = 5{,}5 \cdot 10^{14}$ Hz $= \frac{c}{\lambda} \Rightarrow \lambda = 535$ nm. Die Grenzfrequenz ist die minimale Frequenz und eine Folge der Ablöseenergie. Nur bei höheren Frequenzen $f > f_{gr}$ des eingestrahlten Lichts kommt es zur Emission von Fotoelektronen.

Seite 411

A 1: a) *Experiment*: Die Gegenspannungsmethode nach V2 und V4 führt zur linearen Gleichung für eine maximale Spannung U_{max} zwischen beleuchtetem Metall und dunklem Ring (Bild 3): $U_{max} \sim h \cdot f - W_A$. Die Gleichung $W_{max} = h \cdot f - W_A$ folgt aus dem Bild zu V3, S. 409.

Deutung: V2 zeigt, dass Licht Elektronen aus Metallen freisetzen kann. Nun ist U_{max} die Spannung, gegen welche die dabei freigesetzten, schnellsten Elektronen nicht mehr anlaufen können (sonst würden weitere Elektronen auf dem Ring landen, U würde weiter steigen). Also ist $W_{max} = e \cdot U_{max}$ die kinetische Energie eines Elektrons mit der maximalen Energie W_{max}. Sie wird am Elektron im Vakuum gemessen, also erst nach seinem Ablösen durch Licht. Nun hängt der Achsenabschnitt W_A nur vom Metall ab, welches das Elektron verlassen hat. W_A kann als vom Licht unabhängige Ablöseenergie bezeichnet werden. Zur Kontrolle könnte man prüfen, ob W_A etwa auch beim glühelektrischen Effekt auftritt, was sich auch bestätigt. Ohne Licht bleibt das Elektron im Metall (bei Zimmertemperatur). Der Term $h \cdot f$ hängt nur vom eingestrahlten Licht ab. Es liegt nahe, $h \cdot f$ als die Energie zu bezeichnen, die unabhängig von Intensität und Metall Licht im Metall an ein einzelnes Elektron abgibt. Man wird prüfen, ob dies auch beim Freisetzen aus Atomen (siehe Bild 2, Seite 410) und bei einer Umkehr, nämlich dem Beschuss von Metallen mit schnellen Elektronen (siehe Seite 412) gilt.

b) *Experiment*: Um aus einer Zinkplatte Elektronen herauszulösen, muss das eingestrahlte Licht die für das Metall Zink nötige Ablöseenergie liefern. Die Energie des Lichtes ist von der Frequenz abhängig. UV-Licht liefert eine genügend große Energie. Sichtbares Licht, das eine kleine Frequenz f hat, bringt die für Zink nötige Ablöseenergie nicht auf.

Deutung: Die Emission von Fotoelektronen setzt erst bei einer bestimmten Frequenz ein, die spezifisch für jedes Metall ist und aus der erforderlichen Ablöseenergie W_A resultiert. Diese Frequenz wird Grenzfrequenz f_{gr} genannt.

c) Die Planck-Konstante h ist materialunabhängig. Im Gegensatz zur Frequenz f und zur Ablöseenergie W_A unterliegt h weder dem Einfluss des Lichts noch des Metalls. Trägt man für unterschiedliche Metalle die Energie W über der Frequenz f auf, so ergeben sich parallele Geraden derselben Steigung h.

d) Nach der klassischen Lichttheorie müsste die Lichtenergie kontinuierlich auf Wellenfronten bis ins unendlich Kleine abnehmen. Die Elektronen dürften demnach erst freigesetzt werden, wenn sie die nötige Ablöseenergie gesammelt hätten. Fotostrommessungen zeigen allerdings, dass bei ausreichender Lichtenergie Fotoelektronen sofort, ohne Verzögerung, abgelöst werden. Also ist die Energie der Lichtwelle selbst in Quanten $W = h \cdot f$ aufgeteilt.

A 2: Die Energie eines Photons ist $W_{Ph} = h \cdot f = h \cdot \frac{c}{\lambda}$. Bei der Lichtleistung $P_L = 10^{-4}\ \text{Js}^{-1}$ gibt das Licht in der Zeit t mit n_{Ph} Photonen die Energie

$$W_L = P_L \cdot t = n_{Ph} \cdot W_{Ph} = n_{Ph} \cdot h \cdot f = n_{Ph} \cdot h \cdot \frac{c}{\lambda}$$

Photonen ab. Bei der Quantenausbeute $\eta = 10^{-3}$ erzeugen sie $n_{El} = \eta \cdot n_{Ph}$ Elektronen. In derselben Zeit t ist die Stärke des in V2 mit I_{Ph} bezeichneten elektrischen Stromes $I_{Ph} = \frac{Q}{t} = e \cdot \frac{n_{El}}{t} = e \cdot \eta \cdot \frac{n_{Ph}}{t}$. Mit der Gleichung für W_L folgt daraus mit $n_{Ph} = \frac{n_{El}}{\eta}$:

$$I_{Ph} = e \cdot \eta \cdot \frac{n_{Ph}}{t} = e \cdot \eta \cdot P_L \cdot t \cdot \frac{\lambda}{h \cdot c \cdot t}$$
$$= e \cdot \eta \cdot P_L \cdot \frac{\lambda}{h \cdot c} = 0{,}08\ \text{A} \cdot \lambda/\text{m} \sim \lambda$$

Photonen großer Wellenlänge λ haben wenig Energie, sind also bei gleicher Lichtleistung P_L zahlreicher und können bei gleicher Quantenausbeute mehr (!) Fotoelektronen in gleicher Zeit freisetzen. Allerdings hört der Fotoeffekt bei der Grenzwellenlänge $\lambda_{gr} = \frac{c}{f_{gr}}$ auf.

Skizze:

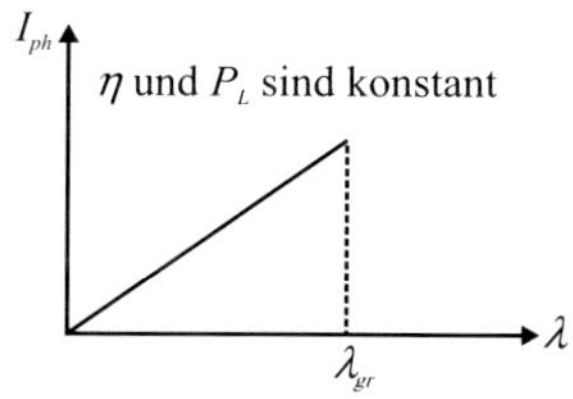

A 3: Unter der Annahme, dass die Lichtenergie kontinuierlich verteilt ist, würde nach der klassischen Wellenvorstellung in jeder Sekunde nur ein Bruchteil der Energie, die man zum Ablösen eines Elektrons braucht, den entscheidenden Teil einer Sehzelle treffen. Die Wahrnehmung der Sterne würde dann erst mit großer zeitlicher Verzögerung erfolgen.

A 4: a) Direkte Messung der max. Energie $W_{max} = e \cdot U_{max}$, etwa durch Ablenkung in E- bzw. B-Feldern (siehe S. 216 f und S. 222).

Gegenspannungsmethode: Spannungsmessgerät geschaltet zwischen Metallschicht der Vakuumfotozelle und dem Drahtring beim Einstellen der maximalen Spannung ($I_{Ph} = 0$; V4 von S. 409). Drahtring am Minuspol. Der Drahtring wird durch die Fotoelektronen negativ aufgeladen gegenüber der positiv geladenen Metallschicht (V2 von S. 408).

b) Anlegen einer veränderbaren Gegenspannung U zwischen Metallschicht der Vakuumfotozelle und dem Drahtring:

$U = 0$ $\Rightarrow$ max. Zahl der Elektronen am Ring
U steigt $\Rightarrow$ nur die schnellsten Elektronen erreichen den Ring
$U = U_{max}$ $\Rightarrow$ $I = 0$ $\curvearrowright$ $W_{max} = e \cdot U_{max}$

Positiver Pol der Spannungsquelle an der Metallschicht, negativer Pol der Spannungsquelle am Drahtring.

c) Anlegen einer festen Saugspannung, die alle Fotoelektronen zum Ring zieht. Spannungsquelle mit Pluspol an den Drahtring und Minuspol an die Metallschicht der Vakuumfotozelle.

A 5: Energie eines Quants:

$$W = h \cdot f = h \cdot \frac{c}{\lambda} = 6,63 \cdot 10^{-34}\ \text{Js} \cdot \frac{3 \cdot 10^{8}\ \text{ms}^{-1}}{600\ \text{nm}}$$
$$= 3,32 \cdot 10^{-19}\ \text{J}$$

Pupillenfläche: $A = \pi \cdot r^2 = 28,3\ \text{mm}^2$

Photonenzahl: $n_{Ph} = \frac{A \cdot S_E \cdot 1\ \text{s}}{W} = 8524$

A 6: Quantenenergie:

$$W = h \cdot f = h \cdot \frac{c}{\lambda} = 6.63 \cdot 10^{-34}\ \text{Js} \cdot \frac{3 \cdot 10^{8}\ \text{ms}^{-1}}{400\ \text{nm}}$$
$$= 4,97 \cdot 10^{-19}\ \text{J}$$

Bestrahlungsstärke: $S_E = 1370\ \text{Jm}^{-2}\text{s}^{-1}$

Photonenzahl pro Sek.:
$n_{Ph} = \frac{1370\ \text{Jm}^{-2}\text{s}^{-1}}{4,97 \cdot 10^{-19}\ \text{J}} = 2,76 \cdot 10^{21}$

Anzahl Fotoelektronen:
$n_{El} = \eta \cdot n_{Ph} = 0,001 \cdot 2,76 \cdot 10^{21} = 2,76 \cdot 10^{18}$

Abgeführte Energie:
$n_{El} \cdot (h \cdot f - W_A) = 0,49\ \text{J}$

Seite 413

A 1: a) $e \cdot U = h \cdot f_{max} = h \cdot \frac{c}{\lambda_{min}} \quad \Rightarrow$

$$\lambda_{min} = \frac{h \cdot c}{e \cdot U} = 2,5\ \text{pm}$$

b) $\lambda_{min} = 56,4\ \text{pm}$

A 2: Wenn keine Verluste auftreten, ist die Energie der Fotoelektronen so groß wie die Elektronenenergie in der Röntgenröhre.

A 3: Durch das infrarote Licht werden langsame Fotoelektronen aus der AgCsO-Schicht ($W_A = 1,04\ \text{eV}$) herausgelöst. Diese werden durch das elektrische Feld beschleunigt, erhalten also mehr Energie. Anschließend werden diese Elektronen durch die magnetische Linse gebündelt (siehe Buch, S. 219) und lösen in einem Leuchtschirm Photonen höherer Energie (größerer Frequenz), vorwiegend im sichtbaren Bereich, aus.

Seite 415

A 1: $\lambda = 500\ \text{nm} \quad \Rightarrow \quad f = \frac{c}{\lambda} = 6 \cdot 10^{14}\ \text{Hz} \quad \Rightarrow$

$$W = h \cdot f = 4 \cdot 10^{-19}\ \text{J}$$
$$n_{Ph} = \frac{P}{W} \cdot \eta \cdot t = 1,36 \cdot 10^{26}$$
$$m_{Ph} = \frac{h \cdot f}{c^2} = \frac{h}{c \cdot \lambda} = 4,42 \cdot 10^{-36}\ \text{kg}$$
$$\approx 5 \cdot 10^{-6} \cdot m_{El}$$

A 2: $\lambda = 500\ \text{nm} \quad \Rightarrow \quad f = \frac{c}{\lambda} = 5,5 \cdot 10^{14}\ \text{s}^{-1}$

Energie eines Photons: $W_1 = h \cdot f = 3,62 \cdot 10^{-19}\ \text{J}$

Oberfläche der Kugel um Sonne:
$O = 4\pi \cdot r^2 = 4\pi \cdot (1,5 \cdot 10^{11})^2\ \text{m}^2 = 2,83 \cdot 10^{23}\ \text{m}^2$

Solarkonstante: $S_E = 1,37\ \text{kWm}^{-2}$

Sonnenenergie: $W_S = S_E \cdot A \cdot 1\ s = 3,9 \cdot 10^{26}\ \text{J}$

abgestrahlte Photonenzahl pro Sek.:
$n_{Ph,S} = \frac{W_S}{W_1} = 1,08 \cdot 10^{45}/\text{s}$

Querschnittsfläche der Erde:
$A = \pi \cdot r^2 = 1,27 \cdot 10^{14}\ \text{m}^2$

Empfangene Energie pro Sek.:
$W_E = S_E \cdot A \cdot 1\ s = 1,74 \cdot 10^{17}\ \text{J}$

Photonenzahl auf der Erde pro Sek.:
$n_{Ph,E} = \frac{1,74 \cdot 10^{17}\ \text{J}}{3,62 \cdot 10^{-19}\ \text{J}} = 4,81 \cdot 10^{35}/\text{s}$

Die im infraroten Spektralbereich ausgestrahlten Elektronen sind energieärmer, also zahlreicher.

$$\lambda = 10^4\ \text{nm} \Rightarrow f = \frac{c}{\lambda} = 3 \cdot 10^{13}\ \text{s}^{-1}$$
$$W_1 = h \cdot f = 2 \cdot 10^{-20}\ \text{J}$$
$$W_E = 1,74 \cdot 10^{17}\ \text{J} \quad \text{(Strahlungsgleichgewicht!)}$$
$$n_{IR} = \frac{1,47 \cdot 10^{17}\ \text{J}}{2 \cdot 10^{-20}\ \text{J}} = 8,7 \cdot 10^{36}/\text{s}$$

Die Zahl der von der Erde abgestrahlten Photonen ist größer als die der eingestrahlten. Die Erde ist damit zwar im Energie-Gleichgewicht, doch hat die abgestrahlte Energie viel weniger Wert (so wie Wärme bei tiefer Temperatur). Die ihr zukommende Entropie ist größer. Die Strahlung führt damit den auf der Erde durch die zahlreichen irreversiblen Vorgänge entstandenen Entropie-Müll allseitig ins Weltall (siehe Entropie in der Wärmelehre des 11er-Bandes).

Seite 417

A 1: a) Photonenentstehung:

- Radiosender: Energie aus Anodenspannungsquelle
- Glühlicht: Energie aus Temperaturbewegung
- Leuchtstoffröhre: Energie aus Elektronenstoß, angeregte Atome
- Röntgenröhre: Energie aus Elektronenstoß, beschleunigte Ladungen
- Zerstrahlung: Energie aus Masse von Elementarteilchen (Masse der Photonen aus Ruhemasse der Elementarteilchen)

b) Photonenvernichtung:

- Mikrowellenherd: Energie zur Temperaturbewegung
- Lichtabsorption: Energie zur Temperaturerhöhung
- Fotoeffekt: Energie zur Austrittsarbeit und kinetische Energie
- Comptoneffekt: Energie zur Elektronengeschwindigkeit, neues Photon (Impuls aufgeteilt auf Elektron und neues Photon; Massenzunahme des Elektrons nach Stoß
- Paarbildung: Energie zur Bildung von Masse und kinetischer Energie neuer Teilchen (Ruhemasse Photon für Ruhemassen zweier Elektronen)

A 2: $W_{kin} = 0,5 \cdot m \cdot v^2 = 4,55 \cdot 10^{-21}$ J $= 0,028$ eV

$W_{kin} = h \cdot f - W_A \quad \Rightarrow$

$f = \dfrac{W_{kin} + W_A}{h} = 7,3 \cdot 10^{14}$ Hz $\quad \Rightarrow$

$\lambda_{min} = \dfrac{c}{f} = 410,5$ nm

A 3: Bei $m_e/100$: $U = \dfrac{m \cdot c^2}{e} = \dfrac{m_e \cdot c^2}{100 \cdot e} = 5,12$ kV

Bei m_p: $U = \dfrac{m_p \cdot c^2}{e} = 0,96$ GV

Man merke: $m_p \simeq 1$ GeV.

A 4: a) Mikrowellenherd:

$$\begin{aligned} \lambda &= 0,1 \text{ m} \quad \Rightarrow \\ f &= \frac{c}{\lambda} = 3 \cdot 10^9 \text{ Hz} \quad \Rightarrow \\ W &= h \cdot f = 2 \cdot 10^{-24} \text{ J} \\ n_{Ph} &= \frac{P}{W_{Ph}} = 3,5 \cdot 10^{26} \end{aligned}$$

b) Röntgenstrahl:

$$\begin{aligned} \lambda &= 10 \text{ pm} \quad \Rightarrow \\ f &= \frac{c}{\lambda} = 3 \cdot 10^{19} \text{ Hz} \quad \Rightarrow \\ W &= h \cdot f = 2 \cdot 10^{-14} \text{ J} \\ n_{Ph} &= \frac{P}{W_{Ph}} = 5 \cdot 10^{10} \end{aligned}$$

Bei 10^6 Photonen/s: $P = \dfrac{n_{Ph} \cdot h \cdot f}{s} = 20$ nW

A 5: a) $\lambda = 600$ nm $\quad \Rightarrow \quad f = \dfrac{c}{\lambda} = 5 \cdot 10^{14}$ Hz $\quad \Rightarrow$

$W_{Ph} = h \cdot f = 3,32 \cdot 10^{-19}$ J; $n_{Ph} = \dfrac{P}{W_{Ph}} = 3 \cdot 10^{12}$/s

$n_{El} = \dfrac{I_{Ph}}{e} = 6,25 \cdot 10^{11}$/s; $\eta_Q = \dfrac{n_{El}}{n_{Ph}} \approx 21\%$

b) $$\begin{aligned} W_{max} &= h \cdot f - W_A = 3,32 \cdot 10^{-19} \text{ J} - 2 \text{ eV} \\ &= 2,075 \text{ eV} - 2 \text{ eV} = 0.075 \text{ eV} \\ &= 1,2 \cdot 10^{-20} \text{ J}; \end{aligned}$$

$$W_{Ph} = h \cdot f = h \cdot \frac{c}{\lambda} = 3,32 \cdot 10^{-19} \text{ J};$$

$$\eta_{Ph} = \frac{1,2 \cdot 10^{-20} \text{ J}}{3,32 \cdot 10^{-19} \text{ J}} = 3,6\%$$

bei 1 Photonenumsatz;

Für die Zelle gilt:

$\eta_{Energie} = \eta_{Ph} \cdot \eta_Q = 0,036 \cdot 0,21 = 0,76\%$

A 6: Skizze:

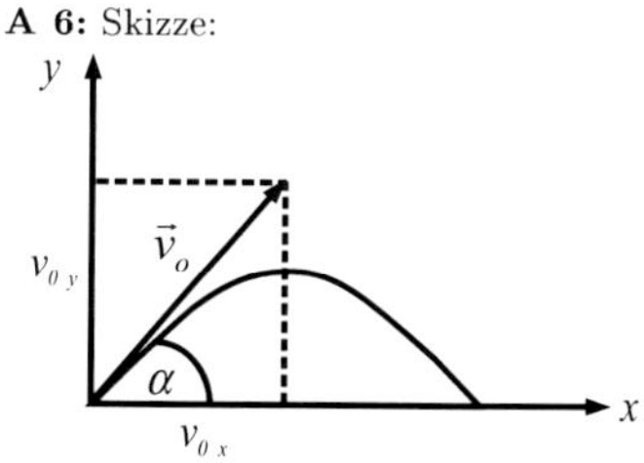

Nach Versuch 4 von Seite 409 erreichen bei U_{max} nur wenig Fotoelektronen den Ring. Verlässt ein Elektron die Kathodenoberfläche nicht senkrecht, sondern unter dem Winkel $\alpha = 30°$, so führt es im homogen betrachteten E-Feld einen 'schiefen Wurf' aus, wie ein Stein im Schwerefeld. Es hat im höchsten Punkt noch kinetische Energie. Dieser liegt also tiefer als bei einem 'senkrechten Wurf', den wir bei der Gleichung $W_{max} = e \cdot U_{max}$ vorausgesetzt haben. Zerlegt man $\vec{v_0}$ in Komponenten, so folgt: $v_{0x} = v_0 \cdot \cos\alpha$ und $v_{0y} = v_0 \cdot \sin\alpha$. Das Elektron erfährt nach unten die Kraft $F = e \cdot E$; im E-Feld steigt die Spannung U gegen die Kathode nach $U = E \cdot y$ (analog zu $W_{pot} = G \cdot h$; die potentielle Energie ist $W_{pot} = e \cdot U = e \cdot E \cdot y$; dies folgt aus $E = \frac{U}{d}$, also $U = E \cdot d$ und $U = \frac{W}{q}$ (S. 186 bis 189)). Ein mit v_x unter dem Elektron mitlaufend gedachter Beobachter sieht, wie es über ihm einen senkrechten Wurf mit Startgeschwindigkeit v_{0y} ausführt. Im höchsten Punkt $y = \frac{U}{e}$ gilt nach dem Energiesatz: $\frac{1}{2} \cdot m \cdot v_{0y}^2 = \frac{1}{2} \cdot m \cdot v_0^2 \cdot \sin^2 30° = W_{pot} = e \cdot U$. Nun ist $\frac{1}{2} \cdot m \cdot v_0^2 = 1$ eV. Die erreichte Energie ist $W_{pot} = 1 \text{ eV} \cdot \sin^2 30° = 0{,}25$ eV, die Spannung $U = 0{,}25$ V und nicht 1 V. Analog dazu würde ein unter 30° geworfener Stein nur 25% der Höhe beim senkrechten Wurf erreichen.

A 7: Energiesummen der beiden Ruhemassen

$m_e = 9{,}1 \cdot 10^{-31}$ kg :

$$W_e = 2 \cdot m_e \cdot c^2 = 2 \cdot 9{,}1 \cdot 10^{-31} \text{ kg} \cdot 9 \cdot 10^{16} \text{ m}^2\text{s}^{-2} = 16{,}4 \cdot 10^{-14} \text{ J} = 1{,}024 \text{ MeV}$$

Kinetische Energie W_{kin} von Positron und Elektron bei der Paarbildung: (Gl. 4, S. 415)

$$W_{kin} = 1{,}040 \text{ MeV} - 1{,}024 \text{ MeV} = 0{,}016 \text{ MeV} = 2{,}6 \cdot 10^{-15} \text{ J}$$

Impuls beider Teilchen:

- nicht relativistisch

$$W_{kin} = 0{,}5 \cdot 2 \cdot m_e \cdot v^2 \quad \Rightarrow$$

$$v = \sqrt{\frac{W_{kin}}{m_e}} = 59{,}3 \cdot 10^6 \text{ ms}^{-1}$$

$$p_E = 2 \cdot m_e \cdot v = 1{,}08 \cdot 10^{-22} \text{ Ns}$$

- relativistisch

$$W^2 - W_0^2 = (1{,}040^2 - 1{,}024^2)\ (\text{MeV})^2 = c^2 \cdot p^2 = 0{,}033\ (\text{MeV})^2 = 8{,}45 \cdot 10^{-28} \text{ J}^2 \quad \Rightarrow$$

$p = 0{,}97 \cdot 10^{-22}$ Js (Aufg. 4, S. 407)

Impuls des Bleikerns:
Der Bleikern nimmt die Impulsdifferenz auf:

$$p_{Blei} = p_{Quant} - p_E$$

$$p_{Quant} = \frac{W}{c} = \frac{1{,}04 \cdot 10^6 \cdot 1{,}6 \cdot 10^{-19} \text{ Js}}{3 \cdot 10^8 \text{ m}} = 5{,}5 \cdot 10^{-22} \text{ Ns}$$

$$p_{Blei} = 5{,}55 \cdot 10^{-22} \text{ Ns} - 1{,}08 \cdot 10^{-22} \text{ Ns} = 4{,}47 \cdot 10^{-22} \text{ Ns}$$

A 8: Protonen:

$$\lambda_{min} = \frac{c}{f_{max}} = \frac{c \cdot h}{W} = \frac{h \cdot c}{e \cdot U} = \frac{6{,}63 \cdot 10^{-34} \text{ Js} \cdot 3 \cdot 10^8 \text{ m}}{s \cdot 1{,}6 \cdot 10^{-19} \text{ As} \cdot 30 \cdot 10^3 \text{ V}} = 41{,}4 \text{ pm}$$

He-Kerne:

$$\lambda_{min} = \frac{h \cdot c}{2 \cdot e \cdot U} = 20{,}7 \text{ pm}$$

Die Grenzwellenlänge hängt nicht von der Masse ab.

A 9: Kraft:

$$F = \frac{S_E A}{c} = \frac{1370 \text{ Js} \cdot \pi \cdot 10^{-12} \text{ m}^2}{\text{m}^2\text{s} \cdot 3 \cdot 10^8 \text{ m}} = 1{,}44 \cdot 10^{-17} \text{ N}$$

Beschleunigung:

$$V = \frac{4}{3} \cdot \pi \cdot 10^{-18} \text{ m}^3 = 4{,}2 \cdot 10^{-18} \text{ m}^3$$

$$m = \varrho \cdot V = 2 \cdot 10^6 \cdot 4{,}2 \cdot 10^{-18} \text{ g} = 8{,}4 \cdot 10^{-15} \text{ kg}$$

$$a = \frac{F}{m} = \frac{1{,}44 \cdot 10^{-17} \text{ N}}{8{,}4 \cdot 10^{-15} \text{ kg}} = 1{,}7 \cdot 10^{-3} \text{ ms}^{-2}$$

Gewichtskraft:

$$G = mg = 8{,}4 \cdot 10^{-15} \text{ kg} \cdot 10 \text{ ms}^{-2} = 8{,}4 \cdot 10^{-14} \text{ N}$$

$$\frac{F}{G} = 1{,}7 \cdot 10^{-4}$$

Weg:

$$s = 0{,}5 \cdot a \cdot t^2 = 0{,}5 \cdot 1{,}7 \cdot 10^{-3} \text{ ms}^{-2} \cdot 3600 \text{ s}^2 = 3{,}06 \text{ m}$$

Seite 418

Anmerkungen zum Compton-Effekt

Um alle Phänomene des Compton-Effekts erfassen zu können, legt die Quantenelektrodynamik (QED) zwei Prozesse als *zugleich* zugrunde (als Superposition):

a) Das Photon $h \cdot f_0$ gibt dem Elektron den Impuls $\frac{h \cdot f_0}{c}$ und verschwindet. Dann emittiert das Elektron ein neues Photon $h \cdot f'$. Vorübergehend existiert kein Photon.

b) Das Photon $h \cdot f_0$ erzeugt ein $e^+ - e^-$ -Paar und verschwindet; also existieren nun drei Elektronen, kein Photon (wie in a). Dann zerstrahlt das ursprüngliche Elektron e_0^- mit dem e^+, indem es das dann emittierte Photon $h \cdot f'$ erzeugt, während das neu entstandene Elektron e^- als 'Compton-Elektron' wegfliegt. Hier sind Photon und Elektron 'neu'.

Diese Prozesse widersprechen der Behauptung, das Photonen-Kügelchen würde mit dem Elektron Billard spielen und dann mit weniger Energie wegfliegen, etwas 'errötet'. Auch der Compton-Effekt ist keine Stütze für veraltete Photonen-Bilder.

Seite 419

A 1: a) Energie des Photons vor dem Stoß:

$W = eU = 1{,}6 \cdot 10^{-19}\ \text{As} \cdot 30 \cdot 10^{3}\ \text{V} = 4{,}8 \cdot 10^{-15}\ \text{J}$

$\lambda = \frac{h \cdot c}{e \cdot U} = 41{,}4\ \text{pm}$

$p = \frac{h}{\lambda} = 1{,}6 \cdot 10^{-23}\ \text{Ns}$

b) $\lambda_c = \frac{h}{m_e \cdot c}$; unabhängig von Photonenenergie.

$\Delta\lambda = \frac{h}{m_e \cdot c} \cdot (1 - \cos\beta)$

β	0°	30°	90°	180°
$\Delta\lambda$ (pm)	0	0,33	2,43	4,86

Energie des Photons nach dem Stoß:

$W' = \frac{h \cdot c}{\lambda'}$

$\lambda' = \Delta\lambda + 41{,}4\ \text{pm}$

$\Delta\lambda$ (pm)	0	0,33	2,43	4,86
W' (fJ)	4,8	4,77	4,54	4,3

Impuls des Photons nach dem Stoß:

$p' = \frac{W'}{c}$

$\Delta\lambda$ (pm)	0	0,33	2,43	4,86
p' ($\cdot 10^{-23}$ Ns)	1,6	1,59	1,51	1,43

c) Energiebilanz:

$W_e' = W - W'$ mit $W = 4{,}8 \cdot 10^{-19}\ \text{J}$

$\Delta\lambda$ (pm)	0	0,33	2,43	4,86
W_e' (fJ)	0	0,3	0,03	81,9

A 2: a) Mit $\lambda_c = \frac{h}{m_e \cdot c}$ gilt:

$e \cdot U = h \cdot f = \frac{h \cdot c^2 \cdot m_e}{h} = m_e \cdot c^2 \quad \Rightarrow$

$U_{min} = \frac{m_e \cdot c^2}{e} = 0{,}51\ \text{MV}$

Kinetische Elektronenenergie:
(äquivalent der Masse m_e) $W_0 = 0{,}51\ \text{MeV}$

Elektronenimpuls (relativistisch):

$W^2 = W_0{}^2 + p^2 \cdot c^2$; $W_0 = m_e \cdot c^2$

Nach S. 407, Aufgabe A4:

$W = W_0 + 0{,}51\ \text{MeV} = 2 \cdot W_0 \quad \Rightarrow$

$p^2 \cdot c^2 = 4 \cdot W_0^2 - W_0^2 = 3 \cdot W_0^2 \quad \Rightarrow$

$p = \sqrt{\frac{3 \cdot W_0^2}{c^2}} = 4{,}71 \cdot 10^{-22}\ \text{Ns}$

Elektronenimpuls (klassisch):

$v = \sqrt{\frac{2 \cdot U \cdot e}{m}} = 4{,}2 \cdot 10^{8}\ \text{ms}^{-1}!!$

$p = m \cdot v = 3{,}85 \cdot 10^{-22}\ \text{Ns}$

b) $\lambda' = \Delta\lambda + \lambda$

$\Delta\lambda = \frac{h}{m_e \cdot c} \cdot (1 - \cos 90°) = 2{,}43\ \text{pm} = \lambda_c$

$\lambda = \lambda_c \quad \Rightarrow \quad \lambda' = 2 \cdot \lambda_c = 4{,}86\ \text{pm}$

Quant: $W'(\Delta\lambda(90°)) = \frac{h \cdot c}{\lambda'} = 4{,}09 \cdot 10^{-14}\ \text{J}$

Elektron: $W_e' = W - W'$; $W = \frac{h \cdot c}{\lambda_c} \quad \Rightarrow$

$W_e{}' = (8{,}19 - 4{,}09) \cdot 10^{-14}\ \text{J} = 4{,}1 \cdot 10^{-14}\ \text{J}$

c) Photonenimpuls:

- in Stoßrichtung (x): $p_x = \frac{h}{\lambda_c} = 2{,}75 \cdot 10^{-22}\ \text{Ns}$
- senkrecht zur Stoßrichtung (y):

$p_y{}' = \frac{h}{\lambda'} = \frac{h}{2 \cdot \lambda_c} = 1{,}38 \cdot 10^{-22}\ \text{Ns}$

Da $\beta = 90°$ ist, hat die x-Komponente von $p_e{}'$ den Wert p_x des stoßenden Photons, die y-Komponente den Wert $p_y{}'$ des wegfliegenden Photons. Also gilt:

$\tan\alpha = \frac{p_y{}'}{p_x} = 0{,}5 \quad \Rightarrow \quad \alpha = 26{,}6°$

Elektronenimpuls: $p_e = 0$;

$p_e{}' = \sqrt{p_x{}^2 + p_y{}'^2} = 3{,}08 \cdot 10^{-22}\ \text{Ns}$

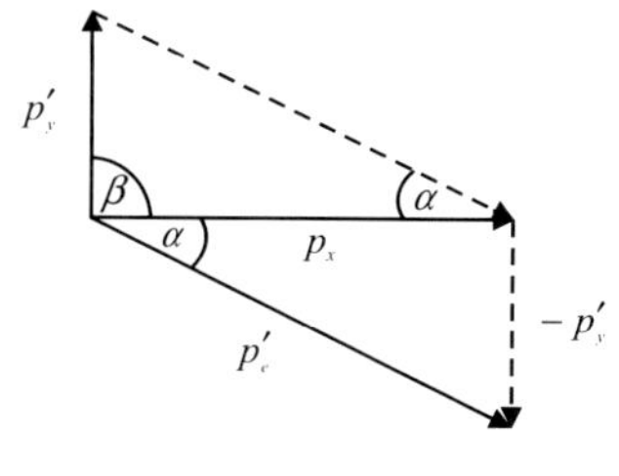

A 3: a) $\Delta\lambda = \frac{h}{m_e \cdot c} \cdot (1 - \cos\beta)$

β	0°	45°	90°	180°
$\Delta\lambda$ [pm]	0	0,7	2,43	4,86

Bei $\lambda = 0{,}5 \cdot \lambda_c = 1{,}2$ pm:

0° ≙ 0% 45° ≙ 58,3%

90° ≙ 202,5% 180° ≙ 405%

$\Delta\lambda_{max} = \frac{2 \cdot h}{m_e \cdot c} = 2 \cdot \lambda_c = 4{,}86\ \text{pm für } \beta = 180°$

b) Bei $\lambda = 600$ nm $= 250000 \cdot \lambda_c$: $\Delta\lambda(90^\circ) \mathrel{\hat{=}} 0,0004\%$
Tatsächlich kommt keine Comptonverschiebung zustande, da die Elektronen gegenüber dem Impuls sichtbaren Lichts zu stark gebunden sind.

A 4: $m_{Phot} = \dfrac{h}{c \cdot \lambda_c} = \dfrac{6,63 \cdot 10^{-24}\ \text{Js}^2}{3 \cdot 10^8\ \text{m} \cdot 2.43\ \text{pm}}$
$= 9,1 \cdot 10^{-31}\ \text{kg} = m_e$

$$\lambda' = \Delta\lambda(180^\circ) + \lambda_c = 4,86\ \text{pm} + 2,43\ \text{pm}$$
$$= 7,29\ \text{pm} = 3 \cdot \lambda_c$$
$$W' = \frac{h \cdot c}{\lambda'} = 2,73 \cdot 10^{-14}\ \text{J}$$
$$W = \frac{h \cdot c}{\lambda_c} = 8,19 \cdot 10^{-14}\ \text{J}$$

Energieverlust: $\dfrac{2}{3} \cdot W \quad \hat{=} \quad 66,67\%$

Stößt eine Münze A auf eine ruhende Münze B gleicher Masse zentral ($\beta = 180^\circ$), so kommt A zur Ruhe; B übernimmt die Energie und den Impuls von A vollständig. Beim Compton-Versuch haben Quanten mit $\lambda = \lambda_c$ zwar die gleiche Masse wie das 'gestoßene' Elektron, die Ergebnisse sind aber völlig anders. Das 'stoßende Photon' fliegt zurück, es bleibt nicht stehen.

Bei der Wechselwirkung von Photonen mit Elektronen (Stoß) werden Impuls und Energie ausgetauscht. Dabei gelten Erhaltungssätze wie bei klassischen Stoßvorgängen. Betrachtet man jedoch die Polarisation des Compton-Lichts, so muss man die Welleneigenschaften berücksichtigen. Der Compton-Versuch ist kein Experiment, das ausschließlich die Korpuskelnatur der Photonen beweist. Photonen unterliegen der Relativitätstheorie und man muss ihnen eine relativistische Massenveränderung und einen Impuls zuschreiben.

A 5: Beschleunigung: $m \cdot \ddot{x} = F = e \cdot E_m \cdot \sin\omega t$

Nach der Integration von $t = 0$ bis $t = \dfrac{T}{2}$ ist der Maximalwert der Geschwindigkeit v:

$$v_m = \dot{x}_m = \frac{2 \cdot e \cdot E_m}{m \cdot \omega}$$

Mit $E_m^2 = \dfrac{2 \cdot S}{\epsilon_0 \cdot c}$ und $W_{kin} = W_A = 2$ eV und $\omega = 2\pi f$ wird

$$W_{kin} = 0,5 \cdot m \cdot v_m^2 = \frac{e^2 \cdot S}{f^2 \cdot \pi^2 \cdot m \cdot \epsilon_0 \cdot c} \sim \frac{1}{f^2}$$

b) $S = \dfrac{f^2 \cdot \pi^2 \cdot m \cdot \epsilon_0 \cdot c \cdot W_{kin}}{e^2} = 7,5 \cdot 10^{16}\ \text{Wm}^{-2}$

Sonnenlicht liefert mit $S = 1,37 \cdot 10^3\ \text{Wm}^{-2}$ nur

$$W_{kin} = \frac{e^2 \cdot S}{f^2 \cdot \pi^2 \cdot m \cdot \epsilon_0 \cdot c} = 5,9 \cdot 10^{-33}\ \text{J}$$
$$= 3,7 \cdot 10^{-14}\ \text{eV}$$

Sonnenlicht könnte nach der klassischen Physik keinen Quanteneffekt auslösen.

c) Nach der Quantentheorie gibt das Licht seine Energie lokalisiert und nur in Portionen der Größe $W_{Photon} = h \cdot f$ ab, z.B. an einzelne Elektronen. Klassisch ist das nicht zu verstehen.

Seite 421

A 1: Gleichungen, die das Photon als Quantenobjekt beschreiben, enthalten die Planck-Konstante h als Signum der Quantenphysik. Für uns sind dies – wie übrigens für alle Quantenobjekte:

a) *Energie:* $W = hf$ (f gibt die Drehfrequenz der rotierenden Zeiger)

b) *Impuls* $p = h/\lambda$ (λ zeigt sich bei Beugungsversuchen)

c) *Masse* $m = W/c^2 = hf/c^2$ (Von den anderen bekannten Teilchen unterscheidet sich das Photon durch das Fehlen einer Ruhemasse m_0, also durch $m_0 = 0$. Folglich kommt ihm, da 'stets im Flug' die nur von f abhängige Masse $m = W/c^2 = hf/c^2$ zu. Bei klassischen, nicht-relativistischen Teilchen ($v \ll c$) wäre dagegen $m \approx m_0$, wobei m_0 eine für das jeweilige Teilchen charakteristische Größe ist und gemessen werden muss.)

Charakterisiert ist das Photon als Quantenobjekt – im Gegensatz etwa zu klassisch beschreibbaren Farbtröpfchen – durch

a) die 'Interferenzfähigkeit mit sich selbst' (Bild 1 und Bild 2).

b) den Aufbau des Interferenzbildes aus diskreten Lokalisationspunkten.

Die Verteilung der Lokalisationspunkte im Interferenzbild unterliegt Wahrscheinlichkeitsgesetzen (Versuch 1 und Bild 1). Doch hat das Interferenzbild – grob gesehen – das gleiche Aussehen wie bei klassischen elektromagnetischen Wellen; dies kann – wie dort – durch die Addition rotierender Zeiger beschrieben werden. Man geht also wie folgt vor (bewährt sich später auch bei anderen Quantenobjekten):

a) Man übernimmt die bei klassischen Wellen bewährte 'Zeigeraddition', da es bei Interferenz in erster Linie auf die Phase ankommt.

b) Ein Umdeuten ist nötig, da sich das Interferenzbild aus stochastisch verteilten Lokalisationspunkten zusammensetzt, während man bei Radiowellen mit Detektorantennen kontinuierliche Feldstärkenverteilungen $E(x,t)^2$ misst. Die Punktdichte des Interferenzbildes wird bei Quantenobjekten durch das Quadrat der Länge des resultierenden Zeigers beschrieben, d.h. durch $|\Psi(x)|^2$. Seine Stellung, also die Endphase oder momentane Elongationen sind ohne Belang.

Anmerkungen:

Man benutzt also den bei klassischen Wellen bewährten Zeiger-Formalismus, von den Zeigern aber nur Länge und Phase, keine weitere 'Bedeutung'. Man nennt Ψ die Wahrscheinlichkeitsamplitude. Diese genügt bei allen Quantenobjekten zu einer vollkommenen Beschreibung. Diese sich hier andeutende, selbstgewählte Beschränkung der Quantenphysik hat sich zugleich als ihre Stärke erwiesen: Wie die weitere Erfahrung gezeigt hat, bewährt sie sich allgemein und gilt heute als universell (P. Mittelstaedt, Physikalische Blätter 56 (2000) Nr. 12 Seite 65 f).

Seite 423

A 1: Teilchen-Aspekte:

a) Unteilbarkeit des Quants (folgt aus $W = hf$).

b) Benutzung des Worts 'Quant'.

c) Stochastik von Punktlokalisationen.

d) Abzählbarkeit von Quanten (bei Messung der Antreff-Häufigkeit, um Aussagen über die Antreffwahrscheinlichkeit zu erhalten).

e) Tatsächlich ausgeführte Experimente können den (klassisch erwarteten) Weg eines Quants angeben, dann gibt es jedoch keine Interferenz und somit keinen Wellenaspekt.

f) Impuls des Quants $p = h/\lambda$.

Wellen-Aspekt:

a) Interferenz-Erscheinungen.

b) Determinierte Beschreibung der Interferenz-Erscheinungen mit den bei Wellen bewährten rotierenden Zeigern, mit der Rotationsfrequenz $f = W/h$ und der räumlichen Periode $\lambda = h/p$.

Aus der *Verschmelzung beider Aspekte* folgt:

a) In den Gleichungen $f = W/h$ und $\lambda = h/p$ die Planck-Konstante h.

b) Die Ψ-Funktion. Diese ist – wie der Zeigerformalismus deutlich macht – zwar von der klassischen Welle (Feldstärke, Elongation von Schall und Wasserwelle) übernommen. Fragt man nach der physikalischen Bedeutung, also der Messbarkeit, so bleibt nur noch das $|\Psi(x)|^2$ als Antreffwahrscheinlichkeit von Punktlokalisationen, also von Teilchenaspekten.

c) Die Umdeutung des Huygens-Prinzips von tatsächlichen Bahnen der Wellenerregung auf mögliche Bahnen eines Quants.

Anmerkungen:

a) Diese *Verschmelzung* zeigt sich im Grunde bei jedem Experiment. Nur tritt bisweilen der eine oder andere Aspekt stärker hervor. Es gibt Experimente, bei denen die Gewichtung dieser Aspekte kontinuierlich ineinander übergeht (Buch Seite 464, Quantenradierer). Man kann also nicht sagen, bei manchen Experimenten verhält sich Licht wie ein Teilchen, bei anderen wie eine Welle.

b) Wir sprechen von *Aspekten*: Nach dem englischen Text von Dirac auf S. 425 ist das Superpositionsprinzip nicht etwa Folge einer 'geheimnisvollen, noch unentdeckten Welle'. Vielmehr ist es ein Grundprinzip der Quantenphysik, das nicht nur bei der Interferenz gilt (wo es besonders deutlich in die klassische Physik hineinreicht), sondern bei vielen anderen Vorgängen, sogar bei der chemischen Bindung. Zudem zeigt der Knallertest, dass ein Photon wenig mit einem klassischen Teilchen zu tun hat. Nur gewisse Aspekte sind beiden gemeinsam (wenn man nicht so genau hinschaut, also sich auf Teilaspekte beschränkt).

In der klassischen Physik ist eine Welle ein räumlich stark ausgedehntes Gebilde, das zwar eine lokale Energiedichte hat, aber in einem Moment, also instantan, niemals seine Gesamtenergie auf einen Punkt zusammenziehen kann.

A 2: Die Verwendung des Huygens-Prinzips für Quantenobjekte bedeutet, dass sich viele Eigenschaften der Quanten durch den bei klassischen Wellen bewährten Zeiger-Formalismus beschreiben lassen. Die Vorgehensweise und die beobachteten Phänomene (Grobbild bei der Interferenz) bleiben dabei gleich. Unterschiedlich hingegen ist die Deutung von E- und Ψ-Zeiger: Der E-Zeiger ist ein Maß für die elektrische Feldstärke, sein Betragsquadrat entspricht dem Mittelwert der kontinuierlichen Energiedichte der Welle. Der Ψ-Zeiger ist eine reine Rechengröße, sein Betragsquadrat entspricht der Antreffwahrscheinlichkeit der Quanten.

A 3: Das Michelson-Interferometer ist auf Seite 380 behandelt. Ohne Gangunterschied würde das Photon konstruktiv mit sich selbst interferieren, so dass bei zwei leeren Kugeln das Photon im Detektor registriert würde. Bei zwei unterschiedlichen Kugeln fände auch in diesem Fall keine Interferenz statt, d.h. das Photon würde ebenfalls registriert (50%) oder der Knaller würde zerstört (50%). Für beide Fälle ergibt sich somit das gleiche Ergebnis, d.h. der Test funktioniert nicht mehr!

Anmerkungen:

a) Die sich am Knallertest zeigende berührungsfreie Quantenmessung (Interaction-Free Measurement) deutet auf einen wichtigen Zug der Quantentheorie, auf deren *Nichtlokalität.* Nichtlokale Korrelationen sind heute bis zu 10 km Entfernung festgestellt [W. Tittel et al., Physikalische Blätter, Juni 1999, S. 25]. Man kann sie also nicht mehr durch Stoß, durch eine klassische Beschreibung 'kausal' erklären. Solche Erklärungen benutzen auch Theoretiker, wenn Elektronen durch einen Doppelspalt treten und man die Interferenz (Buch S. 425) dadurch stört, dass man sie mit Licht hinreichend kurzer Wellenlänge, also mit hinreichendem Impuls $p = h/\lambda$ so beleuchtet, dass man den Durchflugort lokalisieren kann ['Feynman-Mikroskop'; siehe D. Walls, Quantum Optics, (Springer 1994), S. 319]. Der Knallertest zeigt jedoch, dass schon das 'Androhen' der 'Welche-Weg-Information [S. 424 und S. 464f] genügt, wie etwa der renomierte Quantenoptiker L. Mandel sich ausdrückt.

b) Der Knallertest ist in Innsbruck und an vielen anderen Orten experimentell erprobt. Die lichtempfindliche Kugel wird dabei durch einen zweiten Detektor ersetzt (s. Bild 1). Empfohlen wird – auch für weitere Experimente – die Internet-Adresse `http://info.uibk.ac.at/c/c7/c704/qo/photon/fig07.html` unter 'Interaction-Free Measurement'.

c) Spricht beim Knallertest der Detektor an, so hat der unbeschädigt gebliebene Knaller die ψ-Funktion auf nur *einen* Zeiger reduziert (sie ist von zwei auf *einen* kollabiert), ohne Impuls oder andere Störungen aufgenommen zu haben. Man spricht von einer 'Nullmessung'. Die Unbestimmtheitsrelation ist dadurch aber nicht in Anspruch genommen. Dies wurde durch weitere Experimente der letzten Jahre bestätigt. *Feynman* hatte dies für unmöglich gehalten, wenn er in seinen LECTURES, VOL. III, 1-9, schreibt: "No one has ever found (or even thought of) a way around the uncertainty principle."

A 4: Die *Erklärungsversuche* in der Vertiefung nennt man 'halbklassisch'. Sie arbeiten sowohl mit Quantenaussagen als auch mit klassischen Vorstellungen (was häufig zu Fehlern führt): In (a) wird sowohl mit einer Welle kontinuierlich aufteilbarer Energie argumentiert und zugleich mit bestimmten Energiewerten, z.B. mit hf, die Wirkung auslösen sollen. Solche Vorstellungen tragen Widersprüche in die Naturbetrachtung. Die Quantentheorie hat sie erfolgreich überwunden.

In (b) ist das Konzept der *'Führungswelle'* eine andere halbklassische Vorstellung: Sie sollte 'energieleer' sein. Folglich könnte sie in Pfad 1 den Knaller nicht zur Explosion bringen, nicht 'anregen', weil dazu ein Photon nötig ist. Also müsste diese Führungswelle den Knaller unbeeinflusst durchsetzen, um dann mit der oberen Welle in Pfad 2 so zu interferieren, als ob kein Knaller vorhanden wäre. Mit Führungswellen der so konzipierten Art lässt sich also der experimentell bestätigte Knallertest nicht erklären. Um ihn korrekt zu beschreiben, enthält der Merksatz den Absatz (d) zum Umgang mit Zeigern. Doch gibt es dafür keine irgendwie plausible klassische Erklärung für dieses 'Gesetz'. Dazu schreibt der Nobelpreisträger R. Feynman in seinen Lectures on Physics, Vol 3, p.1-10:

> "One might still like to ask: 'How does it work? What is the machinery behind the law?' No one has found any machinery behind the law. No one can 'explain' any more than we have just 'explained'. No one will give you any deeper representation of the situation. We have no ideas about a more basic mechanism from which these results can be deduced."

Vielleicht fallen Ihnen diese Worte leichter, wenn Sie das 'Spiel' in der Vertiefung von Seite 423 am Doppelspalt ausführen. Dort liegt nach Feynman bereits das angesprochene – und einzige – Geheimnis der Quantenwelt: "Woher 'weiss' das durch Spalt 2 tretende Photon, ob Spalt 1 geschlossen oder offen ist."

Anmerkungen:

a) Der *Knallertest* ist nichts weiter als ein vereinfachter Doppelspaltversuch. Das Quant hat in beiden Fällen zwei Möglichkeiten: Beim Doppelspalt zwei Spalte, beim Knallertest die beiden Pfade 1 und 2. Der Knallertest ist einfacher: Er hat nur zwei Ausgänge am Detektor: 'Klick' und 'Nicht-Klick'. Beim Doppelspalt verteilt sich der 'Ausgang' auf das Kontinuum der möglichen Lokalisationspunkte des Beobachtungsschirms. Man könnte auf Seite 423 im 'Geheimnis der Quantenphysik im Spiel' einen winzigen Knaller vor Spalt 1 setzen und so die Nichtlokalität demonstrieren. Im Interferometer überzeugt jedoch der größere Abstand (heute im Prinzip bis zu 10 m getestet! Siehe auch Seite 466).

b) *Bemerkungen zu den Führungswellen:* An Führungswellen dachten Einstein, de Broglie, auch D. Bohm. Sie sollten energiefrei, also ohne Photonen (oder Elektronen) existieren, diese aber zu Stellen konstruktiver Interferenz hinführen, von den anderen abhalten; man nennt sie auch 'empty waves', Einstein sprach von 'Gespensterfeldern'. Danach gäbe es zwei getrennte, sich aber beeinflussende, real existierende Wesenheiten, nämlich Photonen als stets lokalisierte Energiepakete und 'empty waves'.
Dieser Gedanke leuchtet auf den ersten Blick ein. Dass sie als reale Wellen aufgefasst werden, macht F. Selleri deutlich, wenn er vorschlägt, damit z.B. stimulierte Emission (Buch S. 460) aus angeregten

Atomen auszulösen [F. Selleri, Die Debatte um die Quantentheorie, Vieweg 1983, S. 131ff]. Die Existenz solcher realer Führungswellen wurde jedoch widerlegt [L. Mandel et al. Phys. Rev. Lett. 68, 3667 (1992)].
H. Paul diskutiert die Problematik solcher Führungswellen [s. Photonen, Teubner 1995, S. 127]:

> "Nach dieser Vorstellung würde das Photon 'in Wirklichkeit', denken wir beispielsweise an ein Michelson-Interferometer, den einen Weg gehen, und nur die 'Führungswelle' würde sich am halbdurchlässigen Spiegel in zwei Teile spalten, von denen einer mit dem Photon zusammen, der andere wohl oder übel allein den jeweiligen Arm durchliefe. .... Eine jede Strahlteilung ohne spätere Wiedervereinigung würde ... im Fall eines einzigen einfallenden Photons eine Führungswelle erzeugen, die 'gar nichts zu tun hätte'. Sie würde sich, träfe sie auf einen zweiten Spiegel, weiter teilen usf., und all diese 'arbeitslosen' Führungswellen würden solange 'herumgeistern', bis sie schließlich die Nachricht vom 'Tod' ihres längst verlorenen 'Schützlings' erreichen und dem Spuk ein Ende bereiten würde."

c) Die Beschreibung mit rotierenden *Ψ-Zeigern* leistet also mehr als die angeblich realen Führungswellen. Der Kaufpreis dafür mag hoch erscheinen: Die Zeiger sind nämlich nur formale Symbole, sie rotieren nur im Kopf und auf dem Bildschirm. So konnte widersprüchlicher Modellballast abgeworfen werden (Seite 424). Ψ hat als solches keine physikalische Bedeutung, ist nur eine Rechengröße (Seite 465). Eine solche kommt erst $|\Psi(x)|^2$ zu, und das auch nur im Rahmen einer Wahrscheinlichkeit für bei Messungen auftretende reale Vorgänge, etwa für Photonen-Lokalisationen.

d) Die *Superposition von Quantenmöglichkeiten* mag weltfremd und sinnlos erscheinen. Sie war nicht nur schon immer bei Doppelspalt und Gitter verwirklicht (heute an Fulleren-Bällen aus 70 C-Atomen). Sie dürfte Grundlage kommender Technologie werden: Der vieldiskutierte Quantencomputer soll sie eines Tages ausnutzen: Er soll nämlich nur deshalb viel schneller rechnen, weil er mehrere superponierte Quantenzustände mit den uns völlig unverständlichen Gesetzen der Quantentheorie zugleich bearbeitet. Heutige Computer sind so langsam, weil sie klassische Entweder-Oder-Zustände brav nacheinander abarbeiten. Ähnliches gilt für Teleportation und Quanten-Kryptographie, die heute schon im Prinzip realisiert sind (Buch Seite 467).

Seite 425

A 1: a) Ein Photon kann mit sich selbst interferieren. Dies bedeutet, dass die Antreffwahrscheinlichkeit eines Photons durch die Summe der Zeiger für alle möglichen Wege festgelegt wird. Der Lokalisationsort eines Farbtröpfchens hängt hingegen nur von dem tatsächlich zurückgelegten Weg ab, die übrigen Wege spielen keine Rolle.

b) Bei einem Farbtröpfchen ist es prinzipiell möglich, den Weg des Tröpfchens zu messen oder zu rekonstruieren. Die Unwissenheit ist daher eine Folge von 'nicht hinsehen'. Bei Photonen ist der konkrete Weg nicht messbar oder rekonstruierbar, die Unwissenheit ist hier also eine Folge der Nichtobjektivierbarkeit. Sie wird erst bei einer tatsächlichen Messung oder einer, die durch die Versuchsanordnung 'angedroht' ist, aufgehoben. Man muss also die unbestimmten, möglichen Zustände vor einer Messung streng unterscheiden von dem realen Ergebnis, das zuvor eine Messung als Faktum hergestellt hat.

c) Unter Photonenlokalisation versteht man einen Messvorgang, bei dem der Ort des Photons bestimmt wird. Die Wahrscheinlichkeit einer Lokalisation an einem bestimmten Ort wird dabei durch das Betragsquadrat der Wahrscheinlichkeitsamplitude Ψ festgelegt, der Weg des Photons ist hingegen unbestimmt, da erst die Summe der Zeiger für verschiedene Möglichkeiten, die tatsächliche Wahrscheinlichkeit festlegt. Der Begriff 'unbestimmt' bedeutet hier, dass das Photon keinen bestimmten Weg nimmt.

A 2: a) *Einfachste Lösung:* Man betrachtet die Reflexion klassisch nach Seite 368f und deutet dann die ermittelte Helligkeit um in Lokalisationsdichte von Photonen. Bei der klassischen Betrachtung teilt man in Gedanken den Spiegel in Streifen auf, deren Breite kleiner ist als λ. Nach dem Huygens-Prinzip ist jeder Ausgangspunkt einer Elementarwelle (man denke an einen Pfahl, den eine Wasserwelle trifft). Sie strahlen allseitig Elementarwellen aus. Dann deutet man den Vorgang um von Wellen auf mögliche Quantenpfade. Man spricht also nicht voreilig von tatsächlichen Photonenbahnen, sondern addiert die Zeiger für alle möglichen Bahnen von der Quelle Q zum interessierenden Zielpunkt Z. Die dabei erhaltenen Cornu-Spiralen nach Bild 3 von S. 369 zeigten, dass zur Intensität nur die Pfade nahe dem Reflexionspunkt der geometrischen Optik beitragen. Dort nannte man sie Lichtstrahlen. Man kann sie durch Blenden eingrenzen. Damit sind die 'tatsächlichen', also die nachprüfbaren Bahnen der Photonen gefunden.
Es war nicht unnötig, zunächst alle möglichen Pfade heranzuziehen: Man kann sich nämlich nach Bild 3 von Seite 369 ganz auf die Pfade beschränkt, deren

Zeiger z.B. nur nach oben weisen. Dazu kratzt man die nicht betroffenen Spiegelpunkte aus und erhält im gewählten Zielpunkt größere Helligkeit, obwohl dort der geometrische Reflexionspunkt fehlt. Nun tragen auch Pfade zur Helligkeit bei, die dem geometrischen Reflexionsgesetz widersprechen. Wer an Wellenoptik denkt, sagt, wir haben ein Reflexionsgitter gebaut.

b) Betrachtet man in (a) alle Pfade, so weisen nach Bild 2 von S. 368 die Laufzeiten um den geometrischen Reflexionspunkt ein Minimum auf; dort ist die Laufzeitkurve horizontal. Der Satz von Fermat gilt nur im Grenzfall klassischer Strahlenoptik, wenn nämlich die Wellenlänge λ sehr klein ist. Dann wirken sich schon winzige Abweichungen vom Laufzeitminimum in der Phasenlage φ_i der im Ziel zu addierenden Zeiger so stark aus, dass sie in die Wickel der Cornu-Spirale fallen (für die Endphase eines Laufwegs s_i gilt nämlich $\varphi_i = 2\pi s_i/\lambda$, also $\Delta\varphi_i = 2\pi\Delta s_i/\lambda$). Solche Simulationsprogramme finden sich in der Sammlung zu 'Eine Quantenwelt ohne Dualismus'.

A 3: In der klassischen Interpretation teilt sich das Licht am Strahlteiler in zwei identische Bündel auf, die anschließend wieder überlagert werden. Dabei führt die Phasenverschiebung zu einer destruktiven Interferenz. Bei der Übertragung auf Quanten bleibt dies erhalten. An Stelle der Lichtintensität wird nun jedoch nach dem Superpositions-Prinzip die Wahrscheinlichkeitsamplitude betrachtet, deren Betragsquadrat die Antreffwahrscheinlichkeit bestimmt.

Seite 426

Anmerkungen zum Elektron als Quantenobjekt

a) Ein Fulleren-Ball mit 70 C-Atomen besteht aus 840 Nukleonen und 420 Elektronen; Durchmesser ca. 1 nm; Masse $1,4 \cdot 10^{-24}$ kg; hat bei $\nu = 220$ ms^{-1} den Impuls $p = 3 \cdot 10^{-22}$ Ns und die deBroglie-Wellenlänge $\lambda = 2,2$ pm; wird am Gitter mit $g = 100$ nm gebeugt.

Dabei ist i.a. höchstens ein Ball im Gerät. Jeder Ball interferiert also mit sich selbst und kommt trotzdem wohlgeformt an. Man kann weder von einer 'Welle unterwegs' sprechen, noch von einer bestimmten Bahn. Bild 2, S. 421 zeigt, dass man nicht sagen kann, der Ball habe unterwegs doch einen bestimmten Weg genommen (*objektiv, real*), nur wisse man nicht so genau welchen (*subjektiv gesehen*). Diese sog. 'Ignoranz-Interpretation' ist hier nicht erlaubt. Man muss gemäß dem Superpositions-Prinzip alle *möglichen* Wege als gleichberechtigt betrachten und deren Zeiger addieren.

Man soll aber nicht glauben, der Ball habe sie alle zugleich durchlaufen. Hier liegt nach *Feynman* das einzige Geheimnis der Quanten, Nicht-Lokalität und korrelierte Zustände mit betrachtet (S. 466).

Bild eines Fulleren-Balls mit 70 C-Atomen:

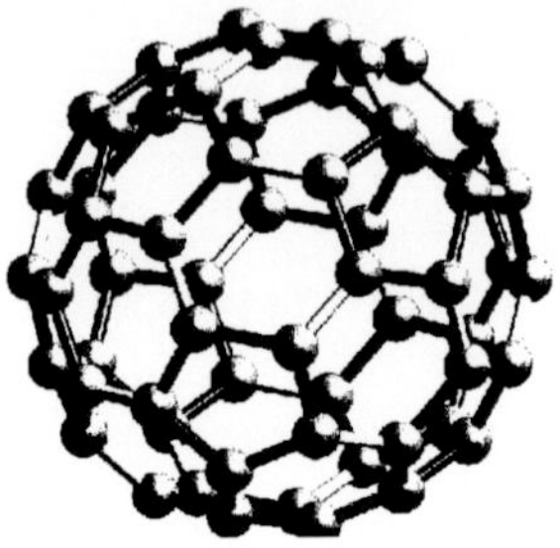

b) **Im Internet:**
Fullerenbälle:
`http://www.berufskolleg-kreis-re.de`

Quantenpferche: `http://www.almaden.ibm.com`

Moderne Experimente zur Quantenoptik:
`http://info.uibk.ac.at`

c) Die zeitabhängige Schrödinger-Gleichung zu 'erraten' und zu lösen wäre viel zu aufwendig. Ihre eindimensionale Lösung bei scharf bestimmtem Impuls, nämlich für fortschreitende deBroglie-Wellen, findet sich schon bei fortschreitenden Längs- und Querwellen, mit rotierenden Zeigern dargestellt (s. 130 und 132). Man braucht hier nur die beiden deBroglie-Gleichungen $f = \dfrac{W}{h}$ für die Rotationsfrequenz und $\lambda = \dfrac{h}{p}$ für die räumliche Periode.

Seite 427

A 1: a) Elektronenimpuls:

$$p = \sqrt{2 \cdot e \cdot U \cdot m_e}$$
$$= \sqrt{2 \cdot e \cdot 10\text{ kV} \cdot 9,1 \cdot 10^{-31}\text{ kg}} = 5,4 \cdot 10^{-23}\text{ Ns}$$

Wellenlänge:

$$\lambda = \frac{h}{p} = \frac{6,63 \cdot 10^{-34}\text{ Js}}{5,4 \cdot 10^{-23}}\text{ Ns} = 12,3\text{ pm}$$

Für φ_n klein gilt: $\sin 2\varphi_n \approx 2 \cdot \sin\varphi_n = n \cdot \dfrac{\lambda_B}{d}$

$$\varphi_n = \arcsin\{\frac{n \cdot \lambda_B}{2 \cdot d}\}$$

$d = 210$ pm
$n = 1:\ \varphi_1 = 1,7°$
$n = 2:\ \varphi_2 = 3,4°$ usw.

A 2: Elektronengeschwindigkeit:

$$v = \sqrt{\frac{2 \cdot U \cdot e}{m_e}} = \sqrt{\frac{2 \cdot 5\ \text{kV} \cdot 1{,}6 \cdot 10^{-19}\text{J}}{9{,}1 \cdot 10^{-31}\ \text{kg}}} = 4{,}2 \cdot 10^7\ \text{ms}^{-1}$$

Strahllänge: $s = v \cdot 1\ \text{s} = 4{,}2 \cdot 10^7\ \text{m}$

n: Elektronendichte (Zahl/Volumen)

Stromstärke: $I = n \cdot e \cdot v \cdot A \quad \Rightarrow$

$$n = \frac{I}{e \cdot v \cdot A} = 1{,}5 \cdot 10^{14}\ \text{m}^{-3}$$

Elektronenzahl im Strahl: $N = n \cdot A \cdot s = 6{,}3 \cdot 10^{15}$

Mittlerer Abstand: $a = \frac{1}{\sqrt[3]{n}} = 1{,}9 \cdot 10^{-5}\ \text{m}$

Im Würfelchen der Kantenlänge a mit Volumen a^3 befinde sich im Mittel ein Elektron: $n = 1/a^3$

deBroglie-Wellenlänge:

$$\lambda_B = \frac{h}{p} = \frac{h}{m_e \cdot v} = 1{,}7 \cdot 10^{-11}\ \text{m}$$

$a \approx 1{,}1 \cdot 10^6 \cdot \lambda_B \approx 0{,}2 \cdot$ Dicke der Beugungsschicht.

Bei so großen Abständen kann keine Welle analog zur Wasserwelle zustande kommen. Bei Materiewellen schwingen die Elektronen nicht relativ zueinander. Jedes Elektron interferiert mit sich selbst.

Seite 429

A 1: a) Impuls:

$$\begin{aligned} p &= \sqrt{2 \cdot e \cdot U \cdot m_p} \\ &= \sqrt{2 \cdot e \cdot 500\ \text{kV} \cdot 1{,}67 \cdot 10^{-27}\ \text{kg}} \\ &= 1{,}63 \cdot 10^{-20}\ \text{Ns} \end{aligned}$$

deBroglie-Wellenlänge:

$$\lambda_B = \frac{h}{p} = 4{,}1 \cdot 10^{-14}\ \text{m} = 0{,}041\ \text{pm}$$

b) Die Gleichung $p = \frac{h}{\lambda}$ gilt universell, selbst für elektrisch neutrale Teilchen wie Wasserstoffatome, die auch Interferenzmuster mit $\lambda_B = \frac{h}{p}$ bilden. Die Massenvergrößerung durch das Elektron und der Ladungszustand sind ohne Einfluss.

c) $p = \sqrt{2 \cdot U \cdot q \cdot m} \quad \Rightarrow \quad p \to \sqrt{8}$ fach

$\lambda \to$ auf $\frac{1}{\sqrt{8}}$, also auf $0{,}014$ pm gesunken.

A 2: a) Doppelte Beschleunigungsspannung:

$p \to \sqrt{2}$ fach

λ sinkt auf $\frac{\lambda}{\sqrt{2}} \quad \Rightarrow \quad r$ sinkt in Näherung auf $\frac{r}{\sqrt{2}}$

$$\lambda_B = \frac{h}{p} = \frac{h}{\sqrt{U \cdot 2 \cdot e \cdot m_e}} \quad \Rightarrow \quad \lambda_B \sim \frac{1}{\sqrt{U}}$$

$$r_n = \lambda_B \cdot n \cdot \frac{l}{d} \quad \Rightarrow \quad r_n \sim \lambda_B$$

$$\Rightarrow \quad r_n \sim \frac{1}{\sqrt{U}}$$

b) Bei den vorliegenden Näherungen verdoppelt sich r mit n auf 2, 2 cm und 3, 8 cm.

A 3: Jedes Elektron interferiert mit sich selbst, indem all seine Möglichkeiten interferieren. Auch sie gehorchen dem Superpositionsprinzip für Wahrscheinlichkeitsamplituden ψ. Wir beschreiben die deBroglie-Welle als ψ-Welle mit rotierenden Zeigern. Damit sind alle Überlegungen und Experimente auf Elektronenbeugung übertragbar mit: $\lambda_B = \frac{h}{p}$

A 4: Impuls:

$$p = m \cdot v = 10^{-15}\ \text{kg} \cdot 300\ \text{ms}^{-1} = 3 \cdot 10^{-13}\ \text{Ns}$$

$$\lambda_B = \frac{h}{p} = 2{,}2 \cdot 10^{-21}\ \text{m}$$

Ablenkung:

$$n \cdot \frac{\lambda_B}{g} = \frac{d}{a} \quad \Rightarrow$$

$$d = \frac{10 \cdot 2{,}2 \cdot 10^{-21}\ \text{m} \cdot 1\ \text{m}}{1 \cdot 10^{-6}\ \text{m}} = 2{,}2 \cdot 10^{-14}\ \text{m}$$

Beugung ist selbst bei so winzig kleinen makroskopischen Körperchen nicht nachweisbar. Die klassische Mechanik genügt zur Beschreibung vollkommen (dazu siehe Dekohärenz, S. 465).

A 5: Die klassische Mechanik ist nur ein Grenzfall der Wellenmechanik. Die klassische Mechanik ist dann eine Näherung für die Wellenmechanik, wenn Öffnungen und Körper, an denen die Elektronen gebeugt werden, groß gegen die deBroglie-Wellenlänge sind. In diesem Fall kann man die Ausbreitung der Elektronen mit geradlinigen Strahlen beschreiben. Angedeutet wird die Quantenmechanik.

Nach Newton sollte man Elektronenstrahlen durch Spalte beliebig fein machen können, ohne Beugung. Aber auch Elektronen zeigen hinter einem Doppelspalt Interferenzstreifen. Das zeigt, Elektronen fliegen nicht auf einer wohldefinierten Bahn durch den rechten oder linken Spalt. Das Elektron nimmt stets beide Spalte gleichermaßen wahr. Dabei findet man das Elektron nie an beiden Spalten gleichzeitig und halbiert. Das Elektron ist wie das Photon ein Quantenobjekt. Das stochastische Verhalten von lokalisierten Elektronen zwingt zur Wahrscheinlichkeitsdeutung der Wellenfunktion. ⇒ Quantentheorie und Dekohärenz.

A 6: $p = m \cdot v = 100 \cdot 10^{-9}\ \text{kg} \cdot 10\ \text{ms}^{-1}$

$$\lambda_B = \frac{h}{p} = 6,6 \cdot 10^{-28}\ \text{m}$$

Spaltabstand:

$$g = \frac{a \cdot \lambda}{d} = \frac{6,6 \cdot 10^{-28}\ \text{m} \cdot 20 \cdot 10^{-2}\ \text{m}}{10^{-3}\ \text{m}} = 1,3 \cdot 10^{-25}\ \text{m}$$

A 7: $\sin \alpha_n = \frac{n \cdot \lambda}{g} \quad \Rightarrow \quad \sin 0,1^\circ = \frac{10 \cdot \lambda}{10 \cdot 10^{-6}\ \text{m}}$

$$\lambda = \frac{10\ \mu\text{m} \cdot \sin 0,1^\circ}{10} = 1,7\ \text{nm}$$

$$p = \frac{h}{\lambda} = 3,8 \cdot 10^{-25}\ \text{Ns}$$

$$p = \sqrt{2 \cdot U \cdot e \cdot m_e} \quad \Rightarrow \quad U = \frac{p^2}{2 \cdot e \cdot m_e} = 0,5\ \text{V}$$

A 8: $d \geq \frac{\lambda}{2} \quad \Rightarrow \quad \lambda \leq 2 \cdot d \leq 2 \cdot 0,2\ \text{nm} = 0,4\ \text{nm}$

$$p \geq \frac{h}{\lambda} = 1,66 \cdot 10^{-24}\ \text{Ns};$$

$$W = \frac{1}{2} \cdot m \cdot v^2 = \frac{p^2}{2 \cdot m_e};$$

$$U \cdot e \geq \frac{p^2}{2 \cdot m_e} = 1,5 \cdot 10^{-18}\ \text{J} = 9,5\ \text{eV}$$

A 9: Geschwindigkeit der Wellenphase: $u = f \cdot \lambda$

deBroglie-Gleichungen für alle Quantenobjekte:

$$f = \frac{W}{h} \quad \text{und} \quad \lambda_B = \frac{h}{p} \quad \text{mit} \quad p = m_e \cdot v$$

Bei $m_0 \neq 0$ gilt:

$$u = f \cdot \lambda_B = \left(\frac{W}{h}\right)\left(\frac{h}{p}\right) = \frac{W}{p} = \frac{p^2}{2 \cdot m \cdot p} = \frac{p}{2 \cdot m} = \frac{v}{2}$$

Die Geschwindigkeit der Wellenphase ist nur halb so groß, wie die Geschwindigkeit des Elektrons (nicht relativistisch; Potential Null).

Die Debye-Scherrer-Ringe zeigen, dass die Gleichung $p = \frac{h}{\lambda}$ mit demselben Wert für h sowohl für Photonen als Quanten einer elektromagnetischen Welle, als auch für fliegende Elektronen gilt. Beide werden gebeugt und bilden Interferenzmuster mit der Wellenlänge $\lambda = \frac{h}{p}$.

Im Sinne eines einheitlichen Naturprinzips gibt man der von deBroglie postulierten Materiewelle eine Wahrscheinlichkeitsdeutung. Durch den Impuls $p = m \cdot v$ wird den Elektronen die Wellenlänge $\lambda = \frac{h}{p}$ und der Anordnung als Ganzes ein Beugungsbild zugeordnet. Ihm fügen sich die Elektronen stochastisch ein.

Elektronen und alle anderen Teilchen sind also Wahrscheinlichkeitswellen zugeordnet, deren Wellenlänge die deBroglie-Wellenlänge ist. Hier existieren –anders als bei Licht– keine realen Wellen. Trotzdem beläßt man das Wort 'Wellenlänge', da Teilchen, die dem Pauli-Prinzip nicht unterliegen (sog. Bosonen) 'echte Wellen' bilden können, die interferieren (Radiowellen aus Photonen, Bose-Einstein-Kondensat aus materiellen Bosonen mit ganzzahligem Spin). Die Gleichung $\lambda = h/p$ ist davon unberührt.

A 10: a) Die ψ-Welle bewegt sich nach rechts.

$$\lambda = 1\ \text{nm}; \quad f = \frac{1}{T} = 10^{12}\ \text{s}^{-1};$$

$$u = f \cdot \lambda_B = 10^{12}\ \text{s}^{-1} \cdot 10^{-9}\ \text{m} = 10^3\ \text{ms}^{-1}$$

Aus $\lambda = 1$ nm folgt $p = h/\lambda = 6,6 \cdot 10^{-25}$ Ns, also $W_{kin} = 1/2 \cdot m_e \cdot v^2 = p^2/2m_e = 2,4 \cdot 10^{-19}$ J.
Ist der Raum, in dem sich das Elektron bewegt auf dem elektrischen Potential Φ, so beträgt nach Seite 433 seine Gesamtenergie $W = W_{kin} - e \cdot \Phi$. Sie wird aus der Frequenz $f = 10^{12}$ Hz berechnet zu

$$W = h \cdot f = 6,6 \cdot 10^{-25}\ \text{J} - e \cdot \Phi.$$

Daraus folgt

$$\Phi = (2,4 \cdot 10^{-19}\ \text{J} - 6,6 \cdot 10^{-22}\ \text{J})/e = 1,5\ \text{V}.$$

b) Mathematisch positiv entspricht einer Linksrotation.

⇒ Die Zeiger rotieren rechts herum mit t, da

$$\varphi = 2\pi \left(\frac{x}{\lambda} - \frac{t}{T}\right).$$

Seite 431

Anmerkungen zur Unbestimmtheitsrelation

Die Begriffe *unbestimmt* und *unscharf* werden oft als gleichbedeutend benutzt; man spricht von *Unschärfe-Relation*. Doch charakterisiert das Wort *unbestimmt* das 'Nicht-Definiert-Sein' der betreffenden *Größe* in quantenphysikalischem Sinn, also *vor* einer Messung (Buch S. 432, links). *Messwerte*, also *Daten*, werden *nach* der Messung entnommen und sind folglich 're-al', können nicht mehr *unbestimmt* sein, wohl aber *unscharf*, d.h. einem *unscharfen Datenbereich* angehören (S. 465). Messzeiten und gemessene Energiewerte sind also *unscharf*, der Energiebegriff als solcher im betreffenden Intervall dagegen *unbestimmt*.

A 1: $\frac{\Delta p}{p} \approx \frac{\lambda}{\Delta x} = \frac{600 \text{ nm}}{\Delta x}$

Schlüsselloch: $\frac{\Delta p}{p} = \frac{600 \text{ nm}}{10^{-2} \text{ m}} = 6 \cdot 10^{-3}\ \%$

0,01 nm dickes Loch: $\frac{\Delta p}{p} = \frac{600 \text{ nm}}{0{,}01 \cdot 10^{-3} \text{ m}} = 6\ \%$

A 2: a) Öffnungsdurchmesser Δx:

$$\Delta x \cdot \Delta p_x \approx h; \quad p = \frac{h}{\lambda}; \quad \lambda = 600 \text{ nm}$$

$$\frac{\Delta p_x}{p} = \frac{\lambda}{\Delta x} = \sin\varphi_1; \ \varphi_1 = 0{,}5^\circ/2$$

$$\Rightarrow \quad \Delta x = \frac{\lambda}{\sin\varphi_1} = 0{,}14 \text{ nm}$$

b) $\Delta x = 10$ mm

$$\sin\varphi = \frac{\lambda}{\Delta x} = 6 \cdot 10^{-5} = \frac{r}{3{,}8 \cdot 10^5} \text{ km} \quad \Rightarrow$$

$$r = 6 \cdot 10^{-5} \cdot 3{,}8 \cdot 10^5 \text{ km} = 22{,}8 \text{ km}$$

A 3: UBR: $\Delta x \cdot \Delta p_x \approx h$. Die Unbestimmtheitsrelation gilt nur für die Mittelwerte der identisch präparierten Gesamtheit, nicht für 'Einige' daraus.

Seite 435

A 1: $W_L \approx \frac{3 \cdot h^2}{8 \cdot m \cdot L^2} = 0{,}5 \cdot m \cdot v^2$; $L \hat{=}$ Durchmesser

K-Schale:

$$W_L = \frac{3 \cdot h^2}{8 \cdot 9{,}1 \cdot 10^{-31}\ kg \cdot (2 \cdot 9 \cdot 10^{-12}\ m]^3}$$

$$= 5{,}6 \cdot 10^{-16} \text{ J} = 3{,}5 \text{ keV}$$

$$v = \sqrt{\frac{2 \cdot W_L}{m}} = 0{,}35 \cdot 10^8 \text{ ms}^{-1}$$

Kern: Relativistische Rechnung erforderlich!

Impulsbetrag:

$$p_x \approx \Delta p_x \approx \frac{h}{\Delta x} \approx 8 \cdot 10^{-20} \text{ Ns}$$

$$p^2 = p_x^2 + p_y^2 + p_z^2 \approx 3 \cdot p_x^2 = 2 \cdot 10^{-38} \text{ N}^2\text{s}^2$$

Nach S. 407, Aufg. 4 gilt:

$$W^2 = W_0^2 + c^2 \cdot p^2$$

$$W_0 = m_e \cdot c^2$$

$$W^2 = 6{,}7 \cdot 10^{-27} \text{ J}^2 + 1{,}8 \cdot 10^{-21} \text{ J}^2 \approx 1{,}8 \cdot 10^{-21} \text{ J}^2$$

$$W \approx 4{,}3 \cdot 10^{-11} \text{ J}$$

$$W_{kin} = W_L = W - W_0 \approx 4{,}3 \cdot 10^{-11} \text{ J} = 270 \text{ MeV}$$

$$v = \sqrt{\frac{2 \cdot W_L}{m}} = 9{,}74 \cdot 10^9 \text{ ms}^{-1} > c!$$

Man darf nicht relativistisch rechnen!

A 2: Coulomb-Potential (Ablöseenergie):

$$W = \frac{36 \cdot e^2}{4\pi \cdot \epsilon_0 \cdot r} = 1{,}45 \cdot 10^{-12} \text{ J} = 9 \text{ MeV}$$

Lokalisierungsenergie:

$$W_L = \frac{3 \cdot h^2}{8 \cdot 9{,}1 \cdot 10^{-31} \text{ kg} \cdot (2 \cdot 5{,}7 \cdot 10^{-15} \text{ m})^2}$$

$$= 8{,}7 \text{ GeV}$$

Das Elektron könnte mit $W_L = 8{,}7$ GeV die Ablöseenergie 9 MeV aufbringen (auch bei relativistischer Rechnung).

A 3: $W_L \approx \frac{3 \cdot h^2}{8 \cdot m \cdot L^2} = 1{,}13 \cdot 10^{-14}$ eV

$$U = 1{,}13 \cdot 10^{-14} \text{ V}$$

$$W_{therm} = \frac{3}{2}kT = 0{,}035 \text{ eV}$$

Die thermische Energie ist $3 \cdot 10^{12}$ mal so groß wie die Lokalisierungsenergie, die demnach in der Makrophysik keine Rolle spielt.

A 4: Man könnte annehmen, die Ortsunbestimmtheit eines Elektrons in der Spaltöffnung wäre Ausdruck unserer Unkenntnis und es gibt tatsächlich einen scharf bestimmten Ort P in der Spaltöffnung, durch den jedes Elektron geflogen sei, wenn es in einem Punkt C des Schirms ankommt. In diesem Fall würde man den Spalt auf die vermutete Durchflugsstelle einengen und alle Elektronen müssten in C ankommen. Das Beugungsbild wird aber noch viel breiter. Um die scharfen Nullstellen, an denen kein Elektron ankommt und die ganze Beugungsfigur zu ermitteln, muss man alle mögliche Pfade durch den Spalt beobachten und von jedem Elementarzentrum innerhalb der Spaltöffnung eine Elementarwelle ausgehen lassen und diese Wellen miteinander zur Interferenz bringen. Im Mikrokosmos fehlen die Voraussetzungen für eine kausale Beschreibung von Einzelprozessen. Die Wellenfunktion beschreibt deren Wahrscheinlichkeitsverhalten; sie ist streng berechenbar (z.B. Nullstellen bei Beugung).

A 5: Ein zerschnittener Wellenzug beschreibt kein zerschnittenes, sondern ein im Ort schärfer bestimmtes Quant (Streuung um Erwartungswert). Es gibt eine größere Unbestimmtheit im Impuls, also eine größere Unschärfe in $\lambda = \frac{h}{p}$, also eine größere Linienbreite.

A 6: $\frac{\Delta f}{f} = 10^{-16}$

$\Rightarrow \Delta f = 10^3$ Hz

$\Rightarrow \Delta W = h \cdot \Delta f = 6{,}63 \cdot 10^{-31}$ J

$\Rightarrow \Delta t = \frac{h}{\Delta W} = 1$ ms

$\Rightarrow$ Kohärenzlänge: $l_K = c \cdot \Delta t = 0{,}3 \cdot 10^6$ m

Problem der plötzlichen Lokalisation: Eine plötzliche Lokalisation bräuchte Überlichtgeschwindigkeit und zudem eine steigende kinetische Energie. Die Lokalisationsenergie wird um so größer, je enger man den Bereich macht, auf den die Teilchen lokalisiert sind.

Seite 439

A 1: $U \approx 4{,}9$ V

$6{,}65$ cm $\hat{=}$ $5{,}5$ V

$6{,}1$ cm $\hat{=}$ 5 V

$4 \cdot U_b$ $\hat{=}$ $6{,}3$ cm $\hat{=}$ 20 V

U_b $\approx$ 5 V

Größere Punktabstände entsprechen einer größeren Geschwindigkeit. Die Punktabstände ändern sich infolge der Beschleunigung der Elektronen (Energiezunahme $\hat{=}$ Geschwindigkeitszunahme) und der unelastischen Stöße mit Hg-Atomen bei $U_b = n \cdot 4{,}9$ V (Energieverlust $\hat{=}$ Abnahme der Geschwindigkeit). Bei unelastischen Stößen verlieren die Elektronen einen Teil ihrer Energie an die Hg-Atome (bei $U_b = n \cdot 4{,}9$ V), d.h. sie werden langsamer (dichte Punktabstände). Bei elastischen Stößen werden die Elektronen nur durch die Hg-Atome umgelenkt, sie verlieren keine Energie ($U_b < n \cdot 4{,}9$ V).

A 2: Ja, die Energie der freien Elektronen, mit denen die Hg-Atome beschossen werden. Die Energie dieser Teilchen steigert sich nach $W = e \cdot U_b$ stetig.

A 3: Bahnumfang: $2\pi \cdot r$

deBroglie-Wellenlänge: $\lambda_B = \frac{h}{p}$

Nach deBroglie: $2\pi \cdot r_n = n \cdot \frac{h}{p} = n \cdot \frac{h}{m_e \cdot v}$

mit: $p = m_e \cdot v$ und $n = 1., 2., 3.$ Bohrsche Bahn.

F_C (Coulomb-Kraft) $= F_Z$ (Zentripetalkraft)

$$\Rightarrow \quad \frac{e^2}{4\pi \cdot \epsilon_0 \cdot r^2} = \frac{m_e \cdot v^2}{r}$$

$$\Rightarrow \quad m_e \cdot v^2 = \frac{n^2 \cdot h^2}{4\pi^2 \cdot r_n^2 \cdot m_e}$$

$$\Rightarrow \quad m_e \cdot v^2 = \frac{e^2 \cdot r_0}{4\pi \cdot \epsilon_0 \cdot r_n^2} = \frac{e^2}{4\pi \cdot \epsilon_0 \cdot r_n}$$

$$\Rightarrow \quad \frac{e^2}{4\pi \cdot \epsilon_0 \cdot r_n} = \frac{n^2 \cdot h^2}{4\pi \cdot r_n^2 \cdot m_e}$$

$$\Rightarrow \quad r_n = \frac{\epsilon_0 \cdot n^2 \cdot h^2}{e^2 \cdot m_e \cdot \pi}$$

$$\Rightarrow \quad v = \frac{n \cdot h \cdot e^2 \cdot m_e \cdot \pi}{m_e \cdot 2\pi \cdot \epsilon_0 \cdot n^2 \cdot h^2} = \frac{e^2}{2\epsilon_0 \cdot n \cdot h}$$

Zunahme der potentiellen Energie (nach S. 192):

$$\Delta W_{pot} = \frac{e^2}{4\pi\epsilon_0} \cdot \left(\frac{1}{r_1} - \frac{1}{r_2}\right) = \frac{e^4 \cdot m_e}{4\epsilon_0^2 \cdot h^2} \cdot \left(\frac{1}{n_1^2} - \frac{1}{n_2^2}\right)$$

Abnahme der kinetischen Energie:
$W_{kin} = 0{,}5 \cdot m_e \cdot (v_1^2 - v_2^2)$

$$\Rightarrow \quad \Delta W_{kin} = \frac{e^4 \cdot m_e}{8 \cdot \epsilon_0^2 \cdot h^2} \cdot \left(\frac{1}{n_1^2} - \frac{1}{n_2^2}\right)$$

Änderung der Gesamtenergie beim Anheben von $n_1 \rightarrow n_2$

$$\Delta W = W_{pot} - W_{kin} = \left(\frac{1}{n_1^2} - \frac{1}{n_2^2}\right) \cdot \frac{e^4 \cdot m_e}{8 \cdot \epsilon_0^2 \cdot h^2}$$

Faktoren: ϵ_0, h, n, e, m_e

a) Coulombkraft erzeugt Zentripetalkraft (Gesetze der klassischen Mechanik).

b) Erklärung der Bohr-Quantenbedingung nach de-Broglie.

Nach Bohr und deBroglie sollte die Welle auf dem Kreisumfang laufen. Messungen an 'eingesperrten' Elektronen zeigen (S. 440, Bild 1) dagegen die deBroglie-Wellenlänge längs Radien, 'nach außen'. Das Bohrsche Modell ist schon in den Ansätzen nicht haltbar. Es zeigt jedoch, dass die Planck-Konstante h nicht nur bei Licht bedeutsam ist, sondern auch beim Aufbau der Atome.

Seite 440

Anmerkungen zum linearen Potentialtopf

Als Ersatz für das Bohrsche Atommodell kann der 'Quantenpferch' (Bild 1, S. 440) in mehreren, die Quantenphysik erhellenden Schritten ausgebaut werden:

1. Schritt: Die begrenzenden Fe-Atome werden durch die Coulombkraft eines in die Mitte gesetzten Kerns ersetzt. Das Atom braucht also keine feste 'Hülle'.
2. Schritt: Die kontinuierlich gemessene $|\psi|^2$-Funktion wird im Sinne Borns als Wahrscheinlichkeitsdichte für Elektronenlokalisation gedeutet (S. 449, Bild 5).
3. Schritt: $|\psi|^2$ ist zeitlich konstant; das Atom braucht nicht zu strahlen, es ist stabil. Dies beschreibt die Simulation in Bild 3, S. 440 mit rotierenden Zeigern korrekt, klassische Wellen genügen nicht. Seilwellen führen in die Irre.
4. Schritt: Der lineare Potentialtopf – besser die Schrödingergleichung nach S. 448 – begründet die Quantisierung der Energie. Die Bilder 3 und 4 von S. 440 und Bild 3 von S. 449 sind Radial-Schnitte vom Quantenpferch.
5. 5. Schritt: Gerichtete Orbitale werden vom linearen Topf her plausibel gemacht (S. 452).

Die in Bild 4 von S. 441 dargestellten $|\psi|^2$-Funktionen können – wie beim Quantenpferch – mit dem Rastertunnelmikroskop gemessen werden, und zwar bis zur Quantenzahl $n = 13$. Dazu variiert man dort die Spannung zwischen Spitze und Probe (S. 454). Damit lassen sich auch beim Quantenpferch (Bild 1, S. 440) andere Quantenzustände der eingesperrten Oberflächenelektronen darstellen.

Die aus der zeitabhängigen Schrödingergleichung folgende ψ-Funktion für fortschreitende Wellen

$\psi(x,t) = \psi_0 \cdot e^{2\pi i(x/\lambda - t\cdot f)}$

macht deutlich, dass man komplexe Zahlen, also rotierende Zeiger braucht. Erst in der zeitunabhängigen Schrödingergleichung entfällt der Zeitfaktor $e^{-2\pi i t\cdot f}$, wird aber bei der Superposition zu Wellenpaketen mit verschiedenen $f = \frac{W}{h}$ wieder benötigt (Bild 2, S. 443).

a) Die semiklassischen Darlegungen zum linearen Potentialtopf werden von der Schrödingergleichung präzisiert (S. 448 f). Diese enthält den beim linearen Topf benutzten unscharfen Impuls p nicht mehr; beim Topf ist erst $p^2 \sim W$ scharf. Dies zeigt eine Fourier-Analyse. Auch löst die Schrödingergleichung die Randbedingungen korrekt. Auf keinen Fall sollte man die ψ-Funktion beim linearen Topf mit schwingenden Saiten oder Ketten veranschaulichen. Diese müssten Energie abstrahlen, da die so beschriebenen Elektronen geladen sind. Sie gehorchen nicht der Gleichung $\psi(x,t) = \psi_0 \cdot e^{2\pi i(x/\lambda - t\cdot f)}$.

b) Wer das $|\psi|^2$ des Elektrons als 'verschmierte Ladungswolke' betrachtet, muss im Potentialtopf und bei der Schrödingergleichung beim W_{pot} die Selbstwechselwirkung der diffusen Ladungsbereiche beachten und erhält falsche Eigenwerte. Am Quantenpferch sind dagegen viele Elektronen beteiligt; deshalb verschmilzt das $|\psi|^2$ zu einem Kontinuum.

Seite 441

A 1: $W_n = 1.0$ eV; mit $n = 5$

$$W_n = \frac{n^2 \cdot h^2}{8 \cdot m_e \cdot L^2}$$

$$\Rightarrow \quad L = \frac{n \cdot h}{\sqrt{8 \cdot m_e \cdot W_n}} = 3,07 \text{ nm}$$

A 2: $W_n = \frac{n^2 \cdot h^2}{8 \cdot m_e \cdot L^2}$; $L = 0,5$ nm; $n = 1,2,3$

$W_1 = 2,4 \cdot 10^{-19}$ J $= 1,5$ eV

$W_2 = 9,7 \cdot 10^{-19}$ J $= 6,04$ eV

$W_3 = 2,2 \cdot 10^{-19}$ J $= 13,6$ eV

Seite 444

A 1: a)

- übertragbar:
  ↷ Knoten am festen Ende
- nicht übertragbar:
  ↷ Klassische stehende Querwelle mit zeitlich variabler Elongation $s(t,x)$ und beliebiger Amplitude
  ↷ Bauch am Erreger
  ↷ Wäre sie elektrisch geladen, so müsste sie Energie abstrahlen, Vorgang am Erreger (Energiezufuhr)

b) $\psi = 0 \quad \Rightarrow \quad |\psi|^2 = 0 \quad \Rightarrow$ Kein Elektron vorhanden. Man entgeht dem durch Benutzung rotierender Zeiger, also komplexer Zahlen, so dass $|\psi|^2$ zwar vom Ort, nicht aber von der Zeit abhängt.

A 2: $Z = 18$ C-Atome; $a = 0{,}14$ nm
$L = 18 \cdot a = 2{,}52$ nm

Jedes C-Atom gibt ein Elektron in den linearen Potentialtopf ⇒ 18 Elektronen im Topf.

Aufgrund des Pauli-Prinzips (maximal zwei Elektronen besetzten den selben Zustand) besetzten die 18 Elektronen also zu zweit die neun tiefsten Orbitale mit $n = 1$ bis $n = 9$.

Quantensprung von $n = 9$ nach $n = 10$:

$$\Delta W = W_{10} - W_9 = \frac{(10^2 - 9^2) \cdot h^2}{8 \cdot m \cdot L^2} = \frac{19 \cdot h^2}{8 \cdot m \cdot L^2}$$

$$\lambda = \frac{c}{f} = \frac{8 \cdot m \cdot L^2 \cdot c}{19 \cdot h} = 1100 \text{ nm (IR)}$$

Seite 445

A 1: $L = 2$ nm

10 Elektronen ⇒ oberster besetzter Zustand: $n = 5$ (Pauli-Prinzip)

$$\Delta W = W_6 - W_5 = \frac{(6^2 - 5^2) \cdot h^2}{8 \cdot m_e \cdot L^2} = \frac{11 \cdot h^2}{8 \cdot m_e \cdot L^2}$$

$$\lambda = \frac{c}{f} = \frac{8 \cdot m_e \cdot (2 \text{ nm})^2 \cdot c}{11 \cdot h} = 1200 \text{ nm (IR)}$$

A 2: a) $L = 1$ nm; $n = 50$

$$\Delta W = W_{51} - W_{50} = \frac{(51^2 - 50^2) \cdot h^2}{8 \cdot m_e \cdot L^2} = \frac{101 \cdot h^2}{8 \cdot m_e \cdot L^2}$$

$$f_Q = \frac{101 \cdot h}{8 \cdot m_e \cdot (1 \text{ nm})^2} = 9{,}2 \cdot 10^{15} \text{ Hz}$$

b) Bei $n = 50$ ist $L = 50 \cdot \frac{\lambda}{2} \quad \Rightarrow \quad \lambda = \frac{L}{25} \quad \Rightarrow$

$$p = \frac{h}{\lambda} = \frac{25 \cdot h}{L} = 1{,}66 \cdot 10^{-23} \text{ Ns}$$

$$v = \frac{p}{m_e} = 18 \cdot 10^6 \text{ ms}^{-1}$$

$$T = \frac{2 \cdot L}{v} = 1{,}1 \cdot 10^{-16} \text{ s}$$

$$f_{kl} = \frac{1}{T} = 9{,}1 \cdot 10^{15} \text{ Hz}$$

⇒ $f_{kl} = f_Q$, d.h das Bohrsche Korrespondenzprinzip bestätigt: Für hohe Quantenzahlen korrespondiert das klassische Bild eines zwischen zwei Wänden hin- und herfliegenden Elektrons mit der völlig anderen Vorstellung des Qunatensprungs.

c) Beim linearen Potentialtopf bedeutet 'hoch', dass die potentielle Energie W_{pot} außerhalb des Topfes einen unendlich hohen Wert besitzt, während das Innere feldfrei ($E = 0$) ist und das Potential $W = 0$ besitzt. Die Elektronen sind dann im kräftefreien Bereich zwischen zwei unüberwindlichen Potentialbarrieren mit Abstand L eingesperrt.

A 3: a) $\lambda_1 = 1$ mm; $\lambda_2 = 800$ nm

$$W_1 = \frac{h \cdot c}{\lambda_1} = 1{,}99 \cdot 10^{-22} \text{ J} = 0{,}0012 \text{ eV}$$

$$W_2 = \frac{h \cdot c}{\lambda_2} = 2{,}49 \cdot 10^{-19} \text{ J} = 1{,}6 \text{ eV}$$

b) $W = 15 \text{ eV} = 2{,}4 \cdot 10^{-18}$ J

$$\lambda = \frac{h \cdot c}{W} = \frac{6{,}63 \cdot 10^{-34} \text{ Js} \cdot 3 \cdot 10^8 \text{ ms}^{-1}}{2{,}4 \cdot 10^{-18} \text{ J}} \approx 83 \text{ nm}$$

Bei $\lambda < 83$ nm können Quanten die Moleküle anregen und werden absorbiert; Luft wird undurchsichtig. O_2 und N_2 sind keine Treibhausgase, da sie IR nicht absorbieren.

A 4: a) $W = \frac{3}{2} \cdot kT = \frac{3}{2} \cdot 1{,}38 \cdot 10^{-23} \text{ JK}^{-1} \cdot 300 \text{ K}$
$= 6{,}21 \cdot 10^{-21}$ J

$$\lambda = \frac{h \cdot c}{W} = 32000 \text{ nm (IR)}$$

b) $\lambda_{max} = \frac{2{,}9 \cdot 10^6 \text{ K}}{300 \text{ K}} \cdot \text{nm} = 9700 \text{ nm}$

Die Wellenlänge in a) ist ungefähr das 3fache der Wellenlänge des Strahlungsmaximums aus dem Wienschen Verschiebungsgesetz.
$\lambda_{max} = 9667$ nm.

Bei 20facher Temperatur verschiebt sich das Strahlungsmaximum auf $\frac{\lambda}{20}$, also zu kürzeren Wellenlängen $\lambda = 483$ nm (blau).
Die Wellenlänge aus a) nimmt bei 20facher Temperatur ebenfalls ab, auf $\lambda = 1600$ nm.

c) Für Anregung von H-Atomen der mittleren Energie $W = \frac{3}{2} \cdot kT = 4,9$ eV $= 7,8 \cdot 10^{-19}$ J folgt $T = 38000$ K.

Es ist also nicht zu erwarten, dass beim Franck-Hertz-Versuch Gasmoleküle bei 400 K durch Stoß Hg-Atome anregen können. Allerdings zeigt die kinetische Energie eine starke Streuung, so dass schon sehr viel niedrigere Temperaturen als $T = 38000$ K zu einer Teilionisierung führen würden.

A 5: Die Anregung von Atomen bei Resonanzfluoreszenz gelingt nur mit der exakten Photonenenergie; das Photon verschwindet bei Absorption vollständig, es wird nicht geteilt. Elektronen (Ruhemasse $m \neq 0$) können dagegen einen Teil ihrer kinetischen Energie abgeben und weiter existieren, wie z.B. im Franck-Hertz-Versuch, beim Stoß auf Leuchtstoffe in Braunschen Röhren und Leuchtstoffröhren, bei der Bremsstrahlung u.s.w.. Die Resonanzfluoreszenz ist deshalb für die Quantisierung beweiskräftiger als der Franck-Hertz-Versuch.

A 6: Nach einem unelastischen Stoß mit einem Hg-Atom (Max. von I_A) bei jeweils der n-fachen Beschleunigungsspannung $U_b = n \cdot 4,9$ V $(n = 1, 2, 3, 4, ...)$ sinkt der Strom I_A wieder. Die Periodizität resultiert aus der Elektronenbeschleunigung: Die Elektronen bekommen schon nach der Strecke $\overline{\text{KG}}/2$, $\overline{\text{KG}}/3$,...,$\overline{\text{KG}}/$n (K: Glühkatode; G: Gitterelektrode) die zur energetischen Anregung zwischen stets gleichen Niveaus W_2 und W_1 in V1 von Seite 439 nötige Energie 4,9 eV und verlieren sie sofort an die dort gestoßenen Hg-Atome. Dann werden die Elektronen wieder beschleunigt. Regen sie kurz vor der Gitterelektrode zum n-ten Mal Hg-Atome an, so haben sie ihre kinetische Energie abgegeben und können nicht mehr gegen die negativ geladene Platte A anlaufen. Der Strom I_A sinkt zum n-ten Mal.

A 7: $\Delta f = 10^8$ Hz; $\Delta W = h \cdot \Delta f = 6,63 \cdot 10^{-26}$ J

$\lambda = 600$ nm $\Rightarrow$ $f = \frac{c}{\lambda} = 5 \cdot 10^{14}$ Hz;

$W = h \cdot f = 3,32 \cdot 10^{-19}$ J $\Rightarrow$

$$\frac{\Delta f}{f} = 0,00002\% = \frac{\Delta W}{W}$$

Mittlere Lebensdauern:

- angeregter Zustand: $\Delta t \approx \frac{h}{\Delta W} = 10^{-8}$ s
- Grundzustand scharf: $\Delta t \to \infty$

Seite 449

A 1: a) $W_n = -\frac{m_e \cdot e^4}{8 \cdot \epsilon_0^2 \cdot h^2 \cdot n^2} = -\frac{13,6}{n^2}$ eV

n	1	2	3	4
W_1 [eV]	−13,6	−3,4	−1,5	−0,85

b)
$$\Delta W_{3\to1} = -1,5 \text{ eV} + 13,6 \text{ eV} = 12,1 \text{ eV} = 1,9 \cdot 10^{-18} \text{ J}$$

$$\Delta W_{4\to1} = -0,85 \text{ eV} + 13,6 \text{ eV} = 12,75 \text{ eV} = 2,04 \cdot 10^{-18} \text{ J}$$

$W = h \cdot f \quad \Rightarrow$

$$f_{3\to1} = \frac{\Delta W_{3\to1}}{h} = 2,87 \cdot 10^{15} \text{ Hz}$$

$$f_{4\to1} = \frac{\Delta W_{4\to1}}{h} = 3,08 \cdot 10^{15} \text{ Hz}$$

$\lambda = \frac{c}{f} \quad \Rightarrow$

$$\lambda_{3\to1} = 104,5 \text{ nm}$$

$$\lambda_{4\to1} = 97,4 \text{ nm}$$

Energieniveaus kennzeichnen die Aufenthaltsbereiche (Orbitale) der Elektronen. Sprünge zwischen Energieniveaus liefern Spektrallinien. Die Orbitale geben die möglichen Aufenthaltsbereiche von Elektronen an. Energieniveau, Spektrallinie und Orbital sind über die Quantenzahl n miteinander verknüpft.

A 2: a) Die Elektronen im Potentialtopf sind kräftefrei; sie haben dort überall die gleiche potentielle Energie. Im H-Atom geht die potentielle Energie mit steigendem Kernabstand gegen Null: $W_{pot} \sim -\frac{1}{r}$.

Halbklassische Deutung nach S. 446: Mit zunehmendem Radius r sinkt nach Bild 2, S. 448 die Differenz $W_{kin} = W - W_{pot}$. Nach $W_{kin} = \frac{p^2}{2 \cdot m_e} = \frac{h^2}{2 \cdot m_e \cdot \lambda^2}$ ist $\lambda^2 \sim \frac{1}{W - W_{pot}}$.

b) Links von der Hyperbel ($W < W_{pot}$)ist die ψ-Kurve zur r-Achse hin *konkav*, rechts der Hyperbel, also außen, ist sie dagegen *konvex* und strebt i.a. nach Unendlich. Nur bei den 'diskreten Ausnahmen' $\psi(r) \to 0$ und $\psi(r)' \to 0$ bleibt das Elektron beim Kern.

$W < W_{pot}(x)$: $\psi(x) < 0 \quad \to \quad \psi''(x) < 0$

$\Rightarrow$ Rechtskrümmung

$\psi(x) > 0 \quad \to \quad \psi''(x) > 0$

$\Rightarrow$ Linkskrümmung

Seite 453

Anmerkungen zur Schrödingergleichung – analytisch

a) Die *drei*dimensionale Lösung der Schrödingergleichung zum H-Atom füllt in Theoriebüchern viele Seiten und übersteigt alle Schulmöglichkeiten. Wer sie zu Ende liest, findet –bisweilen etwas versteckt– für die Nebenquantenzahl $l = 0$ die für das Schalenmodell geeignete *ein*dimensionale Schrödingergleichung (1) von S. 448 mit $\psi(r) = r \cdot \psi_S(r)$. Dabei bezieht sich die Lösung $\psi_S(r)$ des Radialanteils der dreidimensionalen Gleichung auf die Antreffwahrscheinlichkeit in gleichen 'Würfelchen' $dV = dx \cdot dy \cdot dz$, folglich $\psi(r) = r \cdot \psi_S(r)$ in Kugelschalen der Dicke dr. Dies ist beim Startwert $\psi(0)$ zu beachten (Bild 4, S. 453).

b) Wir haben uns zunächst auf das radial-symmetrische Schalenmodell mit $W_{pot} \sim -\frac{1}{r}$ beschränkt. Die zugehörige *ein*dimensionale Schrödingergleichung entwickelten wir am Quantenpferch oder dem *ein*dimensionalen Potentialtopf mit $W_{pot} = 0$. Er lieferte mit $k_x = \frac{n_i \cdot \pi}{L}$ im Bereich $0 \leq x \leq L$ $\psi(x) = \psi_0 \cdot \sin k_x \cdot x$ und im *drei*dimensionalen Kasten $\psi(x, y, z) = \psi_0 \cdot \sin k_x x \cdot \sin k_y y \cdot \sin k_z z$. Für z.B. $n_x = 2, n_y = n_z = 1$ entsteht die Form eines $2p_x$-Orbitals nach Bild 2, S. 452.

A 1: a) Die Linien der Balmer-Serie enden auf W_2:

H_α : $f = (W_3 - W_2)/h = 4,59 \cdot 10^{14}$ Hz;
$\lambda = 654$ nm

H_β : $f = (W_4 - W_2)/h = 6,15 \cdot 10^{14}$ Hz;
$\lambda = 488$ nm

H_γ : $f = (W_5 - W_2)/h = 6,89 \cdot 10^{14}$ Hz;
$\lambda = 435$ nm

H_δ : $f = (W_6 - W_2)/h = 7,29 \cdot 10^{14}$ Hz;
$\lambda = 411$ nm

Quantensprünge:

H_α : $n = 3 \curvearrowright n = 2$

H_β : $n = 4 \curvearrowright n = 2$

H_γ : $n = 5 \curvearrowright n = 2$

H_δ : $n = 6 \curvearrowright n = 2$

Seriengrenze der Balmerserie:
Quantensprung $n \to \infty \curvearrowright n = 2$

$$f = \frac{W_2}{h} = 8,21 \cdot 10^{14} \text{ Hz}$$

$$\lambda = \frac{c}{f} = 366 \text{ nm} \quad \text{(UV)}$$

b) Diese Linie entsteht beim Quantensprung von $n = 2 \curvearrowright n = 1$. Die Seriengrenze der Lyman-Serie liegt bei n=1, d.h. dies ist die kleinste Energie, also gibt es keine weiteren Linien mit größerer Wellenlänge.

A 2: Im Bereich der Newton-Mechanik gibt es kein Gesetz, aus dem man – rein durch mathematische Deduktion – die Gleichung $F = m \cdot a$ herleiten könnte. Wer in seinem beschränkten Erfahrungsbereich 'rät', denkt vielleicht an Luftwiderstandskräfte, die mit der Geschwindigkeit v zunehmen und setzt $F \propto v$ oder $F \propto v^2$ (im Sinne von Aristoteles). Die im Trägheitssatz Galileis zusammengefasste Erfahrung zeigt dagegen, dass zu einer reibungsfreien Bewegung mit konstanter Geschwindigkeit v keine Kraft nötig ist, wohl aber zu deren Zunahme. Hängt also die Kraft F mit der 1. Ableitung von v nach t, mit der Beschleunigung $a = \dot{v}$ zusammen – oder mit dem sog. Ruck, dem $\ddot{v}$, oder gar der Summe beider? Unsere Mechanik-Experimente zeigten (mit beschränkter Genauigkeit):

$F \propto m$ und $F \propto a$, zusammengefasst $F \propto m \cdot a$.

Dabei kann die Masse m an der Waage, aus dem Schwersein des Körpers, ermittelt werden (was Einstein viel später erklären konnte).

Die Gleichung $F = m \cdot a$ kann aber nur dann als Grundgesetz der Mechanik verstanden werden, wenn alle Experimente sie bestätigen. Newton hatte mehr Spürsinn beim 'Raten': Er setzte $F = \dot{p}$ mit $p = m \cdot v$ (Seite 407). Damit erfasste er auch die relativistische Geschwindigkeitsabhängigkeit der Masse. Im Bereich der Quantenphysik ist $F = m \cdot a$ nicht mehr anwendbar, da der Bahnbegriff, von dem man als selbstverständlich ausging, aufgehoben ist.

In homogenen E-Feldern gilt $\sigma = \varepsilon_0 \varepsilon_r E$ als Zusammenhang zwischen der Flächendichte $\sigma = Q/A$, der Ladung Q und der dabei erzeugten Feldstärke $E = F/q$, also zwischen Ursache und Wirkung – analog zu $F = m \cdot a$. Im homogenen Feld konnten wir dies aus der empirisch gewonnenen Kondensatorformel $Q = C \cdot U$ herleiten (mit $C = \varepsilon_0 \varepsilon_r A/d$ und

$U = E \cdot d$). Man hat erst dann $\sigma = \varepsilon_0 \varepsilon_r E$ als Grundgesetz 'erraten', wenn es erfolgreich an beliebigen Feldformen von allen Experimenten bestätigt wurde. Tatsächlich ist es eine der 4 Maxwell-Gleichungen – in vereinfachter Schreibweise.

A 3: Uran (Z=92); n=3

$$f_K = (Z-1)^2 \cdot f_R \cdot (\frac{1}{1^2} - \frac{1}{n^2})$$

$$f_R = 3,29 \cdot 10^{15}\ \text{Hz} \quad \Rightarrow$$

$$f_K = (92-1)^2 \cdot 3,29 \cdot 10^{15}\ \text{Hz} \cdot (\frac{1}{1^2} - \frac{1}{3^2})$$

$$= 2,42 \cdot 10^{19}\ \text{s}^{-1}$$

Glanzwinkel: $\sin\varphi = \frac{n \cdot \lambda}{2 \cdot d}$; $d = 201$ pm; n=1

$$\lambda_K = 12,4\ \text{pm} \quad \Rightarrow \quad \sin\varphi = 3,08 \cdot 10^{-2}$$

$$\Rightarrow \quad \varphi = 1,77°$$

A 4: $\psi(r) = \psi_0 \cdot e^{-\frac{r}{a}}$ löst die Gleichung 3, S. 453 nicht:

$$\psi'(r) = -\psi(r)/a$$

$$\psi''(r) = \psi(r)/a^2$$

$$\frac{\psi(r)}{a^2} \stackrel{?}{=} -C \cdot W \cdot \psi(r) - (\frac{C \cdot G}{r}) \cdot \psi(r)$$

$$\Rightarrow \quad \frac{1}{a^2} = -C \cdot W - \frac{C \cdot G}{r}$$

• ohne r: $\frac{1}{a^2} = -C \cdot W$

• mit r: $0 = \frac{C \cdot G}{r} \quad \Rightarrow \quad G = 0$

$\Rightarrow$ Widerspruch, da $C > 0$!

Seite 464

Anmerkungen:

a) Die Einstellung zur klassischen Physik hat sich geändert. *Niels Bohr* betonte 1927, dass die Messgeräte der klassischen Physik gehorchen, diese sei *Voraussetzung* der Quantenphysik. Also lag es nahe, das *Unbestimmte* der Quantenwelt mit 'Störungen' des Messgerätes am Quantenobjekt zu erklären (etwa durch Photonenstöße an Elektronen). '*Berührungsfreie Messungen*' wie der Knallertest zeigen jedoch, dass das Unbestimmte nicht den *Messdaten*, sondern den *Begriffen selbst* zukommt: Bei Idealmessungen wird *eine* der von der Superposition $\sum \psi_i$ angebotenen *Möglichkeiten* (z.B. ψ_3) *unverändert* in ein *reales Faktum* überführt, vom Zufall *unumkehrbar irreversibel* ausgewählt. Die Quantenphysik wurde von unnötigen vorphysikalischen, klassisch verpackten Voraussetzungen befreit, von Modellballast. Da sie sich universell bewährt, sieht man heute umgekehrt die klassische Physik als Grenzfall der Quantenphysik an (wenn h keine Rolle spielt). Dabei zeigen sich zwei Forschungsrichtungen:

• **Technologisch:** Quanten-Kryptographie, Teleportation und künftige Quanten-Computer (um nur Schlagworte zu nennen) benutzen – wie selbstverständlich – die klassisch völlig unverständliche *Superposition von Möglichkeiten*, insbesondere *korrelierte (verschränkte) Photonenpaare* (S. 467). Techniker benutzen künftig das 'Unmögliche' der Natur!

• **Philosophisch:** An *Schrödinger-Kätzchen* (S. 465) geht man experimentell oder mit der *Dekohärenz-Hypothese* der Frage nach:

Wie erklärt die Quantentheorie, warum es so etwas wie die uns vertraute, heile Welt der klassischen Physik überhaupt gibt?

Wie entsteht *Realität*?

Anmerkungen zur Festkörper-Physik

Die sehr komplizierten Vorgänge in kristallinen Festkörpern werden – auch in der Wissenschaft – modellmäßig vereinfacht. In guter Näherung ergeben sich die folgenden Erweiterungen des vom Atom Bekannten:

a) Mit der *Schrödingergleichung* werden zunächst die scharfen Energieniveaus der in Atomen gebundenen Elektronen untersucht. Im periodischen Kristallgitter mit Z_a Atomen spaltet jedes in Z_a diskrete, aber überaus eng benachbarte Energieniveaus auf. Diese Z_a besetzbaren Zustände fasst man zu Energie-Bändern zusammen. Dies zeigt die eindimensionale Computersimulation nach Bild 2 von Seite 468 [Programm 3/m aus der Sammlung zu 'Quantenphysik ohne Dualismus'].

b) Die dabei gefundenen *Ψ-Funktionen* erstrecken sich über den ganzen Kristall: Die Elektronen lösen sich also von ihren Atomen und gehören dem ganzen Kristall an (Ziff. 2). Deshalb kann man in guter Näherung auf jedes Band die Quantengesetze des (hier linearen) Potentialtopfs anwenden (Ziff. 3).

c) Gemäß dem *Pauliprinzip* werden die Bänder – wie in Atomen – 'von unten her' durch die jeweils vorliegenden Elektronen besetzt, je mit 2 Spins. Danach hat jedes Band $2Z_a$ besetzbare Zustände.

d) Es erweist sich als bequem, *Fehlstellen am oberen Bandrand* in fast gefüllten Bändern als eigenständige Teilchen zu betrachten, als den Elektronen äquivalente, positiv geladene 'Löcher'. Man kann dann von den Elektronen des fast gefüllten Bandes absehen und den Halleffekt sowie die Vorgänge im p-n-Übergang problemlos beschreiben (Ende von Ziffer 4, Bild 2b). Man vergleiche mit den sichtbar aufsteigenden Gasblasen im Sprudel.

Seite 471

A 1: In *Metallen* sind auch bei $T = 0$ K Bänder nur teilweise besetzt (bis zur sog. Fermigrenze). Nach Bild 4 von Ziff. 3 werden sie so zu Leitungsbändern. Bei Na, Ag usw. rührt das davon, dass pro Atom nur ein Elektron vorhanden ist. Bei vielen Metallen, die an sich volle Bänder haben müssten, z.B. Zink, entsteht die Fermigrenze durch Bandüberlappung (Bild 4 von Ziff. 6). Darüber liegen in winzigem Abstand zunächst unbesetzte Zustände. Das E-Feld einer angelegten Spannung vermag dorthin Elektronen einheitlicher Geschwindigkeit, z.B. $+v_x$, anzuheben. Erst diese tragen zum Strom bei. In Niveaus, die mit 2 Elektronen besetzt sind, gleichen sich dagegen $+v_x$ und $-v_x$ präzise aus (v_x kann dabei sehr groß sein).

In *Silizium* (mit 4 Elektronen je Atom) ist bei $T = 0$ das Valenzband gefüllt, das Leitungsband leer. Es ist ein Nichtleiter. In reinen Kristallen ist Leitfähigkeit erst dann möglich, wenn Licht oder Temperaturbewegung Elektronen über die Energielücke (1,1 eV) heben. Ohne E-Feld treten z.B. v_x und $-v_x$ gleich häufig auf. Doch erzeugt dann ein E-Feld Überschuss in einer Richtung, erzeugt Strom, wie oben beschrieben. Da die Temperaturbewegung der Elektronen bei Raumtemperatur ausreicht, um eine (sehr geringe) Leitfähigkeit zu erzeugen spricht man von einem Halbleiter.

Bei einem *Metall* steigt der Widerstand mit der Temperatur, da die Streuungen der Elektronen an Störungen der Gitterstruktur zunimmt (Bild 4 von Ziff. 3). Bei einem *Halbleiter* sinkt der Widerstand mit der Temperatur, da die Zahl der Elektronen im Leitungsband und die der Löcher im Valenzband zunimmt. Dort kann sich ein Überschuss von Elektronen und Löchern nach einer Richtung ausbilden (Bild 4). Dieser Effekt wirkt sich i. a. stärker aus als die auch hier auftretende Elektronenstreuung von $+p_x$ nach $-p_x$. Elektronen in besetzten Niveaus, etwa unterhalb der Fermigrenze, schützt das Pauliprinzip vor einem Absinken in tiefer liegende Zustände, da diese besetzt sind. Dies ist nicht anders als in Atomen.

A 2: *Phosphor* ist ein fünfwertiges Element. Wird es in Silizium eingebaut, so ist ein Elektron bei der Bindung überschüssig. Bei Zimmertemperatur verlässt dieses 5. Elektronen zumeist 'sein' Atom, tritt in das bei $T = 0$ noch leere Leitungsband und trägt dort zur Leitfähigkeit bei. So entsteht n-Dotierung.

Bor und *Indium* sind dreiwertige Elemente. Werden sie in Silizium eingebaut, so fehlt ein Elektron zur Bindung. Es kann z.B. von einem Elektron des Valenzbandes ersetzt werden. Dort entsteht ein Loch nach Ziff. 4c. Man schreibt ihm positive Ladung zu, da in seiner vorher insgesamt neutralen Umgebung eine negative Elementarladung fehlt. Der Kristall bleibt dabei im Innern insgesamt neutral; denn das eingebaute Al-Atom wird durch Aufnahme des Elektrons zu einem ortsfesten Al^--Ion. Strom wird nun vorwiegend von positiv geladenen Löchern besorgt, man spricht von einem p-Halbleiter oder einem p-dotieren Halbleiter.

A 3: Bezogen auf ein größeres Volumen sind beide Aussagen falsch, da sie die Ladungsneutralität verletzen. Im leitenden Kristallinnern darf sich insgesamt kein Überschuss an Plus- oder an Minusladung ansammeln, keine Raumladung eines Vorzeichens. Sie würde von ihrem E-Feld sofort an die Oberfläche gezogen. Dort können sehr wohl Oberflächenladungen existieren (Die Erde besitzt sie wegen des elektrischen Feldes, auch bei schönem Wetter, nicht nur beim Gewitter; siehe Seite 190).

Anmerkungen:

a) Nach Ziff. 7 können sich am p-n-Übergang zwei entgegengesetzte Raumladungen bilden, zusammengehalten durch das zwischen ihnen im Kristall ausgebildete E-Feld. Die Raumladungen entstehen durch das entgegengerichtete Diffusionsbestreben der Elektronen und Löcher und wird von diesem aufrecht erhalten.

b) In einem geeigneten System aus dünnen Schichten lassen sich hingegen beide Fälle realisieren. Ausgenutzt wird dies in sogenannten modulationsdotierten Feldeffekttransistoren, die auch als HEMT (high electron mobility transistor) bezeichnet werden. Eingesetzt werden solche Bauelemente in der Hochfrequenztechnik und in der modernen Forschung (Quanten-Halleffekt).

A 4: In der Banddarstellung nach Ziff. 3, Bild 4, ist nach rechts nicht der Ort x, sondern der Impuls $+p_x$ aufgetragen. Doch zeigt nach Bild 2 von Ziff. 2 das Band die Energie der Elektronen an, die sich von ihren Atomen gelöst haben, also den ganzen Kristall durchsetzen können. Die Bänder zeigen Energie'fenster' für freie Elektronen. Stets ist nach oben die Energie W aufgetragen, nicht die Höhe y ! Nach rechts kann p_x oder auch x aufgetragen sein. Genaugenommen besteht ein Band aus sehr vielen einzelnen Elektronenzuständen, die jeweils mit einem Elektron besetzt werden können. Je mehr Atome der Kristall besitzt, desto enger liegen sie. Das Pauliprinzip sorgt also dafür, dass nur eine begrenzte Anzahl an Elektronen in einem bestimmten Energieintervall eines Bandes Platz haben. Dabei gilt das Pauliprinzip für alle Elektronen, selbst in einer großen Eisenbrücke, einem riesigen eisernen Schiff oder dem kontinentalen Schienenstrang der Eisenbahn. Dort dürfen keine zwei Elektronen den gleichen Zustand einnehmen (den Elektronen-Spin mitgezählt)!

Seite 473

A 1: Ein Loch entspricht einem fehlenden Bindungselektron im Valenzband. Es unterscheidet sich vom Elektron durch seine positive Ladung (ein Elektron ist negativ). Anschaulich gedeutet: Am Ort eines Lochs – also einer Elektronenfehlstelle – überwiegt die positive Ladung der Umgebung; dafür sitzt irgendwo ein positives, ortsfester Al^--Ion. 'Hüpft' nun nach Bild 2 von Ziff. 4 ein Nachbar-Elektron von rechts in das Loch, so verschiebt sich das Loch nach links (von + nach -). In der Energie-Impuls-Darstellung des Bandes (Bild 3 zu Ziff. 3) fehlt in der Vektor-Summe $\sum -e\vec{v}_i = 0$ ein Term $-e\vec{v}_i$ mit $v_i > 0$. Die Summe nimmt den Wert $+e\vec{v}_i$ an. Dies bedeutet, dass die Ladung $+e$ fließt, und zwar mit $v_i < 0$. Daraus geht hervor: Man kann von den übrigen, kompensierten Elektronen des Bandes absehen und nur die Löcher betrachten. Diese zunächst etwas formale Deutung wird vom Halleffekt bestätigt und erleichtert die Betrachtungen am p-n-Übergang sehr. Lesen Sie vorher den Text zu Bild 2 von Ziff. 4.

Schon bei der Herstellung des p-n-Übergangs diffundieren Elektronen aus dem Leitungsband (LB) des n-Halbleiters (n-HL) in den p-Halbleiter (p-HL; Bild 3a von Ziff. 7). Folglich überwiegen links die ortsfesten As^+-Ionen, rechts die ortsfeste Al^--Ionen; sie bilden zwei entgegengesetzte Raumladungen. Zwischen beiden besteht das nach rechts gerichtete E-Feld E_D. Es bringt die Diffusion zum Stillstand. Darauf nehmen wir im folgenden Bezug:

Erklärung mit Elektronen im Leitungsband (LB) und Löchern im Valenzband (VB):

a) *Sperrpolung* (Bild 4a): Hier ist das angelegte äußere Feld (links sei die Plus-Elektrode) zu E_D gleichgerichtet. Doch können beide Felder zusammen nur wenig Ladungsträger über den p-n-Übergang ziehen: Im LB des p-HL gibt es ja nur wenige Elektronen (sie wurden soeben von der Wärmebewegung aus dem VB gehoben), im VB des n-HL sind nur wenige Löcher. Die wenigen Elektronen durchsetzen bequem – ohne Widerstand – den p-n-Übergang nach links, die wenigen Löcher nach rechts. So liefern sie den schwachen Sperrstrom. Er steigt mit der Wärmebewegung, also der Temperatur stark an.

b) *Durchlasspolung* (Bild 4b): Hier schwächt das äußere E-Feld das E_D. Doch fließt ein merklicher Strom erst ab $U = 0,6$ V (s. Kennlinie B2 zu Ziff. 7). Immer mehr der zahlreichen Elektronen des LB diffundieren nach rechts vom n-HL in den p-HL (mit eigener 'Kraft'!). Läge die Plus-Elektrode nahe am p-n-Übergang, so würde sie von diesen erreicht. In reinen Kristallen durchlaufen sie nämlich eine sog. Diffusionslänge von bis zu 0,1 cm. Ist die Elektrode weiter entfernt, so fallen die Elektronen vorher aus dem LB des p-HL in dessen VB und füllen dort ein Loch; sie rekombinieren. Die dabei frei werdende Energie kann ein Lichtquant erzeugen. Anschließend werden die gefüllten Löcher im VB des p-HL von der Plus-Elektrode her durch dort neu gebildete Löcher ersetzt (Bild 2 von Ziff. 4).

Erklärung nur mit Elektronen: An obigen Feldbetrachtungen ändert sich nichts, auch nichts am Diffundieren, Rekombinieren und der Lichtemission. Doch müssen jetzt die Elektronen des Valenzbandes mit betrachtet werden und vor allem die dortigen Fehlstellen an Elektronen, die Löcher. Den Lauf eines Lochs nach links verstehen wir nun als 'Hüpfen' eines Elektrons nach rechts, von Fehlstelle zu Fehlstelle (Bild 2 zu Ziff. 4).

a) *Sperrpolung:* Die Elektronen im LB des n-HL können sich nicht in die Plus-Elektrode zurückziehen; sonst würde der HL positiv geladen. Aus dem fast leeren LB des p-HL fließen ja keine nach. Das VB des n-HL ist mit Elektronen bis fast zum oberen Rand gefüllt. Nach Ziff. 3 lässt es also kaum Bewegung zu; es verhält sich fast wie ein Isolator. In dieses VB können also über den p-n-Übergang kaum Elektronen aus dem durch Fehlstellen gut leitenden VB des p-HL treten. Der Sperrstrom ist fast Null.

b) *Durchlasspolung:* Nun können Elektronen aus beiden Bändern über den p-n-Übergang von links nach rechts diffundieren. Die aus dem LB des n-HL kommenden fallen anschließend in Fehlstellen des VB vom p-HL, sie rekombinieren. Dann 'hüpfen' sie weiter, von Fehlstelle zu Fehlstelle nach rechts zur Plus-Elektrode und treten in diese ein. Dabei entstehen neue Fehlstellen im VB des p-HL, wiederum von nachhüpfenden Elektronen gefüllt. Auch diffundieren Elektronen aus dem VB des n-HL am p-n-Übergang in Fehlstellen im VB des p-HL und gelangen – von Loch zu Loch 'hüpfend' – zur Plus-Elektrode. Die dabei im n-HL entstandenen Fehlstellen werden von links her – von der Minus-Elektrode – durch 'hüpfende' Elektronen vorübergehend gefüllt.

A 2: a) In *Metallen* mit 1 Valenzelektron (Na, Ag) steuert jedes Atom ein Elektron zum Leitungsband bei. Dieses ist halb gefüllt, leitet also gut (Bild 4 von Ziff. 3). In *n-Halbleitern* stammen die Leitungselektronen praktisch von den Dotierungsatomen (zwischen 10^{-4}% und 0,1% der Atome). Doch ist von diesen nur ein mit der Temperatur ansteigender Teil thermisch aktiviert, hat also sein überschüssiges Elektron ins Band abgegeben. Auch die Eigenleitung nicht dotierter, reiner Halbleiter steigt mit der Temperatur, spielt aber gegenüber der durch Dotierung erzeugten Leitfähigkeit bei normaler Temperaturen fast keine Rolle. Bei einem *p-Halbleiter* ist es entsprechend, wobei auch hier nur ein Teil der Akzeptoren aktiviert ist, d.h. ein Elektron eingefangen hat – das entstandene Loch trägt nun zum Stromfluss im Valenzband bei.

b) Bei *Metallen* ist die Zahl der Elektronen im Leitungsband von der Temperatur unabhängig. Doch werden die Schwingungen der Atome mit steigender Temperatur immer stärker und damit die Störungen der Gitterstruktur (Text zu Bild 4 in Ziff. 3). Damit steigt die Zahl der Stöße, die die Elektronenrichtung ändert (von $p > 0$ nach $p < 0$). Dies senkt die Zahl der Überschusselektronen mit $p > 0$ und damit die Stromstärke I. Der Widerstand $R = U/I$ sinkt, obwohl am Leitungsvorgang gleich viel Elektronen beteiligt bleiben.

Bei *Halbleitern* nimmt – im Gegensatz zu Metallen – die Zahl der Elektronen im Leitungsband mit steigender Temperatur zu. In reinen Halbleitern hebt die thermische Energie (ca. 0,025 eV) einen winzigen Anteil der Elektronen vom Valenz- ins Leitungsband (Ziff. 4b). Bei dotierten Halbleitern übertrifft diesen Effekt die verstärkte Aktivierung der eingebrachten Arsen- bzw. Aluminium-Atome beim Erhitzen (Man nennt sie Donatoren bzw. Akzeptoren, da sie beim Aktivieren durch thermische Energie Elektronen aufnehmen bzw. abgeben). Auch bei Halbleitern wird der Leitungsmechanismus durch die wachsenden Stöße an Atomen beeinträchtigt, jedoch überwiegt die Zunahme der Leitungselektronen weit. Deshalb sinkt ihr Widerstand mit steigender Temperatur.

A 3: a) *Leuchtdioden* werden in Durchlassrichtung betrieben. Die aus dem Leitungsband des n-Halbleiters in den p-Halbleiter eindiffundierenden Elektronen fallen ins dortige Valenzband und rekombinieren, indem sie dortige Löcher auffüllen (Bild 4b in Ziff. 7). Dabei können sie Photonen der Energie $W = hf$ aussenden, wobei W etwa der Bandabstand ist, in Si etwa 1,1 eV. Die Lichtfrequenz ist also $f = W/h = 2,4 \cdot 10^{14}$ Hz, die Wellenlänge $\lambda = 1240$ nm (im IR). Da in Gallium-Arsenid der Bandabstand mit etwa 1,42 eV größer ist, entsteht sichtbares Licht. Um blaues Licht (480 nm) zu erzeugen, ist ein noch größerer Bandabstand von $E_g = h \cdot \frac{c}{\lambda} = 2,58$ eV (1 eV $= 1,6 \cdot 10^{-19}$ J) notwendig. Halbleiter mit einer so großen Bandlücke sind in ihrer Herstellung äußerst kompliziert. Es ist daher erst seit kurzem möglich, blaue Leuchtdioden – auf der Basis von Gallium-Nitrid-Verbindungen – herzustellen.

Bei *Fotodioden* hebt umgekehrt das Licht Elektronen vom Valenz- ins Leitungsband (Bild 1 zu Ziff. 4). Im Valenzband bleiben Löcher. Da Fotodioden in Sperrrichtung betrieben sind, erhöhen beide den dortigen, im Dunkeln sehr geringen Sperrstrom (ca. 1μA; siehe Text zur Sperrpolung in Ziff. 7a). Denn das im p-n-Übergang bestehende starke E-Feld sortiert die dort befindlichen Ladungsträger (Elektronen wie Löcher) in Richtung zur jeweils entgegengesetzten Elektrode. Dies geschieht auch mit Elektron-Loch-Paaren, die in der nächsten Umgebung entstanden sind und (zufällig) in diesen Feldbereich hineindiffundieren. Außerhalb davon entstandene Paare dagegen sind auf die Vorgänge im p-n-Übergang wirkungslos, sie können nämlich den Sperrstrom nicht erhöhen und rekombinieren bald wieder.

b) Bei einer *Vakuumfotozelle* werden Elektronen durch den Einfang eines Lichtquants aus dem Leitungsband eines Metalls ins Vakuum befördert. Die hierzu notwendige Energie ist die Austrittsarbeit des Metalls.

Bei einem *Fotowiderstand* werden in einem Halbleiter durch den Einfang von Licht Elektron-Lochpaare erzeugt, die zum Stromtransport beitragen und somit den Widerstand senken. Die vom Licht aufgebrachte Anregungsenergie entspricht etwa der Bandlücke des Halbleiters. Man braucht eine angelegte Spannung.

Bei einer *Fotodiode* findet der gleiche Prozess an der Grenzfläche zwischen einem n- und einem p-Halbleiter statt. Da die Diode in Sperrrichtung betrieben wird, ist die Abhängigkeit des Stromes von der Beleuchtung wesentlich stärker als bei einem Fotowiderstand, durch den auch ohne Beleuchtung ein nennenswerter Strom fließt.

Ein *Fotoelement* (Solarzelle) entspricht in seiner Funktion etwa einer Fotodiode. Auch hier werden Elektron-Lochpaare erzeugt, die zu den Kontakten diffundieren. Aufgrund des Schichtaufbaues einer Solarzelle diffundieren die Elektronen hier freiwillig zu den Kontakten, so dass dort eine Spannung abgegriffen werden kann. Durch eine von außen angelegte Spannung (wie bei einer Fotodiode) würde die Solarzelle hingegen sehr leicht zerstört. Eine Fotodiode kann hingegen auch als Solarzelle betrieben werden, wobei der Wirkungsgrad jedoch sehr schlecht ist.

c) *Fotodioden* werden in Sperrrichtung betrieben. Die Spannung wird dabei so gewählt, dass das Verhältnis von Sperrspannung zu Sperrstrom möglichst groß wird. Hierzu ist eine möglichst hohe Sperrspannung erforderlich. Diese darf jedoch nicht zu hoch gewählt werden, da dadurch die Diode beschädigt würde (Lawinendurchbruch).

Fotoelemente (Solarzellen) werden hingegen ohne eine äußere Spannung betrieben, da sie selbst als Spannungsquelle dienen.

d)

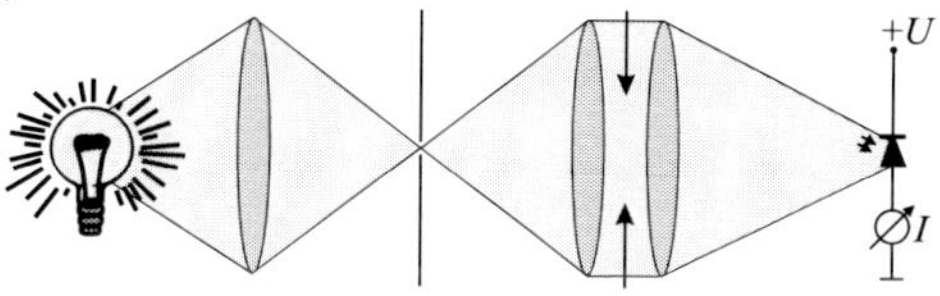

Das Licht einer Lampe wird mit einer Linse auf eine Punktblende fokussiert, so dass eine punktförmige Lichtquelle entsteht. Das Licht aus der Punktblende wird über die zweite Linse zu einem parallelen Strahlenbündel mit homogener Intensität gemacht. Über die verstellbare Ringblende kann nun die Lichtintensität beliebig eingestellt werden. Über die dritte Linse wird dieses Lichtbündel nun auf die Fotodiode geleitet, deren Sperrstrom über ein Amperemeter gemessen wird.

Ein Photon, das auf die Fotodiode trifft wird mit einer bestimmten Wahrscheinlichkeit im aktiven Bereich der Diode absorbiert und erzeugt dort eine Elektron-/Lochpaar, das zum Fotostrom beiträgt. Wird die Lichtmenge verdoppelt, so verdoppelt sich auch die Menge der absorbierten Photonen und damit die Stromstärke.

Anmerkungen zur Kern- und Teilchenphysik

Die Konstanten auf Seite 540 im Anhang des Buches sind etwas veraltet. Die jeweils aktuellen Werte findet man im Internet z.B. unter `http://physics.nist.gov`. Die beim Druck aktuellen Werte lauten:

$$1\ \mathrm{u} = 1,6605387 \cdot 10^{-27}\ \mathrm{kg} = 1,4924178 \cdot 10^{-10}\ \mathrm{J} = 931,4940\ \mathrm{MeV}$$

$$m_e = 9,109381 \cdot 10^{-31}\ \mathrm{kg} = 5,485799 \cdot 10^{-4}\ \mathrm{u}$$

$$m_p = 1,6726215 \cdot 10^{-27}\ \mathrm{kg} = 1,0072765\ \mathrm{u}$$

$$m_n = 1,6749271 \cdot 10^{-27}\ \mathrm{kg} = 1,0086649\ \mathrm{u}$$

Seite 479

A 1: Die Lokalisationsenergie in einem eindimensionalen Potentialtopf beträgt $W_{L,1D} \approx \frac{h^2}{8mL^2}$. Bei einem dreidimensionalen Potentialtopf (Atom/Kern) hat sie den dreifachen Wert: $W_{L,3D} \approx \frac{3h^2}{8mL^2}$

β-Teilchen bestehen aus Elektronen oder Positronen. Sie haben eine Masse von $m_e = 9,11 \cdot 10^{-31}$ kg. Der Durchmesser einer Atomhülle liegt in der Größenordnung von 1 nm. Dies ergibt eine Lokalisationsenergie von

$$W_{L,3D} \approx \frac{3 \cdot (6,626 \cdot 10^{-34})^2}{8 \cdot 9,11 \cdot 10^{-31}\ \mathrm{kg} \cdot (1\ \mathrm{nm})^2} = 1,81 \cdot 10^{-19}\ \mathrm{J} = 1,13\ \mathrm{eV}.$$

Diese Energie ist um einen Faktor von 10^6 kleiner als die typische Energie der β-Strahlung. Wird für L hingegen der Durchmesser eines Atomkerns angenommen ($l < 10^{-14}$ m), so stimmt die Größenordnung ($W_L \approx 100$ MeV). Für α-Teilchen ist die Situation noch deutlicher, da ihre Masse viel höher und damit ihre Lokalisationsenergie viel kleiner ist (Hülle: $W_L \approx 6 \cdot 10^{-4}$ eV; Kern: $W_L > 1,5$ MeV). Bei der Aussendung von γ-Strahlen müssen im Atom Energieumsetzungen in der Größenordnung von MeV stattfinden. Dies ist nur im Atomkern möglich.

A 2: a) Die Länge der Spuren in der Nebelkammer sind ein Maß für die Energie der Teilchen. Die Breite der Spuren hängt vom Ionisationsvermögen der Strahlung, d.h. von der Teilchenart, ab.

b) Die unterschiedlichen Radien der β-Teilchen entsprechen unterschiedlichen Energien der Teilchen. Ein β-Strahler sendet daher Elektronen unterschiedlicher Energie aus.

A 3: Massivere Spuren bedeuten, dass pro cm Wegstrecke von den α-Teilchen mehr Ionenpaare gebildet werden als von den β-Teilchen. Fliegt ein Teilchen schneller als ein anderes an einem Molekül vorbei, hat es weniger Zeit mit diesem wechselzuwirken und es zu ionisieren. Es wird also pro cm Wegstrecke weniger Ionenpaare bilden. Man kann daher vermuten, dass bei gleicher Anfangsenergie der α- und β-Teilchen die α-Teilchen langsamer sind und demzufolge eine größere Masse als die β-Teilchen besitzen.

A 4: *Vorteile Nebelkammer:* Macht die Bahn einzelner Teilchen sichtbar; lässt Aussagen über die Energie der Strahlung zu; man kann $\alpha-$ und β-Teilchen anhand der Spuren unterscheiden.

Vorteile Zählrohr: Es registriert im Gegensatz zur Nebelkammer ohne Unterbrechung Strahlung; es ist handlicher und mit ihm lässt sich verhältnismäßig einfach feststellen, ob eine Stoff Strahlung aussendet oder nicht; es registriert auch γ-Strahlung, die in der Nebelkammer kaum nachweisbar ist. Die grobe Unterscheidung von α, β und γ-Strahlung gelingt allerdings nur zusammen mit Papier, Aluminium und Blei.

A 5: Da die Wellenlänge nach Voraussetzung dieselbe Frequenz wie Röntgenstrahlung haben soll, können alle für Röntgenstrahlung bekannten Methoden verwendet werden. Zur Bestimmung der Wellenlänge eignet sich insbesondere die braggsche Drehkristallmethode: Die γ-Strahlung wird an einem Kristall reflektiert und die Intensität der Reflexes als Funktion des Drehwinkels des Kristalls aufgetragen. Ist die Gitterkonstante des Kristalls bekannt, so lässt sich hieraus die Wellenlänge der γ- bzw. Röntgenstrahlung ermitteln.

A 6: a) Der absolute Fehler der Messung ist durch die Standardabweichung der Poissonverteilung gegeben. Er beträgt $\sqrt{400} = 20$ bzw. $\sqrt{40000} = 200$. Die relativen Fehler betragen $1/\sqrt{400} = 5\%$ bzw. $1/\sqrt{40000} = 0,5\%$.

b) Um eine Genauigkeit von 1% zu erzielen müssen $1/(1\%)^2 = 10000$ Ereignisse gezählt werden. Bei einer Zählrate von $\frac{1605\ \mathrm{Imp}}{3\ \mathrm{min}} = 535$ Imp/min ist eine Messdauer von 18,7 Minuten nötig.

A 7: a) Die absoluten Fehler betragen a) $\sqrt{2520} = 50,2$ und b) $\sqrt{2380} = 48,8$. Das Signifikanzniveau beträgt somit 50,2 + 48,8 = 99. Der tatsächlich gemessene Unterschied beträgt 2520 - 2380 = 140. Der Unterschied ist damit deutlich größer als das geforderte Signifikanzniveau, so dass der Unterschied als signifikant angesehen werden muss.

b) Die absoluten Fehler betragen a) $\sqrt{253} = 15,9$ und b) $\sqrt{241} = 15,5$. Die Summe der absoluten Fehler (31,4) ist wesentlich größer als der Unterschied (12) in den Messwerten. Die Abweichung ist daher nicht signifikant.

Seite 481

A 1: Die kinetische Energie eines relativistischen Teilchens hängt von der Ruheenergie $W_0 = m_0c^2$ und der Geschwindigkeit ab:

$$W_{kin} = mc^2 - W_0 = \frac{W_0}{\sqrt{1 - v^2/c^2}} - W_0$$

Auflösen dieser Gleichung nach v liefert:

$$v = c\sqrt{1 - \frac{1}{(1 + W_{kin}/W_0)^2}}$$

Für ein α-Teilchen ($m_0 = 6,64 \cdot 10^{-27}$ kg) mit einer kinetischen Energie von

$W_{kin} = 7,7 \text{ MeV} = 1,23 \cdot 10^{-12}$ J

folgt:

$$v = c\sqrt{1 - \frac{1}{\left(1 + \frac{1,23 \cdot 10^{-12}\text{ J}}{6,64 \cdot 10^{-27}\text{ kg} \cdot (3 \cdot 10^8 \text{ m})^2}\right)^2}}$$

$$= 6,4\% \cdot c$$

Die relativistische Massenvergrößerung beträgt:

$$\frac{W_{kin}}{c^2} = 1,37 \cdot 10^{-29} \text{ kg} = 0,2\% \cdot m_0$$

Eine nicht relativistische Rechnung ist daher völlig ausreichend, d.h. $v = \sqrt{2 \cdot W_{kin}/m_0} = 6,4\% \cdot c$.

A 2: a)

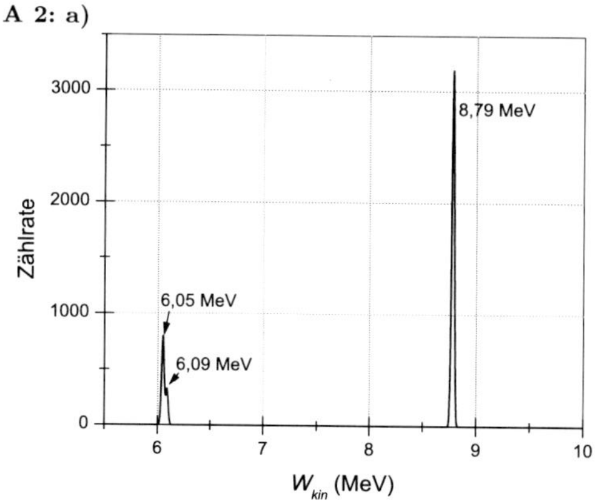

b) Das Bild der Nebelkammer wird aus dicken Spuren mit etwa 5 cm und etwa 8,4 cm Länge bestehen.

Anmerkungen:

Pb-212 ist ein β-Strahler, dessen Folgeprodukte Bi-212 ($W_\alpha = 6,05$ MeV und $W_\alpha = 6,09$ MeV) und Po-212 ($W_\alpha = 8,79$ MeV) α-Strahler sind. Pb-212 selbst ist ein Folgeprodukt von Th-232.

A 3: a) Die Reichweite der α-Teilchen von Po-212 beträgt 8,6 cm in Luft und 106 μm in Gewebe. Die Reichweite von α-Teilchen von Po-210 beträgt ca. 3,7 cm in Luft und 46 μm in Gewebe.

b) 3,0 MeV. α-Strahlung dieser Energie hat in Luft eine Reichweite von 2 cm.

c) Für Aluminium ergibt sich eine Reichweite von 54 μm für Po-212 und von 27 μm für Po-210. Die Schicht sollte daher eine Dicke von etwa 55 μm haben.

Seite 483

A 1: a) Geht das Magnetfeld in die Tafelebene hinein, so sind die β-Teilchen negativ geladen. Es treten Bahnen mit unterschiedlicher Krümmung (unterschiedlichem Radius) auf; folglich sendet B-210 β-Teilchen unterschiedlicher Energie aus.

b)

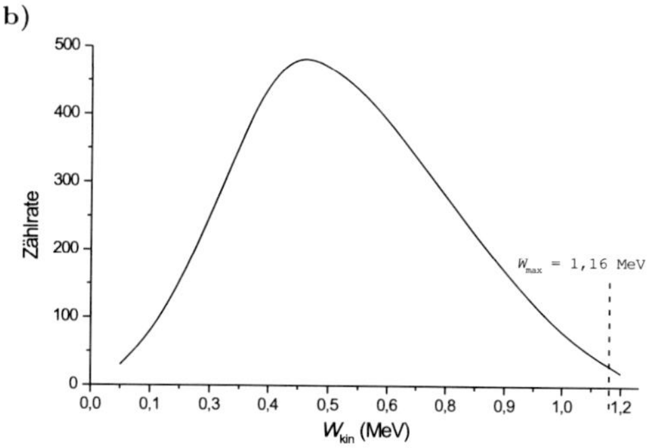

A 2: Die Reichweite beträgt in Luft ca. 8 m, in Gewebe 1,3 cm, in Aluminium 0,45 cm und in Blei 14 mm.

A 3: Nicht relativistisch ergibt sich als Geschwindigkeit:

$$v = \frac{p}{m} = \frac{e}{m} \cdot B \cdot r$$

$$= \frac{1,6 \cdot 10^{-19} \text{ C}}{9,1 \cdot 10^{-31} \text{ kg}} \cdot 0,07 \text{ T} \cdot 0,05 \text{ m} \approx 2 \cdot c$$

Diese Wert ist viel zu groß!!!

Relativistisch ergibt sich:

$W_{kin} = \sqrt{(m_0c^2)^2 + e^2c^2(Br)^2} - m_0c^2 = 656$ keV

Für die Geschwindigkeit folgt:

$$v = \sqrt{1 - \frac{1}{(1 + W_{kin}/W_0)^2}} = 89,9\% \cdot c$$

A 4: Die Geschwindigkeit beträgt:
$v_{max} = c\sqrt{1 - \frac{1}{(1+W_{max}/W_0)^2}} = 91,6\% \cdot c$
(Br) folgt aus der Gleichung $W_{kin} = \sqrt{W_0^2 + e^2c^2(Br)^2} - W_0$ zu $(Br) = 3,9 \cdot 10^{-3}$ T · m.

Seite 485

A 1:

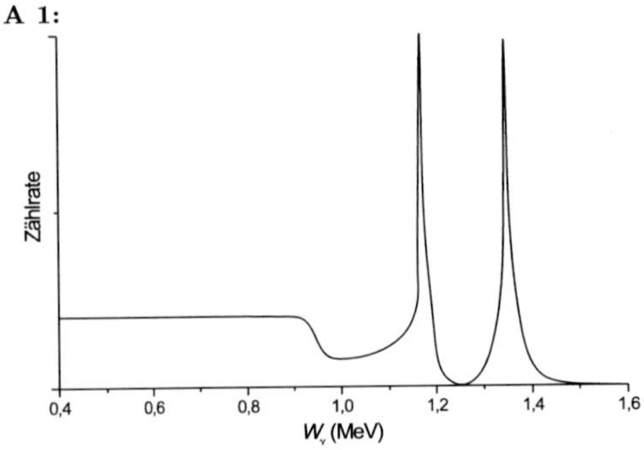

A 2: Die zweite Linie stammt aus der Vernichtungsreaktion eines Positrons mit einem Elektron. Bei diesem Prozess entstehen zwei γ-Quanten mit je 511 keV, was der Ruheenergie eines β-Teilchens entspricht.

A 3: a) Für die Wellenlängenänderung gilt beim Comptoneffekt: $\Delta\lambda = \lambda' - \lambda = \lambda_C \cdot (1 - \cos\beta)$ mit $\lambda_C = \frac{h}{m_e c}$. Die Energie eines Photons beträgt $W = h \cdot \nu = h \cdot c/\lambda$. Somit gilt: $\lambda = \frac{h \cdot c}{W}$ Wird diese Beziehung für λ eingesetzt und anschließend durch $h \cdot c$ geteilt, so folgt: $\frac{1}{W'} - \frac{1}{W} = \frac{1}{m_e c^2}(1 - \cos\beta)$

b) Auflösen von $\frac{1}{W'} - \frac{1}{W}$ nach $\frac{1}{W'}$ liefert:

$$\frac{1}{W'} = \frac{(1 - \cos\beta)W + W_0}{W_0 W} \quad \Longrightarrow$$

$$W' = \frac{W_0 W}{(1 - \cos\beta)W + W_0} \quad \Longrightarrow$$

$$\Delta W = W' - W = \frac{W_0 W - (1 - \cos\beta)W^2 - W_0 W}{(1 - \cos\beta)W + W_0}$$

$$= \frac{(1 - \cos\beta)W^2}{(1 - \cos\beta)W + W_0}$$

Dieser Term wird für maximal, wenn $(1 - \cos\beta)$ maximal, d.h. 2, wird. Dies ist für $\beta = 180°$ der Fall (dies war bereits an der Ausgangsgleichung zu sehen). Es folgt: $\Delta W = \frac{2W^2}{W_0 + 2W}$

c) Die Comptonkanten liegen bei ΔW_{max}. Einsetzen der Werte liefert: 478 keV für Cs-137 (662 keV), 960 keV und 1116 keV für Co-60 (1,17 MeV und 1,33 MeV), sowie 1057 keV für Na-22 (1,27 MeV).

Seite 487

A 1: Die Strahlung durchdringt eine Schicht von 1 cm Eisen zu 63%; bei Blei sind es 53%. Bei einer Schichtdicke von 10 cm ergeben sich 1% für Eisen und 0,18% für Blei.

A 2: a) Die γ-Strahlung breitet sich gleichmäßig in alle Raumrichtungen aus. Da die bestrahlte Fläche einer Kugel entspricht, nimmt die Intensität mit 1 durch die Kugeloberfläche, d.h. mit $1/r^2$ ab.

b) Die Zählrate ändert sich gemäß $n(r) = \frac{n_0}{r^2}$. Wird diese Gleichung logarithmiert, so folgt:

$\lg n(r) = \lg n_0 - 2\lg r$.

Dies ist eine Geradengleichung für $\lg n$ als Funktion von $\lg r$.

c) Bei einem β-Strahler nimmt die Intensität wesentlich schneller ab, da diese in Luft absorbiert wird. Im Vakuum ergibt sich jedoch ebenfalls ein $1/r^2$-Gesetz.

A 3: a) Zunächst wird für jede Messzeit die Anzahl der Impulse berechnet, die durch den Nulleffekt zustande kommen:

$$k_0 = \frac{1000 \text{ Imp}}{53 \text{ min} \cdot 60 \text{ s/min}} \cdot \text{Zeit}$$

Dieser Wert wird von den gemessenen 1000 Impulsen abgezogen. Die so berechnete tatsächliche Impulszahl wird nun durch die Messzeit dividiert, um die Rate zu berechnen:

$$\text{Rate} = \left(1000 - \frac{1000}{53 * 60} * \text{Zeit}\right)/\text{Zeit}.$$

Dieser Wert wird nun logarithmisch aufgetragen und die Halbwertsbreite abgelesen. Es ergibt sich ein Wert von 12 mm.

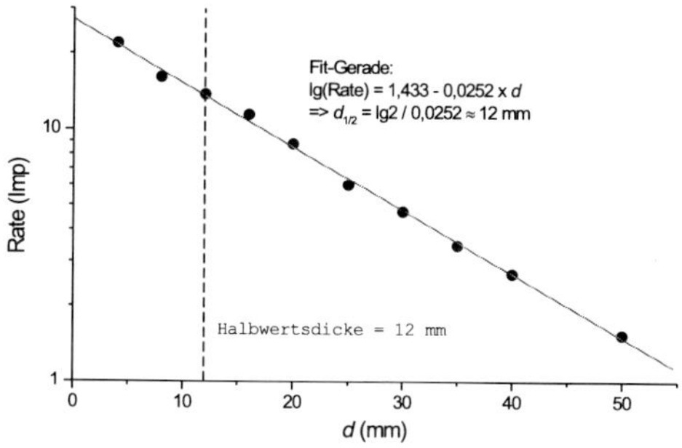

b) Aus der Grafik liest man für $d = 0$ mm eine Zählrate von 27 Impulsen pro Sekunde ab. Hinzu kommt noch der Nulleffekt mit $\frac{1000 \text{ Imp}}{53 \text{ Imp/min} \cdot 60 \text{ s/min}} = 0,3$ Imp/min, der bei dieser hohen Zählrate jedoch vernachlässigt werden.

c) Mit $d_{1/2} = 1,2$ cm folgt $W \approx 1,4$ MeV. Der Wert ist zu groß. Energiebestimmungen über Absorptionsmessungen sind ungenau. Man kann in diesem Fall auch die beiden Linien von Co-60 nicht trennen. Die genauen Literaturwerte sind:

$W = 1,17$ MeV: $\mu = 0,73$/cm und $d_{1/2} = 0,95$ cm;
$W = 1,33$ MeV: $\mu = 0,66$/cm und $d_{1/2} = 1,05$ cm;

Bei der Messung, die der Aufgabe zugrunde lag, war also die Geometrie der Anordnung nicht optimal. Durch Streueffekte wurde $d_{1/2}$ zu groß.

A 4: a) Zunächst wird von beiden Zählraten der Nulleffekt abgezogen, man erhält: 2121 Imp/min bzw. 1261 Imp/min. Die Halbwertsdicke ergibt sich durch Auflösen der Gleichung $k(d) = k_0 \exp\left(-\frac{\ln(2)}{d_{1/2}} d\right)$ nach $d_{1/2}$, es folgt: $d_{1/2} = -\frac{\ln(2)}{\ln\left(\frac{k(d)}{k_0}\right)} \cdot d$

Einsetzen von 2121 für k_0, 1261 für $k(d)$ und 3 cm für d (denn auf der Strecke 3 cm ändert sich die Zählrate von 2121 Imp/min auf 1261 Imp/min) liefert: $d_{1/2} =$ 4 cm Bei einer Energie von 662 keV ergibt sich nach Bild 1 diese Absorption für Aluminium.

b) Die Zählrate ohne Absorption und ohne Nulleffekt ergibt sich aus $k(-2 \text{ cm}) = 2121/\text{min} \cdot \exp\left(-\frac{\ln(2)}{4 \text{ cm}} \cdot (-2 \text{ cm})\right) = 3000/\text{min}$ Zu diesem Wert muss nun noch der Nulleffekt in Höhe von 16/min addiert werden, so dass sich insgesamt ein Wert von 3016/min ergibt.

c) Zum Lösen dieser Aufgabe muss $k(d)$ nach d aufgelöst werden, wobei für den Quotienten $k(d)/k_0$ 5% als Wert eingesetzt werden. Hieraus ergibt sich als Dicke: $d = -\ln(5\%) \cdot \frac{4 \text{ cm}}{\ln(2)} = 17,3$ cm

Seite 491

A 1: a) Da die Wahrscheinlichkeit für den Zerfall eines Teilchens für jedes radioaktive Teilchen gleich ist, ist die Zahl der radioaktiven Zerfälle pro Sekunde proportional zur Anzahl $N(t)$ der radioaktiven Teilchen. Da andererseits die Stromstärke proportional zur Anzahl der radioaktiven Zerfälle pro Sekunde ist, ist auch diese der Teilchenzahl proportional.

b) Die Nullrate kann aus den Daten grafisch nicht ermittelt werden, da sie ohnehin sehr klein ist, wird sie vernachlässigt. Bei einer logarithmischen Auftragung des Stromes gegenüber der Zeit liegen die Messpunkte auf einer Geraden. Die Halbwertszeit $T_{1/2} = 38$ s kann direkt aus dem Diagramm abgelesen werden. Als Zerfallskonstante ergibt sich damit $\lambda = \frac{\ln(2)}{T_{1/2}} = 0,0183/\text{s}$.

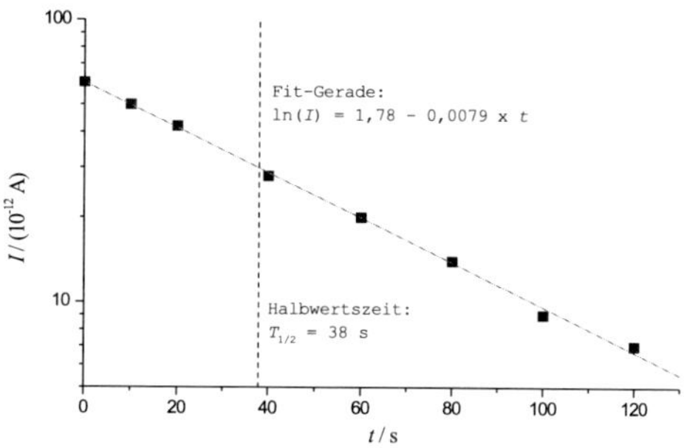

A 2: Die Anzahl der radioaktiven Kerne nimmt nach einem Exponentialgesetz ab:

$$A(t) = A_0 \exp\left(-\frac{\ln(2)}{T_{1/2}} \cdot t\right)$$

Auflösen dieser Gleichung nach t liefert:

$$\frac{t}{T_{1/2}} = -\frac{\ln\left(\frac{A(t)}{A_0}\right)}{\ln(2)}$$

Einsetzen der Werte liefert: 90% nach $0,15 \cdot T_{1/2}$, 50% nach $T_{1/2}$, 1% nach $6,6 \cdot T_{1/2}$ und 0,1% nach $10 \cdot T_{1/2}$.

A 3: a) Die Reichweite der α-Teilchen beträgt in Luft ca. 2,8 cm, bei einem Kammerdurchmesser von 10 cm erreicht somit keines der Teilchen die Wand der Kammer.

b) Die Ionisationsenergie beträgt 35,5 eV. Bei einer Anfangsenergie von 4,4 MeV können somit $1,24 \cdot 10^5$ Ionenpaare je α-Teilchen gebildet werden. Die gemessene Stromstärke von $2,4 \cdot 10^{-9}$ A entspricht einem Fluss von $1,50 \cdot 10^{10}$ Ladungsträgern pro Sekunde (1 A entspricht 1 C/s). Division durch die Anzahl der Ladungsträger, die je α-Teilchen erzeugt werden liefert die Anzahl der α-Teilchen: $\dfrac{1,50 \cdot 10^{10}}{1,24 \cdot 10^5} = 1,21 \cdot 10^5$

c) Gelangen nur 1/3 der α-Teilchen in die Kammer, so beträgt die Gesamtaktivität: $A = 3 \cdot 1,21 \cdot 10^5/\text{s}$ Die Gesamtzahl der radioaktiven Kerne kann aus der Beziehung $\lambda N_0 = A_0$ berechnet werden. Dabei ist $\lambda = \dfrac{\ln(2)}{T_{1/2}} = 5,1 \cdot 10^{-11}/\text{s}$. Für N_0 folgt somit $N_0 = A_0/\lambda = 7,15 \cdot 10^{15}$. Multipliziert mit dem Gewicht eines Kerns von $241\text{u} = 4,00 \cdot 10^{-22}$ g folgt somit eine Gesamtmasse von $2,86 \cdot 10^{-6}$ g $= 2,86$ μg.

A 4: 10^{-7} g Po-210 entsprechen $N_0 = 2,87 \cdot 10^{14}$ Kernen mit einer Masse von jeweils $210 \text{ u} = 3,49 \cdot 10^{-22}$ g. Als Aktivität erhält man somit

$$A_0 = N_0\lambda = N_0 \cdot \frac{\ln(2)}{T_{1/2}} = 1,67 \cdot 10^7/\text{s}.$$

A 5: Ein Ra-226 Kern hat ein Gewicht von 226 u $= 3,75 \cdot 10^{-22}$ g. Ein Gramm enthält daher $N_0 = 2,66 \cdot 10^{21}$ Kerne. Damit beträgt die Halbwertszeit

$$T_{1/2} = \frac{N_0}{A_0}\ln(2) = 5,0 \cdot 10^{10} \text{ s} = 1582 \text{ a}$$

A 6: Die Anzahl der Atome ergibt sich aus

$$N_0 = A_0\frac{T_{1/2}}{\ln(2)} = 16,7\frac{1}{\text{s}} \cdot 5 \cdot 10^9\text{a} \cdot 3,16 \cdot 10^7\frac{\text{s}}{\text{a}}/\ln(2)$$
$$= 3,4 \cdot 10^{18}.$$

Bei einer Masse von 238 u $= 3,95 \cdot 10^{-22}$g je Kern ergibt dies eine Gesamtmasse von 1,34 mg.

A 7: Zu Beginn der 20 Tage betrug die Aktivität: $A_0 = A(20\text{ d})/\exp\left(-\dfrac{\ln(2)}{12,8\text{ h} \cdot 3600\frac{\text{s}}{\text{h}}} \cdot 20\text{ d} \cdot 86400\frac{\text{s}}{\text{d}}\right) = 3,89 \cdot 10^{12}$ Bq Die Anzahl der Atome ergibt sich nun aus $N_0 = A_0\dfrac{T_{1/2}}{\ln(2)} = 2,58 \cdot 10^{17}$. Bei einem Gewicht von 64 u $= 1,06 \cdot 10^{-}22$ g je Kern folgt somit ein Gesamtgewicht von $2,75 \cdot 10^{-5}$ g für den Cu-64-Anteil an der Probe.

A 8: Die Anzahl der radioaktiven Atome beträgt

$$N_0 = A_0\frac{T_{1/2}}{\ln(2)} = 2,34 \cdot 10^8.$$

Die Gesamtmasse der Probe beträgt somit

$$m = (2,34 \cdot 10^8/0,0002) \cdot 200,59 \text{ u} = 3,90 \cdot 10^{-10} \text{ g}.$$

A 9: a) Die logarithmisch aufgetragenen Messergebnisse liegen nicht auf einer Geraden, sondern auf einer aus zwei Geraden zusammengesetzten Kurve. Dies tritt auf, wenn zwei verschiedene Nuklide vorhanden sind, da sich dann die Geraden addieren.

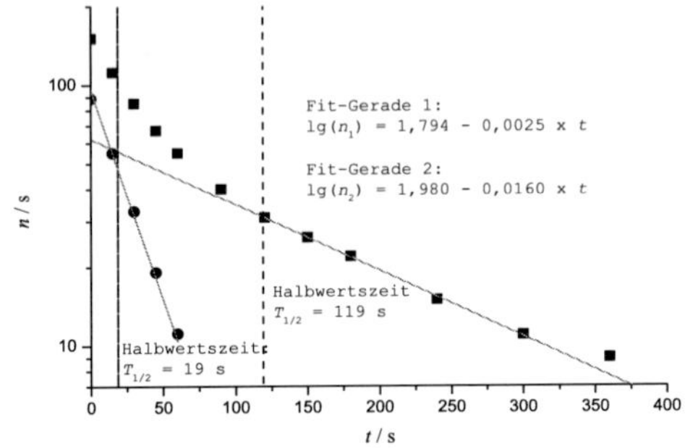

b) Die Halbwertszeiten der Nuklide können aus dem Grafen entnommen werden. Die Halbwertszeit des langlebigeren Nuklids beträgt 119 s, die des anderen 19 s.

A 10: Da die Halbwertszeit des Nuklids (2) wesentlich kleiner ist als die des Nuklids (1) ist es möglich, eine Probe herzustellen, in der der zeitliche Abstand zwischen zwei Zerfällen des Nuklids (1) wesentlich größer ist als die Halbwertszeit des Nuklids (2). In einer solchen Probe würde jeder Kern des Nuklids (2) zerfallen, bevor ein neuer Kern des Nuklids (2) gebildet würde. Mit anderen Worten ein Zerfall eines Kerns des Nuklids (1) hat unmittelbar einen Zerfall eines Kerns des Nuklids (2) zur Folge. Die Aktivität beider Nuklide ist daher gleich groß. Dies ändert sich auch dann nicht, wenn die Aktivität wesentlich größer als in diesem Gedankenexperiment ist.

Die Verhältnisse werden nicht mehr ganz so einfach, wenn zwar $T_{1/2}(1) > T_{1/2}(2)$ ist, aber die Zeit t, in der man die Vorgänge betrachtet, in der Größenordnung von $T_{1/2}(1)$ kommt. Eine ausführliche Behandlung dieses Problems findet man z.B. in T. Mayer-Kuckuck: Kernphysik, Teubner-Verlag 1984 S. 73ff.

A 11: a) Ein Cs-137-Kern hat eine Masse von 137 u $= 2,275 \cdot 10^{-22}$ g. Das Präparat bestand daher aus $N_0 = 4,84 \cdot 10^{14}$ Atomen. Die Aktivität betrug somit

$$A_0 = N_0\frac{\ln(2)}{T_{1/2}} = 3,54 \cdot 10^5 \text{ Bq}.$$

b) Heute enthält die Probe noch

$$N(5\text{ a}) = N_0 \cdot \exp\left(-\frac{\ln(2)}{T_{1/2}} \cdot 5\text{ a}\right) = 4,31 \cdot 10^{14}$$

Atome. Damit sind bisher $5,3 \cdot 10^{13}$ Atome zerfallen.

c) Da die Halbwertszeit von Ba-137 wesentlich kleiner ist als die von Cs-137, ist die Aktivität beider Nuklide gleich hoch (vgl. A10). Die Aktivität der Cs-137-Atome beträgt heute $A(5\text{ a}) = A_0 \exp\left(-\frac{\ln(2)}{T_{1/2}} \cdot 5\text{ a}\right) = 3,15 \cdot 10^5$ Bq. Hieraus folgt für die Ba-137-Atome $N = A \cdot \frac{T_{1/2}}{\ln(2)} = 7,1 \cdot 10^7$ Atome.

Die Aktivitäten von Cs-137 und Ba*-137 sind gleich, aber nicht die Zahl der Atome. (Bei der Lösung der Aufgabe wurde nicht beachtet, dass Cs-137 zu 6,5% gleich in den Grundzustand von Ba-137 zerfällt. Bild B1a, Seite 506.)

A 12: a) Die Anzahl der C-14-Atome beträgt $N = A \cdot \frac{T_{1/2}}{\ln(2)} = 1,04 \cdot 10^{12}$ Atome.

b) Das Alter des Holzstücks wird wie folgt berechnet: $t = -\ln\left(\frac{240\text{ min}^{-1}}{16\text{ min}^{-1} \cdot 25}\right) \cdot \frac{5730\text{ a}}{\ln(2)} = 4220\text{ a}$

A 13: Die Anzahl der nicht zerfallenen U-238-Kerne beträgt nach $t = 1,4 \cdot 10^9$ a noch

$N(t) = N_0 \exp\left(-\frac{\ln(2)}{T_{1/2}} t\right) = 80,6\% \cdot N_0$.

Der Pb-206-Anteil beträgt somit $19,4\% \cdot N_0$. Damit ergibt sich ein Verhältnis der Atomkerne von 4,15:1. Da sich die Massen im Verhältnis 238:206 verhalten ergibt sich somit ein Massenverhältnis (U-238:Pb-206) von 4,79:1.

Seite 501

A 1: Ein α-Teilchen kann sich einem Blei-Atomkern mit Z=82 bis auf $r_1 = \frac{1}{4\pi\varepsilon_0} \frac{82e \cdot 2e}{5,5\text{ MeV}} = 4,29 \cdot 10^{-14}$ m nähern. Der Radius eines Blei-Atomkerns ($A = 208$) beträgt hingegen etwa $R_{Pb} = 1,3 \cdot 10^{-15}\text{ m} \cdot \sqrt[3]{208} = 0,77 \cdot 10^{-14}$ m. Dies sind etwa 8% von r_1.

A 2: Die Goldfolie hat eine Masse von $m = 19,3\text{ gcm}^{-3} \cdot 0,7\text{ cm}^2 \cdot 6,5 \cdot 10^{-5}\text{ cm} = 0,878$ mg. Bei einem Atomgewicht von 197,0u folgt daraus $N = 2,68 \cdot 10^{18}$.

b) Die Querschnittsfläche eines Goldatomkerns beträgt: $a = \pi R_K^2$ mit $R_K = 1,3 \cdot 10^{-15}\text{ m} \cdot \sqrt[3]{197} = 7,6 \cdot 10^{-15}$ m

Die Querschnittsfläche aller Goldkerne beträgt somit $4,8 \cdot 10^{-6}\text{ cm}^2$.

c) Da der Flächenanteil der Goldkerne an der Gesamtfläche nur $6,8 \cdot 10^{-6}$ beträgt, ist die Wahrscheinlichkeit für einen Streuprozess an zwei Kernen nahezu gleich Null, auch wenn die 'wirksame Fläche' (Wirkungsquerschnitt) infolge der Colomb-Wechselwirkung etwas größer ist.

A 3: a) Die Werte auf S. 540 im Anhang des Buches sind veraltet. Die jeweils neuesten Daten können im Internet z.B. unter `http://physics.nist.gov` nachgeschlagen werden. Zum Zeitpunkt des Drucks waren folgende Werte aktuell:

Die Masseneinheit 1 u entspricht einer Masse von $1,66054 \cdot 10^{-27}$ kg. Damit folgt:

$m_e = 9,10938 \cdot 10^{-31}\text{ kg} = 5,48580 \cdot 10^{-4}\text{ u}$

$m_p = 1,67262 \cdot 10^{-27}\text{ kg} = 1,00728\text{ u}$

$m_n = 1,67493 \cdot 10^{-27}\text{ kg} = 1,00867\text{ u}$

$m_d = 3,34358 \cdot 10^{-27}\text{ kg} = 2,01355\text{ u}$

$m_\alpha = 6,64466 \cdot 10^{-27}\text{ kg} = 4,00151\text{ u}$

Anmerkungen:

Um die Masse des Deuterons bzw. die Masse des α-Teilchens zu erhalten, muss von den Atommassen [Anhang S. 543] die Masse eines bzw. zweier Elektronen abgezogen werden.

b) Der Massendefekt je Nukleon beträgt:

a) **H-2:** Nach Gleichung (1) von Seite 501 wird: $\Delta m = m_A - (1m_H + 1m_n) = -2,3881 \cdot 10^-3$ u
Mit 1 u=931,4940 MeV wird $W = -2,224$ MeV und $\frac{W}{A}$ =-1,112 MeV/Nukleon.

b) **O-16:** $\Delta m = m_A - (8m_H + 8m_n) = -0,13700$ u
W=-127,6 MeV; $\frac{W}{A}$=-7,976 MeV/Nukleon

c) **Ni-60:** $\Delta m = m_A - (28m_H + 32m_n) = -0,56559$ u
W=-526,84 MeV; $\frac{W}{A}$=-8,781 MeV/Nukleon

d) **U-235:** $\Delta m = m_A - (92m_H + 143m_n) = -1,91506$ u
W=-1783,9 MeV; $\frac{W}{A}$=-7,591 MeV/Nukleon

Seite 503

A 1:) Die freigesetzte Energie ergibt sich aus der Massenänderung der beteiligten Kerne: Δm = [235,043923 u (U-235) + 1,0086649 u (n)] − [139,931210 u (I-140) + 93,911594 u (Y-94) + 2·1,0086649 u (n)] = −0,1924 u; $\Delta m \cdot c^2 = -179$ MeV werden frei.

b) Die freigesetzte Energie ergibt sich aus der Massenänderung der beteiligten Kerne: Δm = [2·2,0141018 u (H-2)]−[3,0160493 u (H-3) + 1,0078250 u (H-1)] = $-4,33 \cdot 10^-4$ u; $\Delta m \cdot c^2$ =4,03 MeV werden frei.

A 2: Die Berechnung von $S_n(Z,N) = m(Z,N-1) + m_n - m(Z,N)c^2$ durch Einsetzen der entsprechenden Massen in u [Anhang Seite 543] liefert mit 1 u = 931,5 MeV folgende Werte:

Kern	Z	N	$S_n(Z,N)$
O-15	8(*)	7	13,2 MeV
O-16	8(*)	8(*)	15,7 MeV
O-17	8(*)	9	4,1 MeV
O-18	8(*)	10	8,0 MeV
Zr-89	40	49	9,3 MeV
Zr-90	40	50(*)	12,0 MeV
Zr-91	40	51	7,2 MeV
Zr-92	40	52	8,6 MeV
Pb206	82(*)	124	8,1 MeV
Pb-207	82(*)	125	6,7 MeV
Pb-208	82(*)	126(*)	7,4 MeV
Pb-209	82(*)	127	3,9 MeV
Pb-210	82(*)	128	5,2 MeV

Die Kerne mit magischen Werten bei Z und N sind in der Tabelle mit (*) gekennzeichnet. Speziell bei den doppeltmagischen Kernen fällt auf, dass die Bindungsenergie besonders groß ist. Kerne, bei denen die Neutronenzahl etwas größer als eine magische Zahl ist, haben eine wesentlich geringere Bindungsenergie eines einzelnen Neutrons als Kerne mit einer magischen Anzahl oder etwas weniger an Neutronen.

Seite 507

A 1: Die beim Zerfall freiwerdende Energie Q_α ergibt sich aus der Massenbilanz: Δm =211,988852 u (Po-212)−[207,976636 u (Pb-208) + 4,0026033 u (He-4)] = $9,6 \cdot 10^{-3}$ u; $Q_\alpha = \Delta mc^2 = 8,95$ MeV. Die kinetische Energie des α-Teilchens folgt aus der Impuls- und Energieerhaltung:

$$W_\alpha = \frac{m_K}{m_K + m_\alpha} \cdot Q_\alpha$$
$$= \frac{207,976636 \text{ u}}{207,976636 \text{ u} + 4,0026033 \text{ u}} \cdot 8,95 \text{ MeV}$$
$$= 8,78 \text{ MeV}$$

Die Energie des Rückstoßkerns ist $W_K = \frac{m_\alpha}{m_K + m_\alpha} Q_\alpha$. Fast alle α-Strahler liegen am oberen Rand der Nuklidkarte mit $A \geq 200$. W_K ist somit $W_K \approx 4Q_\alpha/200$, d.h. annähernd 2% von Q_α. Damit ist $W_\alpha \approx 98\%$ von Q_α.

A 2: a)

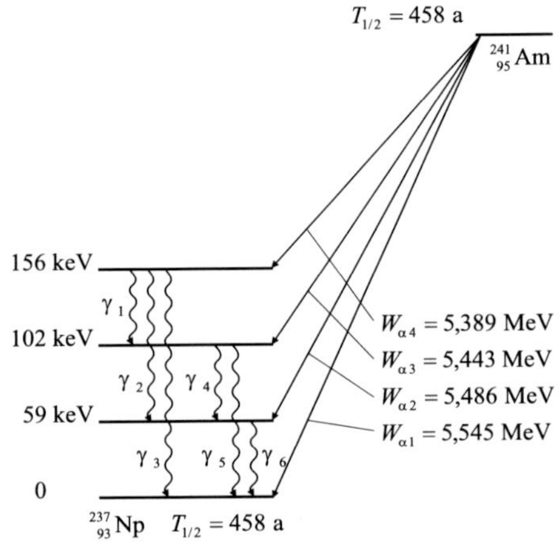

b) $W_{\gamma 1}$ = 54 keV; $W_{\gamma 2}$ = 97 keV; $W_{\gamma 3}$ = 156 keV; $W_{\gamma 4}$ = 43 keV; $W_{\gamma 5}$ = 102 keV; $W_{\gamma 6}$ = 59 keV. In der Realität tritt γ_3 nicht auf; γ_6 ist die intensivste Linie und charakteristisch für Am-241.

c) Die gesamte freiwerdende Energie ergibt sich aus der Massenbilanz: Δm = 241,056823 u (Am-241)−[237,048167 u (Np-237) + 4,0026033 u (He-4)] = $6,05 \cdot 10^{-3}$ u; $Q_\alpha = \Delta m \cdot c^2 = 5,64$ MeV.

d) Der Radius des α-Teilchens beträgt $r_\alpha = 2,1 \cdot 10^{-15}$ m und der des Am-241 Kerns

$R_K = 1,3 \cdot 10^{-15} \text{ m} \cdot (241)^{\frac{1}{3}} = 8,1 \cdot 10^{-15}$ m.

Das α-Teilchen kann sich daher bis auf $r = r_\alpha + R_K = 10,2 \cdot 10^{-15}$ m dem Kernmittelpunkt nähern, bevor die Kernkräfte greifen. Der Coulombwall hat also die Höhe

$$W = \frac{1}{4\pi\varepsilon_0} \frac{95e \cdot 2e}{r} = 26,8 \text{ MeV}.$$

A 3: a) Beim β^--Zerfall teilt sich die Energie Q_β auf ein Elektron und ein Antineutrino auf. Die maximale Energie, die ein Elektron erhalten kann (W_{max}) ist die Gesamtenergie Q_β. Die Rückstoßenergie des Tochterkerns kann vernachlässigt werden.

b) Für einen β^--Zerfall gilt:

$^A_ZK \to {}^A_{Z+1}K' + e^- + \overline{\nu} + W_{max}$.

Es ist $W_{max} = \Delta m \cdot c^2$ mit:

$$\Delta m = m_K\left(^A_ZK\right) - m_K\left(^A_{Z+1}K'\right) - m_e$$

m_K und $m_{K'}$ sind *Kernmassen*, m_e die Elektronenmasse. Das Antineutrino hat keine Ruhemasse (zumindest eine, die völlig zu vernachlässigen ist). Addiert man in der Gleichung für Δm rechts Z Elektronenmassen und subtrahiert diese gleich wieder, findet man:

$$\Delta m = m_K\left(^A_ZK\right) + Zm_e - m_K\left(^A_{Z+1}K'\right) - Zm_e - m_e$$

Oder:

$$\Delta m = m\left(^A_ZK\right) - m\left(^A_{Z+1}K'\right)$$

Q_β lässt sich somit aus der Differenz der *Atommassen* (Anhang S. 543) bestimmen. Für den β^--Zerfall von Tl-204 $\left[^{204}_{81}\text{Tl} \to {}^{204}_{82}\text{Pb} + e^- + \overline{\nu} + W_{max}\right]$ ergibt sich: Δm = 203,973849 u (Tl-204) – 203,973029 u (Pb-204) = 0,000820 u und damit $W_{max} = \Delta m \cdot c^2$ = 764 keV.

c) Die Masse von Co-60 ergibt sich durch Addition der einzelnen Energien im Zerfallsschema von Co-60 nach Ni-60: 59,930791 u (Ni-60) + $1,43 \cdot 10^{-3}$ u (1,33 MeV) + $1,26 \cdot 10^{-3}$ u (1,17 MeV) + $344 \cdot 10^{-6}$ u (0,32 Mev) = 59,9338 u (Ni-60) Die berechnete Masse stimmt gut mit dem tabellierten Wert überein!

A 4: a) Ein freies Neutron kann durch β^--Zerfall in ein Proton, ein Elektron und ein Antineutrino übergehen (Halbwertszeit 10,6 min), da $m_n \geq m_p$ ist.

b) Q_β kann aus der Massendifferenz berechnet werden:

$$\Delta m = 1,0086649 \text{ u (n)} - 1,0078250 \text{ u (H-1)}$$
$$= 0.000840 \text{ u.}$$
$$W_m = \Delta m \cdot c^2 = 782 \text{ keV.}$$

A 5: Die Zerfallsreihe von U-235 lautet:

$$^{235}_{92}\text{U} \xrightarrow{\alpha} {}^{231}_{90}\text{Th} \xrightarrow{\beta^-} {}^{231}_{91}\text{Pa} \xrightarrow{\alpha} {}^{227}_{89}\text{Ac} \xrightarrow{\beta^-} {}^{227}_{90}\text{Th} \xrightarrow{\alpha} {}^{223}_{88}\text{Ra} \xrightarrow{\alpha} {}^{219}_{86}\text{Rn} \xrightarrow{\alpha} {}^{215}_{84}\text{Po} \xrightarrow{\alpha} {}^{211}_{82}\text{Pb} \xrightarrow{\beta^-} {}^{211}_{83}\text{Bi} \xrightarrow{\alpha} {}^{207}_{81}\text{Tl} \xrightarrow{\beta^-} {}^{207}_{82}\text{Pb}$$

Die Zerfallsreihe von Np-237 lautet:

$$^{237}_{93}\text{Np} \xrightarrow{\alpha} {}^{233}_{91}\text{Pa} \xrightarrow{\beta^-} {}^{233}_{92}\text{U} \xrightarrow{\alpha} {}^{229}_{90}\text{Th} \xrightarrow{\alpha} {}^{225}_{88}\text{Ra} \xrightarrow{\beta^-} {}^{225}_{89}\text{Ac} \xrightarrow{\alpha} {}^{221}_{87}\text{Fr} \xrightarrow{\alpha} {}^{217}_{85}\text{At} \xrightarrow{\alpha} {}^{213}_{83}\text{Bi} \xrightarrow{\beta^-} {}^{213}_{84}\text{Po} \xrightarrow{\alpha} {}^{209}_{82}\text{Pb} \xrightarrow{\beta^-} {}^{209}_{83}\text{Bi}$$

Seite 509

A 1: a) $^{18}_{8}\text{O(p, d)}^{17}_{8}\text{O}$
$^{14}_{7}\text{N(n, p)}^{14}_{6}\text{C}$
$^{27}_{12}\text{Mg(p,}\alpha)^{24}_{11}\text{Na}$

b) Die vollständige Reaktion lautet:

$^{11}_{5}\text{B}(\alpha,\text{p})^{14}_{6}\text{C}$; $^{14}_{6}\text{C}; \xrightarrow{\beta^-} {}^{14}_{7}\text{N} + \text{e}^- + \overline{\nu}$

A 2: a) $W = \dfrac{1}{4\pi\varepsilon_0}\dfrac{(Z_1e)(Z_2e)}{r}$; $Z_1 = 7$; $Z_2 = 2$; $r = r_1 + r_2$ mit $r_1 = r_0 \cdot \sqrt[3]{14}$ und $r_2 = r_0\sqrt[3]{4}$; $r_0 = 1,3 \cdot 10^{-15}$ m; $\Rightarrow$ $W = 3,8$ MeV.

Q = (14,003074 u + 4,0026033 u - 1,0078250 u - 16,999131 u)c^2 = -1,19 MeV

b) Die Reaktion lautet: $^{10}_{5}\text{B(n,}\alpha)^{7}_{3}\text{Li}$ Damit folgt: Q =(10,012937 u + 1,0086649 u - 4,0026033 u - 7,016004 u)c^2 = 2,79 MeV Wenn das Neutron thermisch wäre, so würde sich die kinetische Energie nur auf den Kern und das α-Teilchen verteilen. Damit ergäbe sich:

$$W_\alpha = \frac{7,016004 \text{ u}}{7,016004 \text{ u} + 4,0026033 \text{ u}} \cdot Q_\alpha = 1,78 \text{ MeV}$$

A 3: Die vollständige Reaktion lautet: $^{64}_{30}\text{Zn(n, p)}^{64}_{29}\text{Cu}$ Dabei ist Q =(63,929147 u + 1,0086649 u - 1,007825 u - 63,929768 u)c^2 = 204 keV. Da Q größer als Null ist, kann die Reaktion auch von thermischen Neutronen ausgelöst werden.

Seite 517

A 1: Bei einer Energiedosis $D = 4$ Gy $= 4$ J/kg absorbiert ein Mensch mit einer Masse von 75 kg eine Energiemenge von $W = m\dot{D} = 75$ kg $\cdot$ 4 J/kg $= 300$ J. Da der Mensch im wesentlichen aus Wasser besteht $\left(c_{Wasser} = 4,2\ \frac{\text{J}}{\text{gK}}\right)$, führt dies zu einer Erwärmung um $\Delta\vartheta = \dfrac{W}{m \cdot c} = 0,95 \cdot 10^{-3}$K. Die Potentielle Energie einer Masse berechnet sich aus $W = m \cdot g \cdot h$. Mit $g = 9,81$ m/s^2 folgt

$$h = \frac{300 \text{ J}}{75 \text{ kg} \cdot 9,81 \text{ m/s}^2} = 40,8 \text{ cm.}$$

A 2: a) Die Äquivalentdosis beträgt: $\Delta H = \Gamma A/r^2 \cdot \Delta t = 0,350\ \dfrac{\text{mSv m}^2}{\text{GBq h}} \cdot 74 \cdot 10^3 \text{ Bq} \cdot 1,5 \text{ h}/(0,5 \text{ m})^2 = 0,155\ \mu\text{Sv}$

b) Die Dosisleistungskonstante von J-131 ist $\Gamma = 0,0059\ \mathrm{mSv\,m^2\,h^{-1}\,GBq^{-1}}$. Da $t = 8$ h klein gegen die Halbwertszeit $T_{1/2} = 8$ d von J-131 ist, kann man mit konstanter Aktivität in der Zeit $0 \leq t \leq 8$ h rechnen. $\Rightarrow \quad \Delta H = \Gamma \cdot A \cdot \Delta t / r^2 = 0,059\ \frac{\mathrm{mSv\,m^2}}{\mathrm{h\,GBq}} \cdot 3\ \mathrm{GBq} \cdot 9\ \mathrm{h} \cdot \frac{1}{(0,3\ \mathrm{m})^2} = 17,7\ \mathrm{mSv}$. Hierbei handelt es sich um eine Abschätzung, da viele Körperteile des Ehepartners weiter als 30 cm von der Schilddrüse entfernt sind.

A 3: a) Durch die K-40 Zerfälle ergibt sich eine Äquivalentdosis von $H = w_R \cdot D = 1 \cdot (57\ \mathrm{kg^{-1}s^{-1}} \cdot 450\ \mathrm{keV} + 7\ \mathrm{kg^{-1}s^{-1}} \cdot 0.5 \cdot 1,46\ \mathrm{MeV}) \cdot 31557600\ \mathrm{s/a} = 0,155\ \mathrm{mSv/a}$. Die effektive Dosis ergibt sich hieraus als Gewichtung über alle Organe: $E = \sum w_T H$ Bei einer gleichmäßigen Verteilung auf den ganzen Körper gilt $E = H$, die effektive Dosis beträgt somit $E = 0,155\ \mathrm{mSv/a}$.

b) Für C-14 ergibt sich analog zu Aufgabe a) $E = 52\ \mathrm{kg^{-1}s^{-1}} \cdot 156/3\ \mathrm{keV} \cdot 31557600\ \mathrm{s/a} = 0,014\ \mathrm{mSv/a}$.

A 4: a) Die gesamte Tc-99m Menge zerfällt in der Leber. Die Aktivität nimmt dabei ab nach $A(t) = A_0 \cdot e^{-\lambda t}$ mit $\lambda = \ln 2/T_{1/2}$. Die Aktivität ist definiert als $A(t) = \Delta N/\Delta t$. In der Zeit Δt finden also $\Delta N = A(t) \cdot \Delta t$ Zerfälle statt. Die Gesamtzahl der Zerfälle ist $N = \int_0^\infty A(t)\,\mathrm{d}t = A_0/\lambda = A_0 \cdot T_{1/2}/\ln 2$. Alle N Zerfälle deponieren damit die Energie $\Delta W = N \cdot W_\gamma \cdot 0,5$ in der Leber. Für die Energiedosis folgt:

$$\begin{aligned} D &= \Delta W/\Delta m = N \cdot W_\gamma \cdot 0,5/\Delta m \\ &= \frac{A_0 \cdot T_{1/2} \cdot W_\gamma \cdot 0,5}{\ln 2 \cdot \Delta m} \\ &= 50 \cdot 10^6\ s^{-1} \cdot 6 \cdot 3,6 \cdot 10^3\ s \\ &\cdot \frac{140 \cdot 10^3 \cdot 1,6 \cdot 10^{-19}\ \mathrm{J} \cdot 0,5}{\ln 2 \cdot 1,5\ \mathrm{kg}} \\ &= 11,6\ \frac{\mathrm{mJ}}{\mathrm{kg}} = 11,6\ \mathrm{mGy} \end{aligned}$$

b) Die effektive Dosis für die Leber beträgt:

$$E = w_T \cdot w_R \cdot D = 0,05 \cdot 1 \cdot 11,6\ \mathrm{mJ/kg} = 0,58\ \mathrm{mSv}$$

A 5: Energiedosis: $D = W/m$ ist die pro kg absorbierte Energiemenge.

Äquivalentdosis: $H = w_R \cdot D$ ist die nach der biologischen Wirksamkeit der einzelnen Strahlenarten der Strahlung gewichtete Energiedosis bei niedrigen Dosen.

effektive Dosis: $E = w_T \cdot H$ ist die nach der Empfindlichkeit der einzelnen Organe gewichtete Äquivalentdosis. Die effektive Dosis wurde zum Zwecke des Strahlenschutzes eingeführt, um die stochastische Strahlenwirkung abzuschätzen.

Ortsdosis: Entspricht etwa der effektiven Dosis, die ein Mensch am Ort der Messung bekommen würde. Sie wird mit einem Ortsfesten Dosimeter gemessen.

Personendosis: Entspricht etwa der effektiven Dosis, die ein Mensch während des Messzeitraumes erhält. Sie wird mit einem tragbaren Dosimeter gemessen.

A 6: a) Es gilt: $d' = m/A = \frac{\varrho d A}{A} = \varrho d$

b) $d' = 1\ \mathrm{g/cm^3} \cdot 0,015\ \mathrm{cm} = 0,015\ \mathrm{g/cm^2}$

c) $d = d'/\varrho = \frac{2\ \mathrm{mg/cm2}}{2,8\ \mathrm{g/cm^3}} = 7,1\ \mu m$

d) $d' = 1\ \mathrm{cm} \cdot 1,3 \cdot 10^{-3}\ \mathrm{g/cm^3} = 1,3 \cdot 10^{-3}\mathrm{g/cm^2}$

A 7: a) Für α-Teilchen (positive Ladung) gilt die Rechte-Hand-Regel, d.h. zeigt das Magnetfeld in das Bild hinein, so wirkt auf die α-Teilchen die Lorentzkraft nach oben. Das elektrische Feld muss diese Kraft kompensieren, an der oberen Platte muss daher eine im Vergleich zur unteren Platte positive Spannung liegen.

b) Im elektrischen Feld erfahren die Teilchen die Kraft $F = q \cdot \frac{U}{d}$, die hier gleich der Lorentzkraft im Magnetfeld ist $F = q \cdot v \cdot B$. Auflösen nach v liefert: $v = \frac{U}{d \cdot B} = \frac{30\ \mathrm{kV}}{5\ \mathrm{mm} \cdot 0,312\ \mathrm{T}} = 1,92 \cdot 10^7\ \mathrm{m/s}$ (Da dieser Wert immer noch klein gegenüber der Lichtgeschwindigkeit ist, darf hier klassisch gerechnet werden!) Die Energie der α-Teilchen beträgt somit $E = \frac{1}{2}mv^2 = 7,68\ \mathrm{MeV}$. Für die Bewegung in einem Magnetfeld gilt ferner: $q/m = v/(Br) = \frac{1,92\ \mathrm{m/s}}{0,312\ \mathrm{T} \cdot 1,27\ \mathrm{m}} = 4,85 \cdot 10^7\ C/kg = 2,01e/m_\alpha$

c) Die Geschwindigkeit der α-Teilchen beträgt:

$$v = \sqrt{\frac{2E}{m}} = \sqrt{\frac{2 \cdot 5,3\ \mathrm{MeV}}{4,001507\ \mathrm{u}}} = 1,60 \cdot 10^7\ m/s$$

Gleichsetzen der Kräfte im elektrischen und magnetischen Feld liefert: $U = d \cdot v \cdot B = 5\ \mathrm{mm} \cdot 1,60 \cdot 10^7\ \mathrm{m/s} \cdot 0,312\ \mathrm{T} = 24,9\ \mathrm{kV}$ Der Radius beträgt dann $r = \frac{vm}{qB} = \frac{1,60 \cdot 10^7\ \mathrm{m/s} \cdot 4,001507\ \mathrm{u}}{2 \cdot \mathrm{e} \cdot 0,312\ \mathrm{T}} = 1,06\ \mathrm{m}$.

A 8: a) Es ist $m(e^+) = m(e^-) = m_e$. Damit lautet die Energiebilanz eines β^+-Zerfalls mit **Kernmassen**:

$$m_K\left({}^A_ZX\right)\cdot c^2 = m_K\left({}^A_{Z-1}Y\right)c^2 + m_ec^2 + Q_{\beta^-}$$

oder

$$m_k\left({}^A_ZX\right)\cdot c^2 + Zm_ec^2 = m_K\left({}^A_{Z-1}Y\right)c^2 + m_ec^2 + Q_{\beta^-} + Zm_ec^2$$

$$\Rightarrow \quad m_xc^2 = m_yc^2 + 2m_ec^2 + Q_{\beta^-},$$

wobei m_x und m_y **Atommassen** sind. Also wird $Q_{\beta^-} = (m_x - m_y - 2m_e)c^2$.

b) Die maximale Energie ergibt sich aus der Differenz der beteiligten Massen: $W_{max} = (29{,}978314\ \text{u} - 29{,}973770\ \text{u} - 2\cdot 5{,}4829\cdot 10^{-4}\ \text{u})\cdot c^2 = 3{,}21\cdot 10^6$ MeV

A 9: Zerfall des Neutrons: $n \to p + e^- + \overline{\nu} + Q_{\beta^-}$ Es ist: $Q_{\beta^-} = \Delta mc^2$ mit $\Delta m = m_n - m_p - m_e = 8{,}40\cdot 10^{-4}$ u, also $Q_{\beta^-} = 0{,}782$ MeV. Es gilt nach dem Impulserhaltungssatz und dem Energieerhaltungssatz $|\vec{p}_p| = |\vec{p}_e|$ und $Q_{\beta^-} = W_{kin,e^-} + W_{kin,p}$. Da $W_{kin,p}$ klein ist, kann man für das Proton klassisch rechnen, also $W_{kin,p} = p_p^2/(2m_p)$. Für das Elektron muss man dagegen die relativistische Energie-Impuls-Beziehung $(W_{kin,e} + W_{0,e})^2 = p_e^2c^2 + W_{0,e}^2$ verwenden. Eliminiert man p_e und p_p, findet man mit $m_pc^2 = W_{0,p}$:

$$W_{kin,p} = \frac{W_{kin,e}^2 + 2W_{kin,e}W_{0,e}}{2W_{0,p}}.$$

Da $W_{kin,e} \approx Q_{\beta^-}$ ist folgt:

$$W_{kin,p} = \frac{Q_{\beta^-}^2 + 2Q_{\beta^-}W_{0,e}}{2W_{0,p}} = 0{,}75\ \text{keV}.$$

A 10: a)

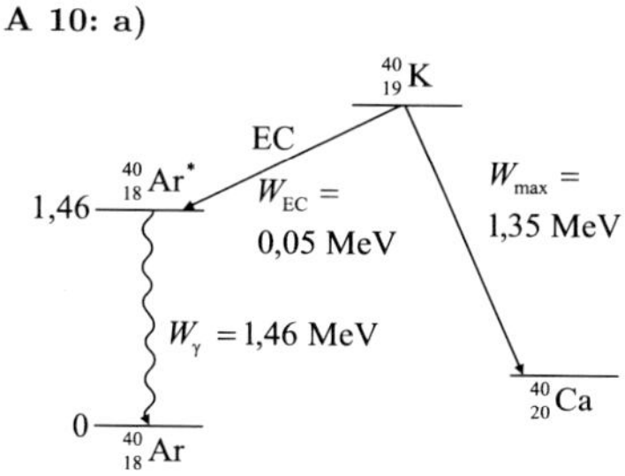

b) Wird ein Antineutrino mit maximaler Energie emittiert, erhalten der Tochterkern (Ca-40) und das Antineutrino den betragsmäßig gleichen Impuls. Entsprechend Aufgabe 9 lässt sich für die kinetische Energie des Rückstoßkernes berechnen, dass gilt: $W_{kin,K} = Q_{\beta^-}^2/(2W_{0,K})$. Dabei ist $Q_{\beta^-} \approx W_{max} = 1{,}35$ MeV und $W_{0,K}$ die Ruheenergie des Tochterkerns. Man findet so $W_{kin,K} = 49$ eV. Das Antineutrino nimmt also praktisch die gesamte Energie Q_{β^-} mit und es ist $W_{max,\overline{\nu}} = 1{,}35$ MeV.

c) 1 g Kalium enthält $6{,}022\cdot 10^{23}/39{,}1 = 1{,}54\cdot 10^{22}$ Atome; davon $1{,}54\cdot 10^{22}\cdot 1{,}2\cdot 10^{-4} = 1{,}85\cdot 10^{18}$ K-40 Atome. Diese besitzen eine Aktivität von $A = \ln 2\cdot 1{,}85\cdot 10^{18}/T_{1/2} = 32{,}7$ Bq (Gl. 370.5; da $T_{1/2}$ sehr groß ist, bleibt die Aktivität sehr lange nahezu konstant). In 1 kg KCl sind 524 g Kalium (Atomgewicht vom Kalium 39,1, vom Chlor 35,45). Also ist dessen Aktivität $524\cdot 32{,}7$ Bq $= 1{,}7\cdot 10^4$ Bq.

A 11: a) Der Q-Wert ergibt sich jeweils aus der Massendifferenz: Be-9(p,α)Li-6 $\Rightarrow Q =$ (9,012182 u + 1,007825 u - 4,0026033 u - 6,015122 u)$\cdot c^2$ = 2,13 MeV Analog folgt Al-27(n,p)Mg-27 $\Rightarrow Q =$ (26,981538 u + 1,0086649 u - 1,007825 u - 26,984341 u)$\cdot c^2$ = -1,83 MeV

b) $|Q| = 1{,}83$ MeV reicht als kinetische Energie des Neutrons nicht aus, die Kernreaktion auszulösen, da bei der Reaktion auch der Impulserhaltungssatz erfüllt werden muss.

A 12: Die Reaktion lautet: ${}^2_1\text{D}(\gamma,\text{n}){}^1_1\text{H}$ Als Q-Wert dieser Reaktion erhält man: $Q = (2{,}0141018\text{u} - 1{,}0086649\ \text{u} - 1{,}0078250\ \text{u})\cdot c^2 = -2{,}22$ MeV Diese Energie ist die Bindungsenergie des Deuteriums. Das γ-Quant muss eine Energie von mindestens 2,2 MeV haben.

A 13: Gesucht war das Verhältnis U-235 zu U238 vor $t = 2\cdot 10^9$ a (in dieser Zeit 'brannte' der natürliche Reaktor von Oklo in Gabun in Afrika). Die Menge der jeweiligen Isotope vor $t = 2\cdot 10^9$ a ergibt sich aus:

$$\frac{N_0}{N} = \exp\left(+\frac{\ln 2}{T_{1/2}}\cdot t\right)$$

$$\text{U-235: } \exp\left(+\frac{\ln 2}{7\cdot 10^8\ \text{a}}\cdot 2\cdot 10^9\ \text{a}\right) = 7{,}25$$

$$\text{U-238: } \exp\left(+\frac{\ln 2}{4{,}5\cdot 10^9\ \text{a}}\cdot 2\cdot 10^9\ \text{a}\right) = 1{,}36$$

Die prozentuale Zusammensetzung war also damals:

$$\text{U-235: } \frac{7{,}25\cdot 0{,}7\%}{N_{ges}} = 3{,}6\%$$

$$\text{U-238: } \frac{1{,}36\cdot 99{,}3\%}{N_{ges}} = 96{,}4\%$$

Dabei ist $N_{ges} = (7{,}25\cdot 0{,}7 + 1{,}36\cdot 99{,}3)$.

A 14: Eine umweltgerechte Nutzung der Kernenergie setzt voraus, dass weder jetzt noch in Zukunft nennenswerte Radioaktivität freigesetzt wird. Um dies zu gewährleisten müssen kerntechnische-Anlagen so konzipiert sein, dass bei einem GAU (größter anzunehmender Unfall) keine Radioaktivität austreten kann.

Um die Risiken insgesamt so klein wie möglich zu halten, muss die Wahrscheinlichkeit eines GAUs so weit wie möglich reduziert werden. Darüber hinaus ist zu beachten, dass auch die Endlagerung diesen Bedingungen bis in ferne Zukunft genügen muss.

Seite 522

A 1: Aus 4 Quarks kann man Gebilde geformt denken, die sich als Summe von zwei existierenden Mesonen M_1 und M_2 auffassen lassen. Bislang fand man solch komplexe Gebilde in der Natur nicht; offensichtlich würden sie sofort in M_1 und M_2 zerfallen. Dies gilt auch bei 6 Quarks, die aus 2 Baryonen zusammen gesetzt sein könnten.

Seite 527

A 1: Das freie Proton könnte durch Umwandlung eines Up- in ein Down-Quark in ein Neutron umgewandelt werden. Dies verbieten jedoch der Energie- und Impulssatz, da die Ruhemasse des Protons geringer ist als die Ruhemasse des Neutrons. Ein Aufteilen der Quarks in mehrere Teilchen ist ebenfalls nicht möglich, da nur ganzzahlige Ladungen erlaubt sind.